BIBLIOTHÈQUE SCIENTIFIQUE CONTEMPORAINE

LA PLACE

DE L'HOMME

DANS LA NATURE

LA PLACE
DE L'HOMME
DANS LA NATURE

PAR

TH. H. HUXLEY

Membre de la Société royale de Londres
Correspondant de l'Institut de France

AVEC UNE PRÉFACE DE L'AUTEUR
POUR L'ÉDITION FRANÇAISE

84 FIGURES INTERCALÉES DANS LE TEXTE

PARIS

LIBRAIRIE J.-B. BAILLIÈRE ET FILS

19, RUE HAUTEFEUILLE, près du boulevard Saint-Germain

1891

PRÉFACE DE L'AUTEUR

L'argument de mes essais sur *les relations de l'homme et des animaux inférieurs* peut se résumer simplement de la façon suivante :

Les différences de structure entre l'homme et les primates qui s'en rapprochent le plus ne sont pas plus grandes que celles qui existent entre ces derniers et les autres membres de l'ordre des primates. En sorte que si l'on a quelques raisons pour croire que tous les primates, l'homme excepté, proviennent d'une seule et même souche primitive, il n'y a rien dans la structure de l'homme qui appuie la conclusion qu'il a eu une origine différente.

J'ai examiné avec l'attention la plus soutenue les nombreuses critiques que ces Essais ont provoquées pendant ces cinq dernières années, mais je n'ai pu en rencontrer qui, au plus petit degré, affaiblissent leurs arguments.

La polémique au sujet du cerveau (p. 250) est close ; tous les anatomistes loyaux et compétents se sont depuis longtemps déclarés en ma faveur. Il n'est pas jusqu'au léger doute que j'ai élevé au sujet de l'absence prétendue du corps calleux dans les mammifères inférieurs (p. 226) qui n'ait reçu sa justification complète des admirables recherches de M. Flower [1], qui établissent l'existence du corps calleux chez tous les mammifères.

Quant à la main et au pied, les seules objections importantes aux vues que j'ai émises sont venues du regrettable Gratiolet et du professeur Lucæ. Ce dernier a été, à mon avis, complètement réfuté par M. Mivart, dans un laborieux mémoire *sur les Appendices du squelette des primates* [2], quant au premier, je dirai seulement que je ne puis bien saisir la portée de ses raisonnements.

En fait, le long fléchisseur du pouce, au sujet duquel on a tant écrit, existe chez le chimpanzé (quoique peut-être il n'y existe pas constamment) et se montre bien développé chez l'*Hylobates*.

En résumé, je tiens maintenant pour démontré que les différences anatomiques du ouistiti et du chimpanzé sont beaucoup plus grandes que celles du chimpanzé et de l'homme. De sorte que si des causes naturelles quelconques ont suffi pour faire évoluer (*to evolve*) un même type souche, ici en ouistiti, là en chimpanzé, ces mêmes causes ont été suffisantes pour de la même souche faire évoluer (*to evolve*) l'homme.

Quant à la question de savoir si les causes naturelles peuvent ou non produire ces transformations, je ne m'en mêle pas, satisfait de la laisser aux mains puissantes de M. Darwin.

[1] Flower, *Philosophical Transactions.*
[2] Mivart, *Philosophical Transactions.* 1867.

Ayant ainsi fait la part aux critiques de mes adversaires, un mot ou deux maintenant en réplique à celles qui me viennent de régions amies.

Mon excellent traducteur, par exemple, est l'un des nombreux écrivains qui ont blâmé l'usage des mots *abîme* et *gouffre*, quand je parlais des différences qui existent entre l'homme et les singes.

Mais ces mots rendent exactement ce que je dois en comprendre.

Il m'arriva un jour de séjourner durant de nombreuses heures, seul, et non sans anxiété, au sommet des Grands-Mulets. Quand je regardais à mes pieds le village de Chamounix, il me semblait qu'il gisait au fond d'un prodigieux *abîme* ou *gouffre*. Au point de vue pratique, le gouffre était *immense*, car je ne connaissais pas le chemin de la descente et si j'avais tenté de le retrouver seul, je me serais infailliblement perdu dans les crevasses du glacier des Bossons; néanmoins je savais parfaitement que le *gouffre* qui me séparait de Chamounix, quoique dans la pratique infini, avait été traversé des centaines de fois par ceux qui connaissaient le chemin et possédaient des secours spéciaux.

Le sentiment que j'éprouvais alors me revient quand je considère côte à côte un homme et un singe ; qu'il y ait ou qu'il y ait eu une route de l'un à l'autre, j'en suis sûr. Mais maintenant, la distance entre les deux est tout à fait celle d'un abîme (*plainly abysmal*), et, pour mon compte, j'aime mieux reconnaître ce fait aussi bien que l'ignorance où je suis du sentier, plutôt que de me laisser choir dans une des crevasses creusées aux pieds de ces chercheurs impatients, qui ne veulent pas attendre la direction d'une science plus avancée que celle du temps présent.

Les lignes qui précèdent font partie de la préface à l'excellente traduction de *Man's place in Nature,* qu'a publiée M. le Dr E. Dally, il y a vingt-trois ans. Dans le 6e essai de ce volume, je me suis attaché à montrer jusqu'à quel point les progrès de la science ont diminué la largeur de *l'abime,* qui, à mon sens, sépare encore l'homme de son plus proche parent parmi les animaux.

J'ai à remercier M. Henry de Varigny pour les soins qu'il a donnés à la traduction claire et fidèle des trois derniers essais.

En 1865 et 1871, quand j'écrivis le 4e et le 5e essai la signification ethnologique de la race brune à tête large de l'Europe centrale n'était pas appréciée à sa juste valeur, par moi du moins : de là, certaines discordances entre ces essais et le 6e, que le lecteur attentif remarquera, et, je l'espère, voudra bien excuser.

T.-H. HUXLEY.

Juin 1891.

LA PLACE
DE L'HOMME
DANS LA NATURE

I

RAPPORTS ANATOMIQUES DE L'HOMME ET DES ANIMAUX[1]

Problème de l'origine et de la fin. Solutions. — La question suprême pour l'humanité, le problème qui est à la base de tous les autres, et qui nous intéresse plus profondément qu'aucun autre — est la détermination de la place que l'homme occupe dans la nature et de ses relations avec l'ensemble des choses.

[1] Multis videri poterit, majorem esse differentiam simiæ et hominis, quam diei et noctis ; verumtamen hi, comparatione instituta inter summos Europæ heroes et Hottentotos ad Caput Bonæ Spei degentes ; difficillime tibi persuadebunt has eosdem habere natales ; vel si virginem nobilem aulicam, maxime comitam et humanissimam, conferre vellent cum homine sylvestri et sibi relicto, vix augurari possent, hunc et illam ejusdem esse speciei.

« Il semblera à beaucoup que du singe à l'homme la différence est plus grande que du jour à la nuit ; mais ces mêmes hommes s'ils comparent entre eux les plus grands héros de l'Europe et les Hottentots du Cap de Bonne-Espérance, croiront difficilement qu'ils puissent avoir la même origine ; et s'ils veulent rapprocher la noble vierge de la cour, parée et éduquée au plus haut degré, avec un homme sauvage et abandonné à lui-même, c'est à grand peine qu'ils pourront les croire de la même espèce, lui et elle »

(Linnæi, *Amœnitales Acad.*, Anthropomorpha.)

D'où sommes-nous sortis? Quelles sont les bornes de notre pouvoir sur la nature et celles de la nature sur nous? Quel est notre but et notre destinée?...

Voilà les questions qui se présentent incessamment, d'elles-mêmes, à tout homme qui naît à la vie mentale, et qui lui offrent un intérêt que rien ne saurait diminuer.

La plupart, effrayés des difficultés et des dangers qui menacent celui qui cherche à déchiffrer ces énigmes, se résignent à l'ignorance et étouffent leurs tendances investigatrices sous le couvert d'une tradition respectée et respectable.

Mais, dans tous les temps, il s'est trouvé des esprits laborieux, doués de ce génie créateur qui ne sait bâtir que sur de solides fondations, ou atteints de l'esprit de doute, qui se sont refusés à suivre l'ornière usée et commode tracée par leurs prédécesseurs et par leurs contemporains, et, sans se soucier des épines et des pierres d'achoppement, ils ont cherché leur voie par des sentiers qu'ils traçaient eux-mêmes. Les sceptiques ont abouti à une sorte de désespoir irrationnel, en affirmant que le problème est insoluble; ou à l'athéisme qui nie l'existence du progrès et d'une ordonnance régulière dans les choses du monde ; les hommes de génie ont proposé des solutions qui se transforment en systèmes théologiques ou philosophiques, ou qui, voilées dans une langue harmonieuse, suggèrent les idées plus qu'elles ne les savent affirmer et donnent à une époque sa forme poétique.

Chacune des solutions offertes à cette grande question — invariablement déclarée complète et définitive, sinon par celui-là même qui, le premier, l'a proposée, au moins par ses successeurs — reste tenue en haute estime pendant un siècle ou, selon les circonstances, pendant vingt siècles, mais, invariablement aussi, le temps vient prouver que ces solutions n'étaient que des approximations de la vérité, qui ne pouvaient être tolérées qu'en raison de l'ignorance de ceux qui les avaient acceptées et devenaient tout à fait inadmissibles quand on les soumettait à l'épreuve des connaissances nouvelles et plus profondes, acquises par ceux qui leur succédaient.

Transformation de l'humanité. — C'est se servir d'une métaphore usée, que de comparer la vie d'un homme à la métamorphose de la chenille en papillon; mais la comparaison serait à la fois plus juste et plus neuve si, pour premier terme, nous prenions, au lieu de la vie d'un homme, le développement mental de la race humaine. L'histoire montre que l'esprit humain, nourri par un constant apport de connaissances nouvelles, grandit périodiquement au point de ne pouvoir tenir dans une enveloppe qu'il déchire pour apparaître sous une forme nouvelle, de même que la chenille qui se nourrit et grossit, brise sa peau trop étroite et en prend une nouvelle, elle-même temporaire. A la vérité, l'état parfait de l'homme semble être bien lointain, mais chacune des *mues* de l'esprit nous en rapproche d'un pas, et de ces pas nous comptons un grand nombre. Depuis la Renaissance, qui a permis aux races occidentales de l'Europe de poursuivre la route qui conduit à la vraie science, route ouverte par les philosophes de la Grèce et presque complètement fermée

dans les longs périodes subséquents de stagnation, ou
tout au moins de gyration intellectuelle, la larve humaine s'est activement alimentée et elle a mué non
moins activement. Un tégument de bonne dimension
fut rejeté au xvi⁰ siècle, un autre vers la fin du xviii⁰,
et depuis cinquante ans le développement extraordinaire de toutes les parties des sciences naturelles a
répandu parmi nous un aliment mental si nutritif et
si stimulant, qu'une nouvelle métamorphose semble
imminente.

Mais souvent ces transformations s'accompagnent
de convulsions, de malaise et de débilité, quelquefois
même de désordres plus graves; en sorte que tout bon
citoyen doit se sentir tenu de faciliter l'évolution, et,
s'il n'a dans ses mains qu'un scalpel, de s'en servir
pour faciliter de son mieux le débridement de cette
enveloppe qui va se rompre.

C'est sur ce devoir qu'est fondée mon excuse pour
la publication de cet essai. Car on reconnaîtra que
quelques notions sur la position de l'homme dans le
monde animé sont un indispensable préliminaire pour
l'intelligence véritable de ses relations avec l'univers;
et ce dernier problème se résoudra à son tour, mais à
la longue, en une enquête sur la nature de l'étroitesse
des liens qui rattachent l'homme à ces êtres singuliers
dont l'histoire sera esquissée aux pages qui suivent [1].

Au premier coup d'œil, l'importance d'une telle en-

---

[1] On comprend que, dans cet Essai, je n'ai choisi pour les citer,
parmi la grande quantité de travaux qui ont été publiés sur les
singes anthropomorphes, que ceux qui m'ont paru d'un intérêt
actuel.

quête est manifeste ; mis en face de cette image effacée de lui-même, l'homme, celui-là même qui pense le moins, a conscience d'une sorte de répulsion qui n'est pas tant due, peut-être, au dégoût que lui inspire l'aspect de ce qui semble être une insolente caricature, qu'au réveil d'une soudaine et profonde défiance à l'égard de théories autrefois honorées et de préjugés profondément enracinés en ce qui concerne sa place dans la nature et ses relations avec la vie du monde inférieur ; et tandis que, pour celui qui ne réfléchit pas, une telle pensée reste à l'état d'obscur soupçon, elle devient un argument considérable, fécond en déductions profondes, pour tous ceux qui sont au courant des récents progrès des sciences anatomo-physiologiques.

Je me propose maintenant de développer brièvement cette thèse, et d'exposer sous une forme intelligible à ceux-là mêmes qui ne possèdent aucune notion particulière de l'anatomie, les faits principaux sur lesquels doivent être fondées toutes les conclusions, en ce qui touche la nature de l'homme et l'étendue des liens qui l'unissent au règne animal. J'indiquerai ensuite la seule conclusion directe, qui, dans mon opinion, soit justifiée par les faits, et finalement je discuterai la portée de cette conclusion, eu égard aux hypothèses qui jusqu'ici ont eu cours sur les origines de l'homme.

Comment débute toute existence. — Quoique ignorés de beaucoup de ceux qui se prétendent les directeurs de l'esprit public, les faits sur lesquels je voudrais d'abord appeler l'attention du lecteur sont d'une démonstration facile et sont universellement reconnus par les savants ; leur signification est d'ailleurs si considérable, que celui qui en aura fait l'objet de ses méditations sera peu surpris, je crois, aux révélations ultérieures de la biologie. Je veux parler des faits qui ont été découverts et établis par l'étude du développement des êtres organisés.

C'est une vérité d'une application bien générale, sinon universelle, que toute créature vivante commence son existence sous une forme différente de celle à laquelle elle est éventuellement destinée à parvenir, différente et à la fois plus simple.

Le chêne est un individu plus complexe que la petite plante rudimentaire contenue dans le gland ; la chenille est plus complexe que son œuf, le papillon plus complexe que la chenille ; et chacun de ces êtres en passant de son état rudimentaire à sa condition parfaite, subit une série de modifications dont la somme est appelée son *Développement*.

Dans les animaux les plus élevés, ces changements sont extrêmement compliqués, mais dans ces cinquante dernières années, les travaux d'hommes, tels que van Baer [1], Rathke [2], Reichert, Bischoff [3] et Remak ont presque complètement débrouillé ce chaos, de sorte que les périodes successives de développement que nous montre, par exemple, un chien, sont aussi bien

---

[1] Baer, *Histoire du développement des animaux*, traduit par G. Breschet. Paris, 1826, in-4.

[2] Rathke, *Abhandlungen zur Bildungs und Entwickelungs Geschichte des Menschen und der Thiere*. Leipzig, 1832-33, 2 vol. in-4.

[3] Bischoff, *Traité du développement de l'homme et des mammifères*, trad. de l'allemand par Jourdan. Paris, 1843.

connus des embryologistes que les étapes des métamorphoses du ver à soie le sont de l'écolier.

L'œuf de chien. — Qu'il nous soit permis d'examiner maintenant avec attention la nature et l'ordre des degrés successifs du développement du genre *Canis*, comme un exemple des procédés naturels dans l'évolution chez les animaux supérieurs, en général.

Le chien, comme tous les animaux, sauf les plus inférieurs (et des recherches plus étendues pourront peut-être détruire cette exception apparente), commence son existence à l'état d'œuf, c'est-à-dire un corps organisé, qui est tout aussi bien un œuf que celui de la poule, mais qui est dépourvu de cette accumulation de substance nutritive, qui donne à l'œuf des oiseaux son volume exceptionnel et son utilité domestique ; de plus, l'œuf du chien est dépourvu d'une coquille, qui serait non seulement inutile à un animal dont l'incubation s'opère à l'intérieur du corps de sa mère, mais qui, en outre, préviendrait l'accès de la source alimentaire dont toute jeune créature a besoin et que le petit œuf des mammifères ne contient pas en lui-même.

L'œuf de chien n'est, en effet, qu'un petit sac sphéroïdal (fig. 1), formé d'une membrane délicate et transparente, appelée *membrane vitelline,* d'environ un ou deux dixièmes de millimètres de diamètre (*zone transparente*). Ce sac contient une certaine quantité de substance nutritive visqueuse, le « jaune » (*vitellus*), au sein duquel est contenu un second sac sphéroïdal beaucoup plus délicat, appelé la *vésicule germinative* (*a*) ; dans celle-ci, enfin, se trouve un corps arrondi plus solide, appelé la *tache germinative* (*b*).

L'œuf, l'*ovum*, est originairement formé à l'intérieur d'une glande, de laquelle il se détache au moment opportun, et d'où il passe dans la *chambre vivante*

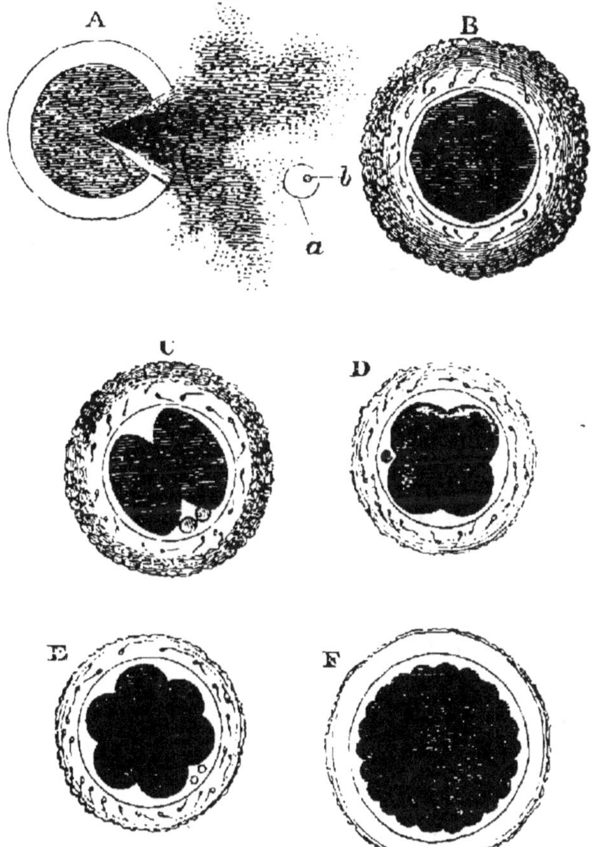

FIG. 1. — A. Œuf de chien avec la membrane vitelline déchirée, de façon à donner issue au jaune, à la vésicule germinative *a* et à la *tache* qu'elle contient *b*. — B, C, D, E, F, Changements successifs du jaune indiqués dans le texte. (D'après Bischoff. *Traité du développement*, Paris, 1845, pl. I et III.)

adaptée à sa protection et à son maintien pendant la durée prolongée de la gestation. Là, quand elle est soumise aux conditions voulues, cette petite portion de matière vivante, apparemment insignifiante, s'anime d'une nouvelle et mystérieuse activité. La vésicule et la tache germinative cessent de pouvoir se distinguer (leur destinée précise est encore un des problèmes non résolus de l'embryologie), mais le jaune se trouve échancré sur sa circonférence, comme si un invisible couteau avait été promené tout autour, et il paraît ainsi divisé en deux hémisphères (fig. 1, C).

Par la répétition de ce procédé sur différents points de la surface, ces hémisphères se subdivisent en quatre segments (D), et ceux-ci, de la même façon, se divisent et se subdivisent de nouveau jusqu'à ce que tout le jaune soit converti en masse de sphérules ou globes organiques ; chacun desquels est formé d'une petite sphère de substance jaune, contenant une partie centrale, à laquelle on donne le nom de *noyau* (F).

La nature, par ce procédé, est arrivée à peu près au résultat qu'obtient l'artisan dans une briqueterie ; elle prend la matière plastique brute du jaune, et la divise en masses du même volume et de la même forme, prête à construire chacune des parties de l'édifice vivant.

Bientôt la masse des *briques organiques* ou *cellules*, ainsi qu'on les appelle techniquement, prend un groupement régulier, et elles se transforment en sphéroïdes creux à doubles parois ; alors sur un des côtés de ce sphéroïde apparaît une sorte d'épaississement et, peu à peu, au centre de l'aire de cet épaississement, se montre un sillon droit et peu profond (fig. 2, A) ; cette rainure, ce sillon marque la ligne centrale de l'édifice qui va être élevé, ou, en d'autres termes, indique la situation de la ligne qui divisera les deux moitiés semblables, le corps du chien futur. De la substance qui des deux côtés borde le sillon, s'élève bientôt un repli, rudiment de la paroi latérale de cette longue cavité, qui est éventuellement destinée à con-

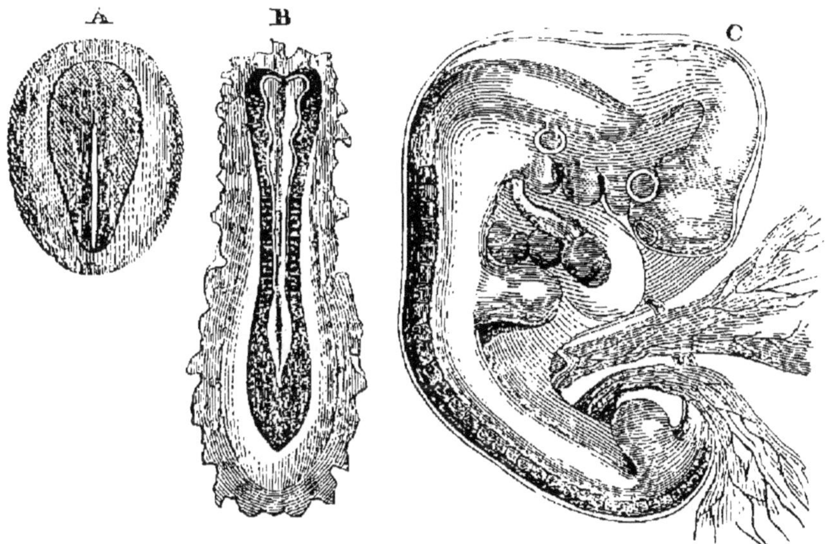

Fig. 2. — A, Premiers rudiments du chien. — B, Rudiments plus avancés montrant les traces de la tête, de la queue et de la colonne vertébrale. — C, Jeune chien avec les ligaments de la vésicule ombilicale et l'allantoïde, enveloppé dans l'amnios.

tenir la moelle épinière et le cerveau (B); et sur la base de cette cavité apparaît une corde cellulaire solide, que l'on désigne sous le nom de *notocorde* ou *corde dorsale*[1]; l'une des extrémités de la cavité ainsi formée

[1] « *Notocorde*, organe en forme de filament cylindrique, de structure celluleuse, qui représente la première trace du rachis chez l'embryon. Il apparaît dans l'épaisseur de la tache ou aire embryonnaire, en même temps ou à peu près que la ligne ou gouttière pri-

se dilate et forme la tête ; l'autre extrémité reste étroite et peut devenir la queue. Les parois latérales sont façonnées avec les parties inférieures des parois du sillon ; et peu à peu des bourgeons poussent à la surface, qui par degrés prennent la forme des membres.

Celui qui observe les procédés de développement période par période se rappelle nécessairement le modeleur en terre glaise. Chaque partie, chaque organe est tout d'abord rudement saisi et esquissé grossièrement ; elle est ensuite modelée plus correctement, et c'est seulement en dernier lieu qu'elle reçoit la *touche* qui lui imprime son caractère définitif.

Ainsi, à la fin, le jeune petit chien prend la forme que nous montre la figure 2, C. Dans cette condition, il offre une tête d'un volume disproportionné, aussi peu ressemblante à celle d'un chien que le sont à ses pattes ses membres embryonnaires (fig. 2, C).

Vésicule à tache germinative. Segmentation. Cellules organiques. Notocorde. Amnios et l'allantoïde. — La portion restante du jaune, qui n'a pas encore été appliquée à la nutrition et au développement du jeune animal, est contenue dans un sac attaché à l'intestin rudimentaire et appelé *sac du jaune (yelk sac)* ou *vésicule ombilicale.*

Deux sacs membraneux, destinés à servir respectivement à la protection et à la nutrition du petit être,

mitive. Le corps cartilagineux de l'apophyse basilaire, celui de l'apophyse odontoïde et celui de chaque vertèbre naissent autour de la corde dorsale comme centre, de sorte que jusqu'à l'époque de l'ossification du corps des vertèbres tous ces centres vertébraux sont traversés par ce cordon. » Littré, *Dictionnaire de médecine,* 10ᵉ édition. Paris, 1886, p. 1079, article *Notocorde.*

se sont formés aux dépens de la peau et des faces inférieures et postérieures du corps. Le premier de ces
sacs membraneux, que l'on désigne sous le nom d'*amnios*, est rempli d'un fluide qui enveloppe tout le
corps de l'embryon, et joue pour lui le rôle d'une
sorte de *lit d'eau*; le second, appelé l'*allantoïde*, naît,
rempli de vaisseaux sanguins, de la région du ventre,
et s'appliquant, à un moment donné, aux parois de la
cavité qui contient l'organisme en voie de développement, il permet à ces vaisseaux de devenir ainsi le
canal par lequel les parents du jeune être transmettent
à leur produit le courant nutritif nécessaire à ses premiers besoins.

L'organe qui est constitué par l'entrelacement des
vaisseaux de l'embryon, avec ceux de ses parents, et
par le moyen duquel le nouvel être peut recevoir des
aliments et se débarrasser des matériaux superflus, est
appelé *placenta*.

Il serait fatigant, et il n'est point nécessaire pour le
but que je me propose, de décrire plus minutieusement les procédés du développement; qu'il me suf-
fise de dire que, par une longue et graduelle série de
modifications, l'être rudimentaire que nous venons
de représenter et de décrire, devient un jeune chien,
qu'il naît à la lumière, et qu'alors, par des degrés
encore plus lents et moins visibles, il passe à l'état de
chien adulte.

Développement des poules. -- Il n'y a pas en apparence beaucoup d'analogie entre l'oiseau de basse-
cour et son protecteur, le chien de ferme. L'étude du
développement conduit cependant à reconnaître, non

seulement que le poulet commence son existence à
l'état d'œuf, primitivement identique, en tout ce qui
est essentiel avec celui du chien, mais encore que le
jaune de cet œuf subit les mêmes subdivisions ; que le
sillon primitif se montre ; que les parties contiguës du
germe sont façonnées, par les mêmes procédés, en un
jeune poulet, qui, à un moment donné de son existence, ressemble tellement à un jeune chien, qu'au
premier coup d'œil, il est difficile de distinguer l'un
de l'autre.

Développement des Vertébrés. — L'histoire du développement de tout autre animal vertébré, lézard, serpent, grenouille ou poisson, nous représenterait les
mêmes images. C'est toujours, au début, un œuf
ayant la même structure essentielle que celui du
chien ; le jaune de cet œuf subit toujours une division que l'on appelle *segmentation* ; les produits
finaux de cette segmentation constituent les matériaux pour la construction du jeune animal, construction qui s'élève autour d'un sillon primitif, dans la
profondeur duquel une notocorde est développée.

Analogie dans le développement. — On peut ajouter
qu'il y a une période à laquelle les petits de tous les
animaux se ressemblent, non seulement dans la forme
générale, mais encore dans tous les détails essentiels de
la structure, et si intimement que les différences qu'ils
présentent alors sont insignifiantes, tandis que dans
leur développement ultérieur les divergences s'accusent, de plus en plus marquées. C'est d'ailleurs une
loi générale, que plus est grande la ressemblance entre
les animaux parvenus à l'âge adulte, plus est durable

et intime l'analogie de leurs embryons ; de sorte que les embryons du serpent et du lézard restent ressemblants, plus longtemps que ceux du serpent et de l'oiseau ; et que les embryons du chien et du chat persistent dans cette disposition, pendant une période de temps plus grande que ceux d'un chien et d'un oiseau, ou que ceux d'un chien ou d'une sarigue, ou même que ceux d'un chien et d'un singe.

Œuf humain. — Ainsi l'étude du développement en général fournit une preuve manifeste des affinités étroites de la structure intime, et l'esprit se demande avec impatience quels résultats pourraient être obtenus par l'étude du développement spécial de l'homme. Trouverons-nous ici un règne nouveau ? L'homme naît-il selon des procédés totalement différents de ce que l'on observe chez le chien, l'oiseau, la grenouille et le poisson, donnant ainsi raison à ceux qui affirment qu'il n'y a pas de place pour lui dans la nature, et qu'il n'y a aucune connexion avec le monde inférieur de la vie animale ? Ou, tout au contraire, provient-il d'un germe semblable, traverse-t-il les mêmes modifications lentes et progressives, dépend-il des mêmes nécessités, pour sa protection et son alimentation, entre-t-il dans le monde enfin, soumis aux règles d'un même mécanisme ? La réponse n'est pas un moment douteuse, et n'a jamais été mise en question depuis ces trente dernières années. Sans nul doute, le procédé d'origine et les premières périodes du développement de l'homme sont identiques avec ceux des animaux qui le précèdent immédiatement dans l'échelle des êtres ; sans nul doute, à ce point de vue, l'homme est beaucoup plus près des singes, que les singes ne le sont du chien.

L'œuf humain a environ deux dixièmes de millimètres de diamètre, et l'on peut le décrire dans les mêmes termes que celui du chien, en sorte que je n'ai besoin que de renvoyer le lecteur au dessin qui représente sa structure (fig. 3, A).

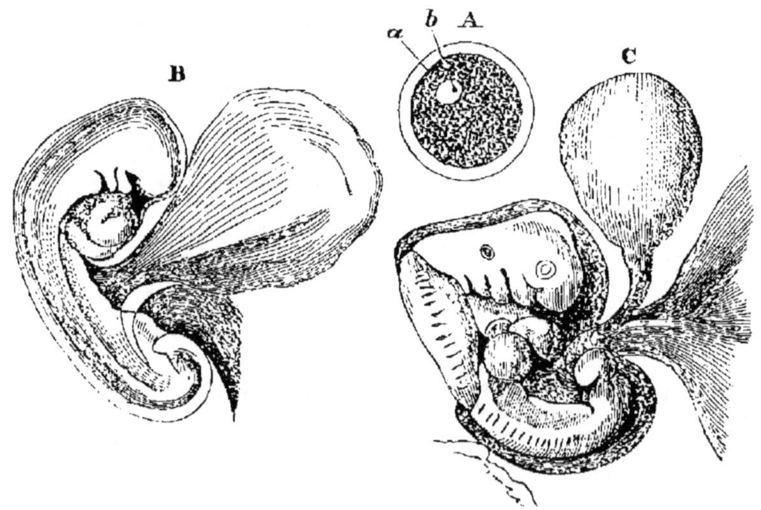

FIG. 3. — Œuf humain ; a, Vésicule germinative ; b, Tache germinative (d'après Kœlliker). — B, État très précoce de l'œuf humain, avec la membrane vitelline, l'allantoïde et l'amnios (originale). — C, État plus avancé de développement. (D'après Kœlliker.)

Il quitte l'organe dans lequel il est formé de la même façon, et pénètre dans la *chambre organique* préparée pour sa réception, d'après les mêmes procédés, les conditions de son développement étant à tous égards les mêmes.

Il n'a pas encore été possible (et c'est seulement par quelque heureux hasard que la chose pourrait arriver)

d'étudier l'œuf humain à une période de développement aussi précoce que celle de la division du vitellus.
Mais il y a toutes raisons de croire que les modifications qu'il subit sont absolument identiques à celles
que nous révèlent l'étude des œufs des animaux vertébrés ; car les matières constituantes, dont est formé
le corps humain rudimentaire aux états les plus primitifs que l'on ait observés, sont les mêmes que dans
toute l'échelle animale.

Analogies et différences. — Quelques-unes des périodes les plus primitives, ainsi qu'on pourra le voir
(fig. 3), peuvent être strictement comparées aux premiers états du développement du chien ; la ressemblance merveilleuse entre les deux êtres persiste même
pendant un certain temps, à mesure que le développement se dessine et devient manifeste par la simple
comparaison de la figure 3 avec la figure 2, C.

Il s'écoule réellement un laps de temps assez long
avant que le corps du jeune être humain puisse être
distingué du petit chien ; néanmoins, à une période
qui est encore précoce, les deux êtres deviennent distincts par les différentes formes de leurs appendices,
la membrane vitelline et l'allantoïde. La première,
chez le chien, s'allonge et devient fusiforme, tandis
que, chez l'homme, elle reste sphéroïdale ; la seconde,
chez le chien, atteint un volume considérable ; les for-
mations vasculaires qui en naissent et donnent éventuellement origine au placenta (lequel jette ses racines
dans l'organisme de la mère de façon qu'il en tire son
alimentation, de même que les racines d'un arbre la
tirent du sol) sont distribuées en une zone circulaire,

tandis que, dans l'homme, l'allantoïde reste comparativement petite, et que ses radicules vasculaires sont
finalement limitées à un espace discoïde. Il süit de là
que, tandis que le placenta du chien est comparable à
une ceinture, celui de l'homme a la forme d'un gâteau,
ce que rappelle d'ailleurs le nom même de l'organe
(*placenta*).

Or il se trouve que ces rapports sous lesquels l'homme,
qui est en voie de développement, diffère du chien,
sont précisément ceux par lesquels il ressemble au
singe ; celui-ci, de même que l'homme, possède une
membrane vitelline sphéroïdale et un placenta discoïde, parfois partiellement divisé en lobes. En sorte
que c'est seulement aux périodes les plus avancées de
son développement que le jeune être humain présente
des différences marquées avec le jeune singe ; et ce
jeune singe, d'ailleurs, s'éloigne du chien dans son
évolution, tout autant que le fait l'homme lui-même.

Si étonnante que puisse paraître cette dernière assertion, on en peut démontrer la parfaite exactitude ; et
ce fait seul me semble suffisant pour mettre au-dessus
de tout doute la conformité de la structure de l'homme
avec le reste du règne animal, et plus particulièrement,
plus étroitement avec les singes.

Ainsi, si l'on compare à l'homme les animaux qui
sont placés immédiatement au-dessous de lui : identité
dans les procédés physiques à l'aide desquels l'être se
produit, identité dans les premières périodes de son
développement, identité dans les moyens à l'aide desquels la nutrition s'effectue avant et après la naissance ;
on peut donc s'attendre à une merveilleuse ressem-

blance d'organisation, si, poursuivant le parallèle, on les compare de nouveau dans leur constitution adulte et parfaite. L'homme ressemble aux animaux dans les mêmes proportions que ceux-ci se ressemblent l'un l'autre ; il diffère d'eux, comme ils diffèrent l'un de l'autre, et quoique ces différences et ces ressemblances ne puissent être ni pesées ni mesurées exactement, leur valeur peut être appréciée sans aucune difficulté ; cette appréciation trouvera son contrôle dans le système de classification qui a maintenant cours parmi les naturalistes.

Règne animal et division. — L'étude attentive des analogies et des différences qu'offrent les animaux, a conduit les naturalistes à les constituer en groupes ou réunions d'individus telles, que les membres de chaque groupe présentent certain ensemble de ressemblance bien définie, les points de similitude devenant moins nombreux à mesure que le groupe s'élargit et *vice versa*. En sorte que tous les êtres qui n'ont de commun que les quelques traits distinctifs de l'animalité, forment le RÈGNE ANIMAL ; ceux, très nombreux, qui n'ont de commun que les caractères spéciaux des vertébrés, constituent un *sous-Règne* de ce *Règne* : le *sous-Règne des* VERTÉBRÉS est subdivisé en cinq classes : les *Poissons*, les *Amphibies*, les *Reptiles*, les *Oiseaux* et les *Mammifères* ; ceux-ci se subdivisent à leur tour en groupes plus petits, appelés *ordres*, et ceux-ci se répartissent en *familles* et en *genres* ; les genres sont finalement fragmentés en collections très restreintes, qui reposent sur la possession de caractères constants et non tirés des fonctions de la génération. Ces groupes ultimes sont les *Espèces*.

Chaque année tend à apporter une plus grande uniformité d'opinions parmi les zoologistes, en ce qui touche les limites et les caractères de ces groupes, grands ou petits. Dans le temps présent, par exemple, personne n'a eu le plus léger doute en ce qui concerne les caractères des classes Mammifères, Oiseaux et Reptiles, et aucun doute ne peut s'élever sur la place d'un animal quelconque, bien connu, dans telle classe ou dans telle autre. De plus, il y a une sorte de consentement général, quant aux caractères et aux limites des divers ordres de mammifères, et aussi quant aux animaux qui, en vertu de leur structure anatomique, doivent être mis dans tel ou tel ordre.

Personne ne conteste, par exemple, que le paresseux et le fourmillier, le kanguroo et l'opossum, le tigre et le blaireau, le tapir et le rhinocéros ne soient respectivement membres des mêmes ordres. Ces couples successifs d'animaux peuvent différer immensément l'un de l'autre ; et tel est le cas pour plusieurs d'entre eux, soit en ce qui touche les proportions et la structure des membres, soit en ce qui est du nombre des vertèbres dorsales et lombaires, soit encore en ce qui concerne l'adaption de leur charpente osseuse aux mouvements du grimper, du saut ou de la course, ou bien quant au nombre et à la forme des dents, soit enfin quant à la forme de leur crâne et du cerveau qu'il renferme. Mais, malgré toutes ces différences, ils sont si étroitement unis, quant aux caractères plus importants et fondamentaux de leur organisation et, par ces mêmes caractères, si profondément séparés de tous les autres animaux, que les zoologistes ont trouvé nécessaire de les réunir en groupe comme membres du même ordre. Et si quelque animal était découvert qui ne s'éloignât pas du kanguroo ou de l'opossum, par exemple, plus que ces animaux ne s'éloignent l'un de l'autre, le zoologiste serait non seulement forcé de le classer dans le même ordre que ceux-ci, mais il ne songerait pas à en agir autrement.

Classement de l'homme. — Ayant présente à l'esprit cette série de raisonnements zoologiques évidents, efforçons-nous, pour un moment, de détacher notre esprit de l'enveloppe humaine ; imaginons, si vous le voulez bien, que nous sommes de savants habitants de Saturne, parfaitement au courant des animaux qui peuplent la Terre et fort occupés à discuter les relations qu'ils peuvent avoir avec un nouvel et singulier « bipède droit et sans plumes », que quelques voyageurs hardis, surmontant les difficultés de l'espace et de la gravitation, auraient rapporté de cette planète distante, conservé, je suppose, dans un baril de rhum, pour le soumettre à notre examen. Nous nous accorderions tous, du premier coup, à le placer parmi les mammifères vertébrés ; sa mâchoire inférieure, ses molaires et son cerveau ne laisseraient aucune place au doute quant à la situation systématique du genre nouveau parmi les mammifères, dont les petits sont nourris pendant la gestation à l'aide d'un placenta, c'est-à-dire parmi ceux que l'on appelle les *mammifères placentaires.*

De plus, l'étude la plus superficielle nous convain-

crait rapidement que, parmi les ordres de mammifères
à placenta, ni les baleines, ni les ongulés, ni les paresseux, ni les fourmilliers, ni les carnassiers, chat, chien,
ours, ni, moins encore, les rongeurs, rats et lapins, ni
les taupes insectivores, ni les hérissons, ni les chauves-
souris, ne pourraient réclamer notre « *Homo* » comme
un des leurs.

Il ne resterait alors pour la comparaison qu'un seul
ordre, celui des singes (en se servant de ce mot dans
son sens le plus large), et le problème en question se
réduirait de lui-même à celui-ci : l'homme est-il tellement différent de chacun des singes, qu'il faille constituer un ordre pour lui seul, ou bien diffère-t-il
moins d'eux que les singes ne diffèrent l'un de l'autre,
et, en conséquence, doit-on le classer avec les singes,
dans un même ordre ?

Étant heureusement dégagé de tout intérêt person-
nel, réel ou imaginaire, dans les résultats d'une telle
enquête, nous pèserions les arguments de part et
d'autre avec autant de quiétude magistrale, que s'il
était question d'un nouvel opossum. Nous nous effor-
cerions de déterminer, sans nous soucier de les exagérer ou de les amoindrir, tous les caractères par lesquels
notre nouveau mammifère différerait des singes ; et si
nous les trouvions d'une valeur anatomique moindre
que ceux qui distinguent certains membres de l'ordre
des singes d'autres individus qui sont universellement
reconnus comme en faisant partie, nous placerions
sans hésiter, dans le même ordre, le nouveau genre
tellurien.

Je vais maintenant exposer en détail les faits qui ne

me paraissent laisser d'autre alternative que d'adopter ce dernier parti.

Singe le plus voisin de l'homme. — Il est tout à fait certain que le singe, qui se rapproche le plus de l'homme dans l'ensemble de son organisation, est ou le chimpanzé ou le gorille ; et comme de choisir l'un ou l'autre n'introduit aucune différence réelle dans le plan de mon argumentation, pour les comparer d'une part à l'homme, d'autre part au reste des primates, je choisirai le gorille (pour autant que son organisation nous est connue), animal qui est maintenant tellement célèbre en prose et en vers, que tout le monde doit en avoir entendu parler et s'être fait quelque opinion sur ses formes extérieures ; je signalerai parmi les traits distinctifs les plus importants, entre l'homme et cet être remarquable, tous ceux que les limites de cet ouvrage me permettront de discuter et aussi tous ceux que demanderont les exigences de mon argumentation, et j'étudierai la valeur et l'importance de ces différences, comparées à celles qui séparent le gorille des autres animaux du même ordre. Mais comme nous ne connaissons pas complètement le cerveau du gorille. en discutant les caractères tirés du cerveau, je choisirai, pour terme de comparaison, celui du chimpanzé, comme atteignant le degré le plus élevé de développement parmi les singes.

Comparaison. Dimensions du squelette. — Dans les rapports proportionnels des membres et du tronc du gorille et de l'homme, il y a une différence remarquable qui tout d'abord frappe les yeux : le crâne du gorille est plus petit, son thorax plus large, ses membres inférieurs plus petits, et ses membres supérieurs plus longs que ceux de l'homme.

J'ai trouvé que la colonne vertébrale d'un gorille adulte, dont le squelette est au musée du Collège royal des chirurgiens, mesure 68^{cm}, 5 de sa face antérieure du bord supérieur de l'atlas (première vertèbre du cou) à l'extrémité inférieure du sacrum ; que le bras sans la main a 80^{cm},2 de longueur, et que la jambe sans le pied compte 67^{cm},5 ; pour la main, la longueur est de 24^{cm},3 ; pour le pied, 28^{cm},1. En d'autres termes, si l'on représente la longueur de la colonne vertébrale par 100, celle des bras égale 115, celle de la jambe 96, celle de la main 36 et celle du pied 41.

Dans le squelette d'un Boschismen mâle, de la même collection, les proportions pour les mêmes mesures, la colonne vertébrale étant représentée par 100, sont : le bras 78, la jambe 110, la main 26 et le pied 32. Chez une femme de la même race, la longueur du bras était égale à 83, et celle de la jambe à 120, la main et le pied conservaient les mêmes chiffres.

Dans un squelette européen, j'ai trouvé que la longueur du bras était de 80, celui de la jambe 117, celle de la main 26, et celle du pied 35.

Ainsi, chez le gorille et chez l'homme, la jambe, dans ses relations avec l'épine, ne diffère pas autant qu'il semble à première vue, car elle est très légèrement plus courte que l'épine chez le premier ; tandis que, chez le dernier, elle est plus longue dans les rapports qui varient entre 1/10 et 1/5. Le pied est plus long et la main beaucoup plus longue chez le gorille que chez l'homme ; mais la différence capitale est déterminée par le bras, qui, chez le gorille, est beaucoup plus long que la colonne vertébrale, tandis qu'il est, chez l'homme, beaucoup plus court.

Voyons maintenant dans quelles relations se trouvent les autres singes, quant à ces mesures par rapport au gorille ; en représentant par 100 la longueur de la colonne vertébrale, mesurée entre les mêmes points, chez un chimpanzé adulte, le bras n'a que 96, la jambe 90, la main 43, le pied 39, de telle sorte que la main et la jambe s'écartent plus des proportions humaines et que le bras s'en écarte moins, tandis que le pied est à peu près de même que chez le gorille.

Chez l'orang, les bras (122) sont beaucoup plus longs que chez le gorille, tandis que les jambes (88) sont plus courtes, le pied est plus long que la main (52 et 48) ; l'un et l'autre, par rapport à l'épine, sont beaucoup plus longs.

Chez les autres singes anthropomorphes, les gibbons, ces rapports sont encore plus remarquablement altérés : la longueur du bras est à celle de la colonne vertébrale, comme 19 est à 11 ; tandis que les jambes sont aussi d'un tiers plus longues que l'épine, de façon qu'elles sont plus longues même que chez l'homme, au lieu d'être plus petites. La main a la moitié de la longueur de l'épine vertébrale, et le pied, plus petit que la main, a environ les 5/11 de cette mesure.

Ainsi le rapport de la longueur des bras de l'*hylobates* (gibbon) au gorille est le même que celui des bras du gorille à l'homme, tandis que, d'un autre côté, chez ces mêmes hylobates, les jambes sont mesurées plus longues que celles de l'homme, dans la proportion même où celles de l'homme sont plus longues que celles du gorille, de sorte que cet anthropomorphe représente en soi les déviations extrêmes de la longueur moyenne des membres.

Le mandrill nous offre un terme moyen, les bras et les jambes étant à peu près égaux en longueur, et tous deux étant beaucoup plus petits que l'épine, tandis que les mains et les pieds ont de l'une à l'autre, et aussi par rapport à la colonne vertébrale, à peu près les mêmes proportions que chez l'homme.

Chez les singes, dits singes araignées (*Atèles*), la jambe est plus longue que l'épine dorsale, et le bras plus long que la jambe.

Enfin, dans cette remarquable forme lémurienne qu'offre l'Indri (*Lichanotus*), la jambe est à peu près aussi longue que la colonne vertébrale, tandis que le bras n'a pas plus des 11/18 de sa longueur ; la main est un peu moins longue et le pied un peu plus long que le tiers de cette même longueur.

Ces exemples pourraient être extrêmement multipliés, mais ils suffisent à montrer que, dans quelques proportions que les membres du gorille diffèrent de ceux de l'homme, les autres singes s'éloignent plus profondément encore du gorille, et que, par conséquent, ces différences proportionnelles ne sauraient justifier la classification, en ordres distincts, de l'homme et des singes.

Nous pouvons maintenant examiner les différences que nous présente, respectivement chez l'homme et chez le gorille, le tronc, composé de la colonne ver-

tébrale, des côtes et du bassin ou os de la hanche,
qui sont en connexion avec l'épine dorsale (fig. 4 et 5).

Colonne vertébrale. — Chez l'homme, la colonne vertébrale, considérée dans son ensemble, offre une élé-
gante courbure sigmoïde (fig. 5) ; elle est convexe, en

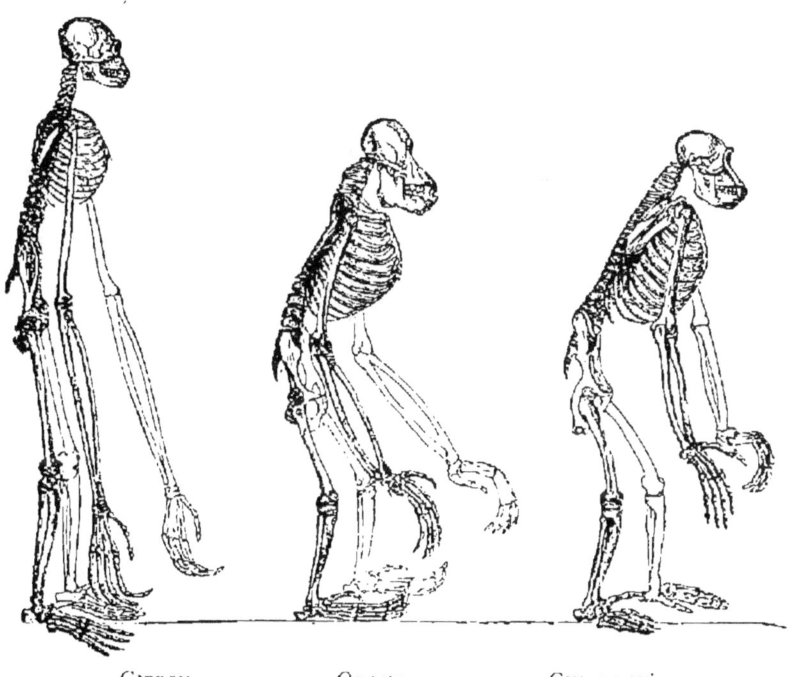

FIG. 4. — Ces squelettes ont été photographiquement réduits et reproduits
d'après les dessins de grandeur naturelle (excepté celui du gibbon, qui est
deux fois plus grand que nature) de M. W. Hawkins, faits sur les individus
qui sont au musée du Collège royal des chirurgiens.

avant, à la région du cou (1, 2) ; concave dans le dos
(3, 4), convexe dans les lombes (5, 6), et elle redevient
concave dans la région sacrée (6, 7) : cette forme est
due en partie à la disposition des surfaces articulaires,
des vertèbres ; mais elle est surtout déterminée par la

tension élastique de bandes fibreuses ou ligaments qui
unissent les vertèbres entre elles ; le résultat d'une telle
structure est de donner beaucoup d'élasticité à toute la
charpente vertébrale et de diminuer la violence des
chocs qui pourraient être communiqués à la moelle

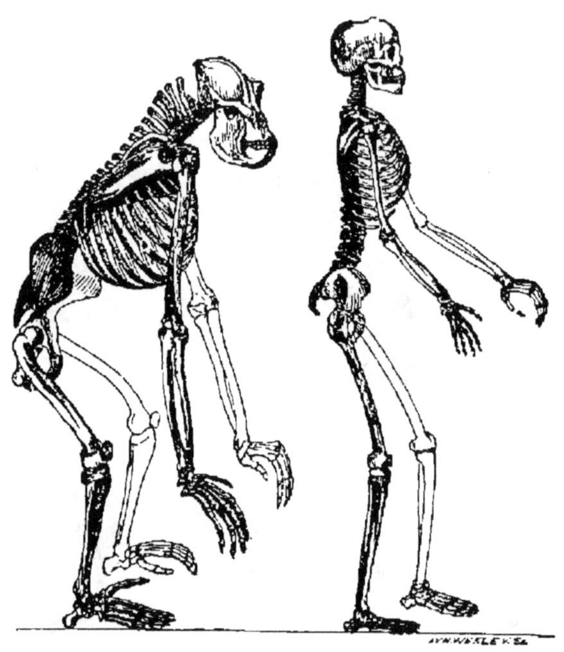

Fig. 5.

épinière et de la moelle au cerveau, par le fait de la
locomotion dans la position verticale.

Constatons encore que pour l'ordinaire l'homme
compte sept vertèbres au cou ; elles sont appelées *cervicales*. A celles-ci succèdent douze vertèbres dites *dorsales*, qui donnent insertion aux côtes et forment la
portion supérieure du dos, d'où elles tirent leur nom ;

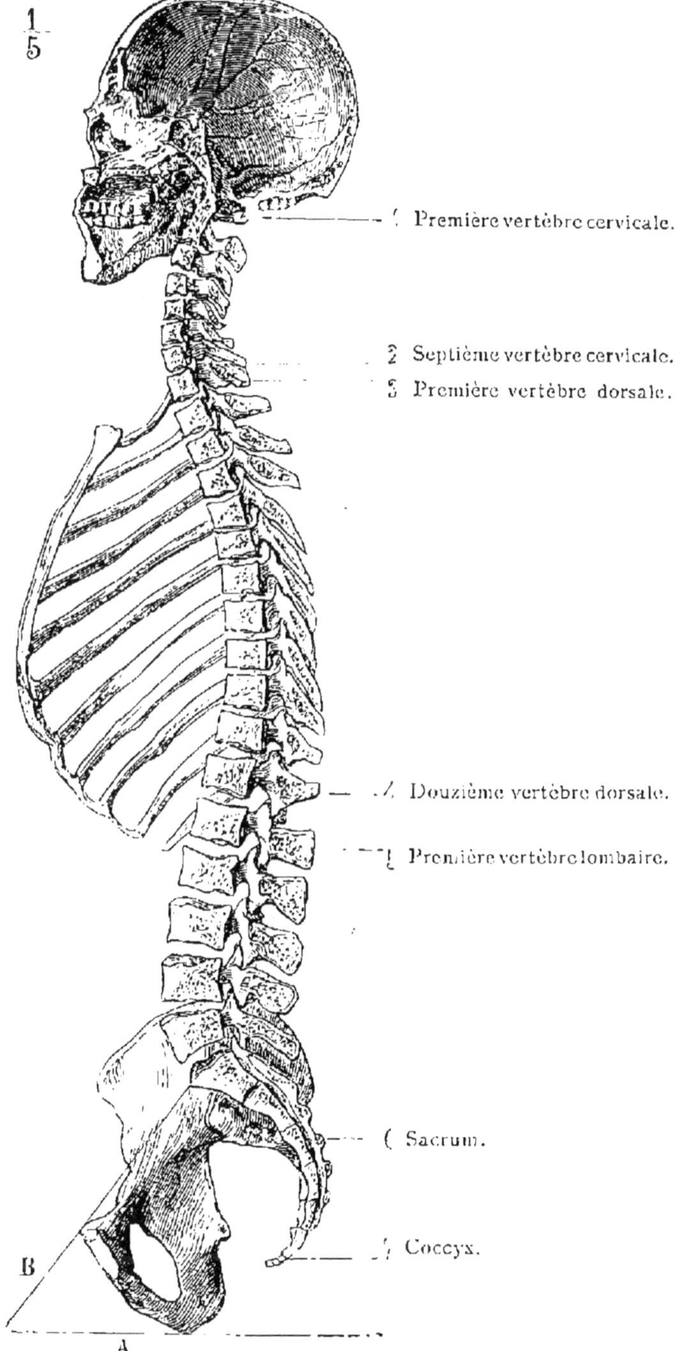

Fig. 6. — Coupe méthodique et antéro-postérieure du crâne et du rachis chez l'homme. — A, Horizon. — B, Ligne représentant l'inclinaison du bassin par rapport à l'horizon. (BEAUNIS et BOUCHARD, *Nouveaux éléments d'anatomie descriptive*, fig. 7.)

cinq vertèbres appelées *lombaires* se trouvent à la région de ce même tronc ; elles ne portent point de côtes distinctes ou libres ; l'*os sacrum*, qui vient ensuite (fig. 7 et 8), est constitué par cinq vertèbres réunies ; cet os est antérieurement concave, solidement enchâssé entre les os de la hanche et forme la paroi postérieure de l'excavation pelvienne ; enfin trois ou quatre petits os plus ou moins mobiles, et si petits qu'ils sont insignifiants, constituent le *coccyx* ou *queue rudimentaire* (C', E, F).

Chez le gorille, la colonne dorsale est pareillement divisée en vertèbres *cervicales*, *dorsales*, *lombaires*, *sacrées* et *coccygiènes*, et le nombre total des vertèbres cervicales et dorsales réunies est le même que chez l'homme ; mais le développement d'une paire de côtes à la première vertèbre lombaire, qui est rare chez l'homme, est la règle chez le gorille ; il suit de là que, comme les vertèbres lombaires ne se distinguent des dorsales que par la présence ou par l'absence de côtes libres, les dix-sept vertèbres dorso-lombaires du gorille sont composées de treize dorsales et de quatre lombaires, tandis que, chez l'homme, on compte douze dorsales et cinq lombaires.

La colonne vertébrale du gorille, dans son ensemble, diffère de celle de l'homme par le caractère moins marqué de ses courbures, notamment par la moindre convexité de la région lombaire ; les courbures existent néanmoins et sont tout à fait évidentes chez les jeunes squelettes de gorille et de chimpanzé, qui ont été préparés en conservant les ligaments. D'un autre côté, les jeunes orangs, pareillement conservés, offrent une colonne vertébrale ou toute droite ou même concave

par sa face antérieure dans toute la région lombaire.
En sorte que si nous prenons les caractères que nous

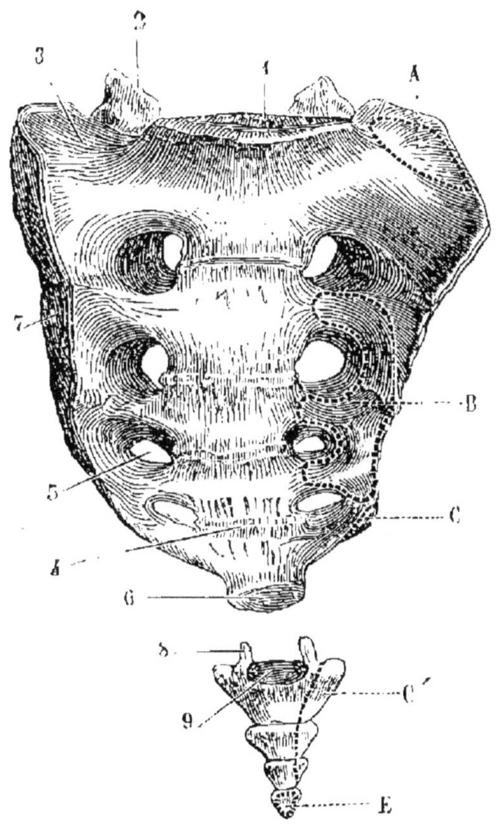

Fig. 7. — Sacrum et Coccyx. — *Face antérieure* : 1. base du sacrum ;
2. apophyses articulaires supérieures ; 3. surfaces triangulaires latérales de
la base ; 4. lignes ou traces de soudures des vertèbres sacrées ; 5. trous
sacrés antérieurs ; 6. sommet du sacrum ; 7. faces latérales ; 8. cornes du
coccyx ; 9. base du coccyx. — *Insertions musculaires :* A. muscle iliaque ;
B. muscle pyramidal ; C. C′ muscle coccygien ; D. muscles spinaux postérieurs ; E. releveur ; F. F′. grand fessier ; G. spincter (BEAUNIS et BOUCHARD.
Nouveaux éléments d'anatomie descriptive. p. 38.)

venons d'exposer ou tels autres inférieurs, par exemple
ceux qui sont tirés de la longueur proportionnelle des

épines des vertèbres cervicales, il n'y a aucun doute
possible quant à la différence notable qui se révèle
entre l'homme et le gorille ; mais semblablement

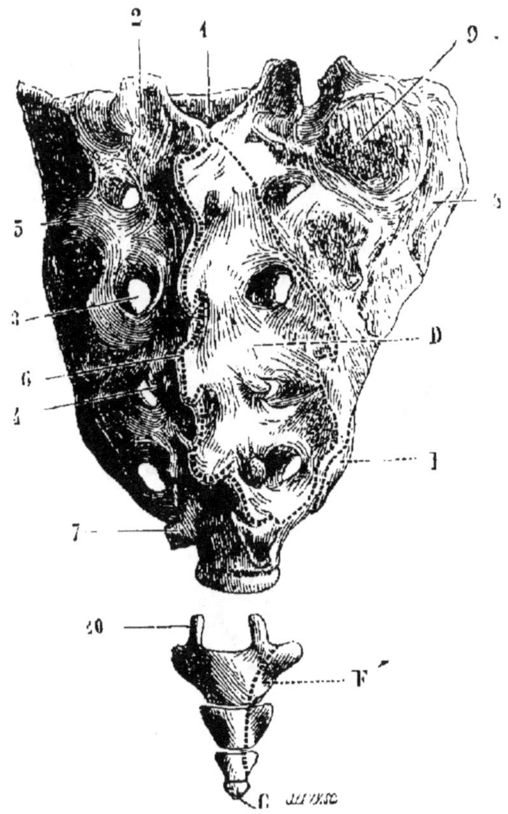

FIG. 8. — Sacrum et Coccyx. — *Face postérieure :* 1. ouverture supérieure
du canal sacré ; 2. apophyses articulaires supérieures ; 3. trous sacrés postérieurs ; 4. tubercules internes ; 5. tubercules externes des trous sacrés ;
6. crête sacrée ; 7. cornes du sacrum ; 8. facette auriculaire ; 9. rugosités
pour des insertions ligamenteuses ; 10. cornes du coccyx.

aucun doute ne peut exister que des différences tout
aussi notables puissent être constatées entre le gorille
et les singes inférieurs.

Côtes. — Toutefois, non seulement l'homme possède exceptionnellement treize paires de côtes [1], mais le gorille en compte quelquefois quatorze paires, tandis que le squelette d'un orang-outang qui est au musée du Collège royal des chirurgiens de Londres, a douze vertèbres dorsales et cinq lombaires comme l'homme. Cuvier note le même nombre chez un *hylobates*. D'un autre côté, parmi les singes inférieurs, plusieurs possèdent douze vertèbres dorsales et six ou sept lombaires ; le douroucouli compte quatorze dorsales et huit lombaires ; et un lémurien (*stenops tardigradus*) a quinze vertèbres dorsales et neuf vertèbres lombaires.

Bassin. — Le pelvis ou ceinture osseuse des hanches est une partie très importante de l'organisation de l'homme ; les os coxaux, développés en hanches osseuses, donnent soutien aux viscères dans la position verticale habituelle, et leur superficie est suffisante pour l'insertion des grands muscles qui lui permettent de prendre et de conserver cette attitude [2].

Sous ces rapports, le pelvis du gorille (fig. 9) diffère considérablement de celui de l'homme, mais sans descendre plus bas que le gibbon ; voyez combien, sous ce même rapport, il diffère plus du gorille que celui-ci ne diffère de l'homme. Remarquez les os coxaux

[1] « Plus d'une fois, dit Camper, j'ai rencontré plus de six vertèbres lombaires chez l'homme : une fois j'ai rencontré treize côtes et quatre vertèbres lombaires. » Fallope a fait la même découverte, et Eustache a trouvé une fois onze vertèbres dorsales et six lombaires (P. Camper, *Œuvres*, t. I. p. 42). Ainsi que Tyson le rapporte, son « pygmée » avait treize paires de côtes et cinq vertèbres lombaires. La question des courbures du rachis chez les singes demande des études plus complètes.

[2] Voyez Verneau, *le Bassin dans les sexes et dans les races*. Paris, 1875.

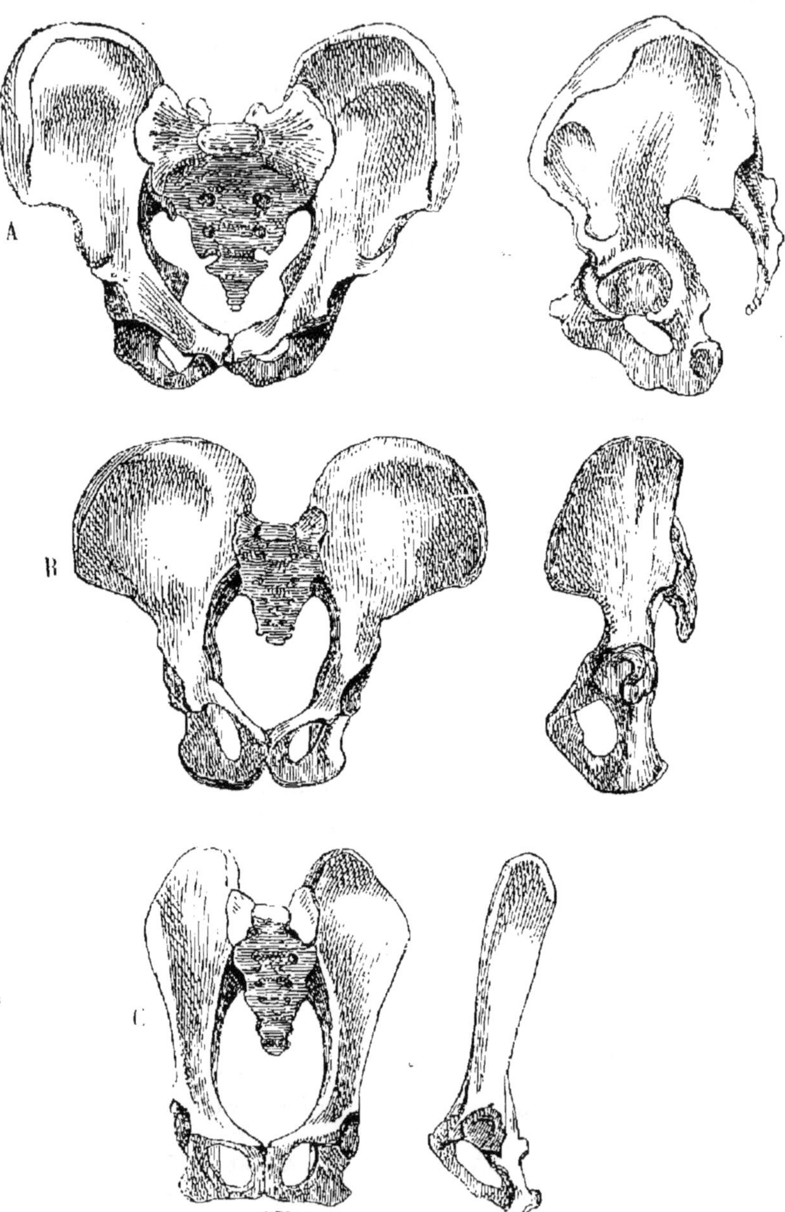

Fig. 9. — Faces antérieure et latérale du bassin de l'homme (A), du gorille (B) et du gibbon (C), réduites d'après les dessins faits sur nature, de la même grandeur absolue, par M. Waterhouse Hawkins.

Huxley, L'Homme.

plats et étroits, cette ouverture rétrécie et allongée, et les éminences ischiatiques grossières, incurvées extérieurement, sur lesquelles le gibbon repose habituellement et qui sont revêtues par ce que l'on a appelé

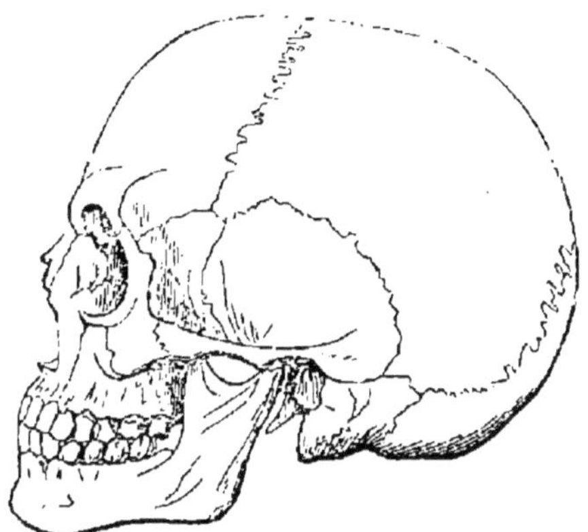

FIG. 10. — Crâne d'Européen (Prichard).

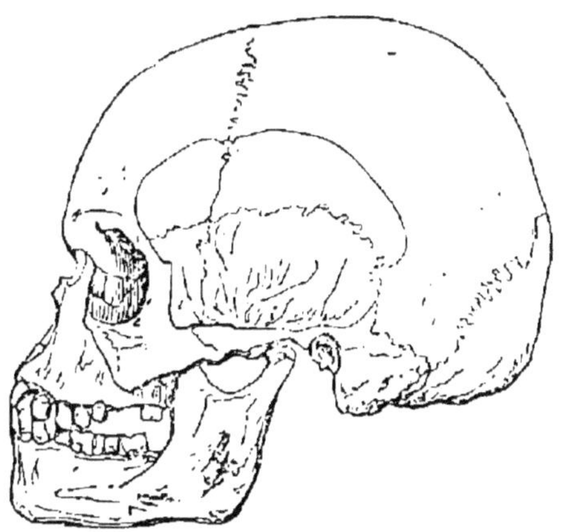

FIG. 11. — Crâne de Nègre (Prichard).

callosités, couches épaisses de peau, tout aussi absentes chez le gorille que chez le chimpanzé et l'orang que chez l'homme.

Chez les singes inférieurs et chez les Lémuriens, la différence devient plus frappante encore, et le bassin acquiert dans son ensemble les caractères de celui des quadrupèdes.

Crâne. — Revenons maintenant à un organe plus

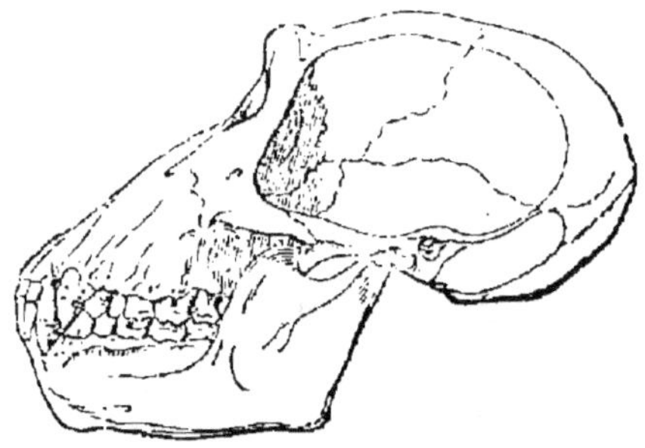

FIG. 12. — Crâne de Chimpanzé (Prichard).

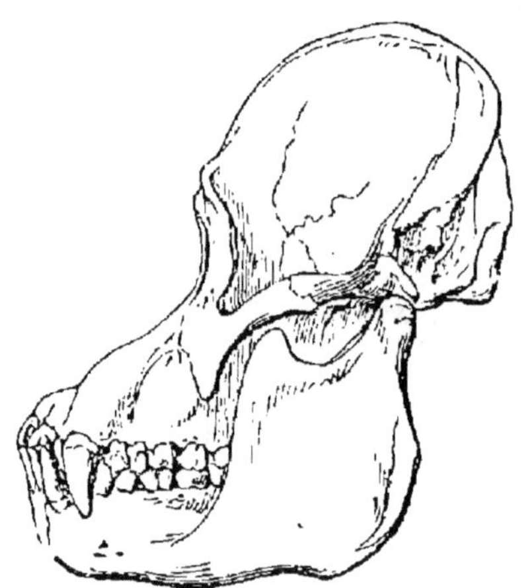

FIG. 13. — Crâne d'Orang (Prichard).

noble et plus caractéristique, celui par lequel l'ossature humaine semble être et est en effet si fortement distincte de toutes les autres — je veux dire le *crâne* (fig. 10 à 13).

Les différences qui existent entre le crâne d'un gorille et celui d'un homme sont en réalité considérables. Chez le premier, la face largement constituée par des os maxillaires massifs, domine la portion du crâne qui contient le cerveau ou crâne proprement dit ; chez le second, les proportions sont inverses. Chez l'homme, le trou occipital, à travers lequel passe le volumineux cordon nerveux qui unit le cerveau aux nerfs périphériques — et qui est appelé *moelle épinière* — est situé derrière le centre de la base du crâne qui se trouve ainsi en parfait équilibre dans la position verticale ; chez le gorille, il est situé au tiers du postérieur de cette base. Chez l'homme, la surface du crâne est relativement lisse, et les arcades sourcilières ne s'avancent généralement que fort peu ; chez le gorille, d'énormes crêtes se développent sur le crâne, et les arcades sourcilières surplombent en bourrelets les cavités orbitaires, à la manière des vérandahs.

Cependant quelques coupes pratiquées sur le crâne du gorille montrent que la plupart de ces imperfections apparentes ne dépendent pas tant de l'insuffisance de la boîte cérébrale que d'un développement excessif de certaines parties de la face. La cavité crânienne n'est pas d'une forme défectueuse et le crâne n'est pas véritablement aplati ou excessivement fuyant ; ses courbes sont réellement bien dessinées, mais elles sont masquées par la masse osseuse qui est construite sur sa face antérieure.

Capacité crânienne. — Toutefois la voûte orbitaire qui s'élève plus obliquement dans la cavité crânienne, diminue ainsi l'espace où se loge la partie inférieure des lobes antérieurs du cerveau [1] ; en sorte que la capacité absolue du crâne est beaucoup moindre chez le gorille que chez l'homme. Autant que je sache, on n'a signalé aucun crâne humain d'adulte dont la contenance fût moindre de 1,015 centimètres cubes; le plus petit des crânes observés par Morton dans toutes les races humaines mesurait 1,021 centimètres cubes ; d'un autre côté, le plus vaste crâne du gorille qui ait été mesuré n'a pas plus de 550 centimètres. Disons, pour simplifier les chiffres, que la capacité crânienne de l'homme le plus inférieur est double de celle du gorille le plus élevé.

[1] On a affirmé que certains crânes hindous ne contiennent que 857 grammes, ce qui donnerait une capacité d'environ 769 centimètres cubes. Cependant la plus petite capacité que j'aie citée plus haut est établie d'après les précieuses tables publiées par le professeur R. Wagner, dans les *Vorstudien zu einer wissenschaftlichen Morphologie und Physiologie des Menschlichen Gehirns*. Le résultat des pesées pratiquées sur plus de 900 cerveaux humains a été, au rapport de Wagner, que la moitié pesait entre 1,200 et 1.400 grammes, et qu'environ les deux neuvièmes, consistant pour la plupart en cerveaux masculins, pesaient 1,400 grammes. Le plus léger cerveau d'homme adulte et sain d'esprit constaté par Wagner pesait 1,020 grammes. Un seul cerveau d'homme adulte, qui ne pesait pas plus de 970 grammes était celui d'un idiot ; mais le cerveau d'une femme adulte, qui semble avoir joui des facultés mentales parfaitement saines, ne pesait pas plus de 907 grammes, et Reid parle d'un cerveau de femme adulte d'une capacité encore inférieure. Le cerveau le plus lourd, sur les tables de Wagner (1,872 grammes), est néanmoins celui d'une femme ; puis vient celui de Cuvier (1,861 grammes), puis celui de Byron (1,807 grammes), enfin celui d'un fou (1,783 grammes). Le cerveau d'adulte le plus léger (720 grammes, est celui d'une femme idiote. Les cerveaux de cinq enfant âgés de quatre ans pesaient entre 1,275 et 992 grammes. De sorte que l'on peut dire, en toute sécurité, qu'un enfant européen âgé de quatre ans, qui serait dans la moyenne, a un cerveau deux fois aussi volumineux que celui d'un gorille adulte.

Sans aucun doute ces différences sont très frappantes ; mais elles perdent beaucoup de leur apparente valeur systématique, quand on les examine en regard de certains autres faits, également indubitables, relatifs aux capacités crâniennes.

Le premier de ces faits est que la différence de volume de la cavité crânienne est, absolument, beaucoup plus grande entre certaines races humaines qu'entre l'homme le plus inférieur et le singe le plus élevé, tandis que, relativement, cette différence est à peu près égale ; le crâne humain le plus volumineux, mesuré par Morton, contenait en effet 1,867 centimètres cubes, c'est-à-dire qu'il avait près du double de la capacité du plus petit. Cette prépondérance, représentée par 852 centimètres cubes, est beaucoup plus considérable que celle dont le crâne humain adulte le plus inférieur surpasse le plus volumineux des crânes du gorille : 1,015 centimètres cubes — 551 = 464 centimètres cubes.

Secondement les crânes de gorilles adultes, qui, jusqu'à présent, ont été mesurés, offrent des écarts qui vont jusqu'au tiers environ, la capacité maximum étant 552 centimètres cubes, le minimum étant 393 centimètres cubes.

Troisièmement enfin, après avoir tenu compte des différences de taille, on trouve que les capacités crâniennes de quelques-uns des singes inférieurs descendent au-dessous de celles des singes les plus élevés, presque autant que ces dernières s'éloignent de celles de l'homme.

En sorte que, d'une part, même au point de vue si

important de la capacité crânienne, les hommes peuvent différer plus profondément les uns des autres qu'ils ne diffèrent des singes; et que, d'autre part, les singes inférieurs se distinguent tout autant des singes supérieurs, que ces derniers se distinguent de l'homme.

Cette proposition sera mieux démontrée par l'étude des modifications que subissent les autres parties du crâne dans la série simienne.

Os de la face. Angle facial. — C'est le volume relativement considérable des *os de la face* et la grande projection des mâchoires qui donnent au crâne du gorille (fig. 14) son petit angle facial et son caractère animal. Mais si nous considérons le volume des os de la face, par rapport au crâne proprement dit, le petit *Chrysothrix* (G. Saïmiri, Platyrrhiniens, fig. 14) diffère notablement du gorille et de la même façon que l'homme lui-même en diffère; tandis que les babouins (Cynocéphales, fig. 15) offrent, à un degré excessif, les massives proportions de la mâchoire du grand anthropoïde, de sorte que son visage, auprès des leurs, semble doux et humain. Les différences entre le gorille et le babouin sont même plus grandes qu'elles ne paraissent au premier abord, car la grande masse faciale du premier est due principalement au développement inférieur ou vertical des mâchoires, caractère essentiellement humain si on le compare au développement presque exclusivement horizontal et éminemment bestial des mêmes parties, qui caractérise le babouin et plus particulièrement encore distingue le lémurien (fig. 15).

Trou occipital. — Semblablement le *trou occipital* des mycètes (fig. 15) et plus encore celui des lémuriens est

tout à fait reporté à la face postérieure du crâne ; c'est-
à-dire que, par rapport au gorille (fig. 14), il est placé
aussi en arrière que l'est, par rapport à l'homme,

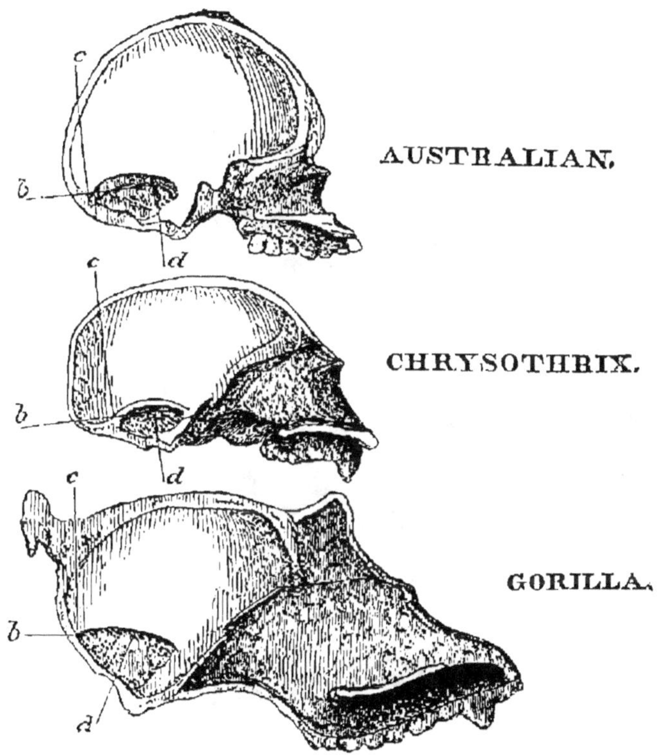

Fig. 14. — Sections du crâne de l'homme et de différents singes, dessinées de
façon à donner pour chacun d'eux la même longueur et à montrer par là
les proportions des os de la face. La ligne b indique le plan d'insertion de
la tente du cerveau qui sépare celui-ci du cervelet : d, axe du trou occipital.
L'étendue de la cavité cérébrale au-delà de c, qui est la perpendiculaire
élevée sur b au point où la tente est attachée en arrière, indique la quantité
dont le cerveau dépasse le cervelet ; la cavité cérébelleuse est teintée en
noir. En comparant ces diagrammes, on se souviendra que des figures sur
une petite échelle ne sont destinées qu'à démontrer les informations du texte,
mais que la preuve doit être cherchée dans les objets eux-mêmes.

celui du gorille ; d'ailleurs, comme pour rendre plus
évidente encore la futilité de chercher à établir une

solide classification sur de tels caractères, le même groupe de platyrrhiniens ou singes américains, auquel appartient le *mycètes* (fig. 15) comprend le *chrysothryx* (G. Saïmiri), dont le trou occipital est placé bien plus

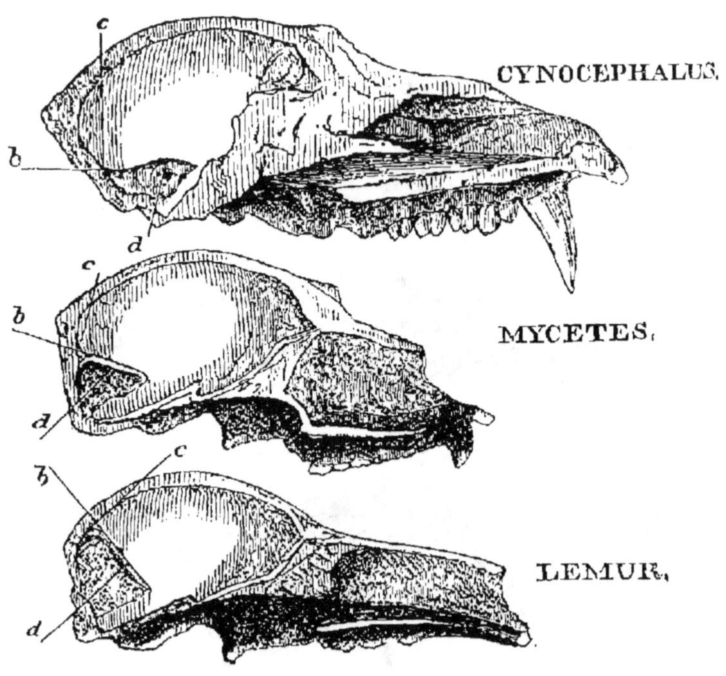

Fig. 15.

en avant que chez tout autre singe et occupe à peu près la même place que chez l'homme.

Enfin, le crâne de l'orang (fig. 13) est aussi dépourvu de *proéminences sourcilières* excessives que l'est celui de l'homme lui-même, quoique quelques variétés offrent en d'autres régions des crêtes osseuses considérables ; chez quelques-uns des singes cébiens et chez le chrysothrix (fig. 14), le crâne est aussi lisse et aussi arrondi que chez l'homme lui-même.

On conçoit que ce qui est vrai des caractères fondamentaux du crâne est vrai, *à fortiori*, pour ceux qui sont d'une moindre importance ; ainsi, pour chaque différence constante entre le crâne de gorille et celui de l'homme, une différence similaire non moins constante et du même ordre (c'est-à-dire consistant dans l'excès ou dans l'absence des mêmes qualités) peut être démontrée entre le crâne du gorille et celui de quelque autre singe. En sorte que, pour le crâne non moins que pour le squelette en général, cette proposition se vérifie : que les différences entre l'homme et le gorille (fig. 14) sont d'une moindre importance que celles qui existent entre le gorille et quelques-uns des autres singes (fig. 14 et 15).

Dents. — Après avoir étudié le crâne, il convient maintenant de parler des dents, organes qui ont une valeur particulière dans la classification, et dont les analogies ou les dissemblances, quant au nombre, à la forme et à l'ordre de succession, prises dans leur ensemble, sont habituellement considérées comme offrant, plus que tous les autres caractères, de fidèles indications sur les affinités organiques.

L'homme est pourvu de deux sortes de dents : les *dents* dites *de lait* et les *dents permanentes*.

Les premières consistent en *quatre incisives* ou dents tranchantes ; *deux canines, quatre molaires*, ou dents qui broient, à chaque mâchoire, formant un total de vingt dents.

Les dents définitives (fig. 16) comprennent *quatre*

incisives, deux canines, quatre petites molaires, appelées *prémolaires* ou *fausses molaires*, et *six grosses
molaires* à chaque mâchoire, en tout trente-deux dents.
A la mâchoire supérieure, les deux incisives centrales
sont plus larges que les deux incisives latérales;
celles-ci sont au contraire plus larges que les centrales
à la mâchoire inférieure; les couronnes des molaires
supérieures nous montrent quatre tubercules appelés
cuspides, et une saillie traverse obliquement la surface

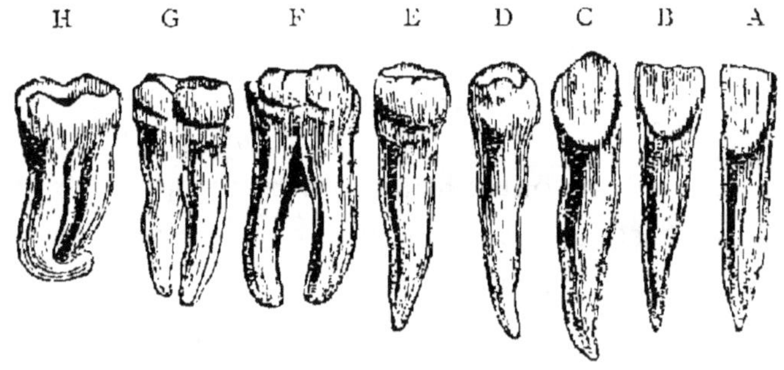

Fig. 17. — Dents (côté gauche de mâchoire). — A, première incisive;
B, seconde incisive; C, canine; D et E, petites molaires; F, G et H,
grosses molaires.

de la couronne de la cuspide interne et antérieure à
la cuspide externe et postérieure. Les molaires anté-
rieures et inférieures ont cinq cuspides, trois externes
et deux internes. Les fausses molaires ont deux cuspides, une interne et une externe, celle-ci étant la plus
élevée.

Sous tous ces rapports la dentition du gorille peut
être décrite dans les mêmes termes que celle de
l'homme, mais, à d'autres égards, elle montre plusieurs différences importantes (fig. 17). Ainsi les dents
humaines forment une série constante et régulière

sans aucune interruption et sans aucune saillie notable de l'une de ses dents au-dessus du niveau commun (fig. 17, A) ; Cuvier a depuis longtemps signalé cette particularité, que n'offre aucun autre mammifère, sauf l'espèce depuis longtemps éteinte à laquelle on a donné le nom d'*anoplotherium*, créature aussi différente de l'homme que l'on peut imaginer.

Les dents du gorille (fig. 17, B), au contraire, montrent une interruption ou intervalle appelé *diastème*, dans les deux mâchoires : à la mâchoire supérieure, au-devant de la canine ou entre celle-ci et l'incisive latérale ; à la mâchoire inférieure après la canine ou entre la canine et la première fausse molaire. Dans cet intervalle, à chaque mâchoire, se place la canine de la mâchoire opposée, le volume de la canine chez le gorille étant tel qu'elle se projette comme une défense de sanglier, de beaucoup au-delà du niveau des autres dents. De plus, les racines des fausses molaires du gorille sont plus complexes que celles de l'homme, et le volume proportionnel des grosses molaires est différent. La couronne de la dernière molaire de la mâchoire inférieure est plus complexe, et l'ordre d'éruption des dents définitives est différent; les canines permanentes se montrent chez l'homme avant la deuxième et la troisième molaires ; elles se montrent après celles-ci chez le gorille.

Ainsi, tandis que les dents du gorille ressemblent étroitement à celles de l'homme, quant au nombre, au genre et à la disposition générale de leur couronne, elles montrent des différences marquées à des points de vue secondaires tels que leurs formes rela-

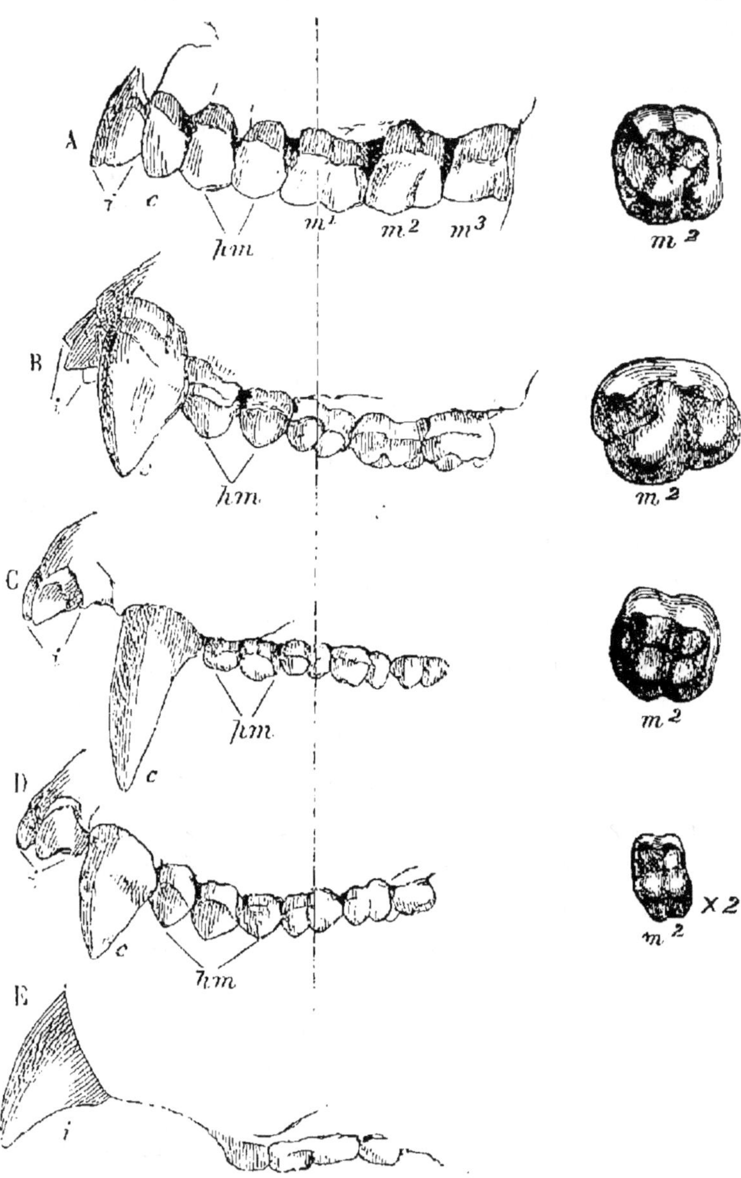

Fig. 17. — Vues latérales de la même longueur de la mâchoire supérieure de plusieurs primates. — A, homme; B, gorille; C, cynocéphale; D, cébien, E, cheiromys. — *i*, incisives; *c*, canines; *pm*, prémolaires; *m*, molaires; une ligne verticale passe par la première molaire de l'homme (A), du *Gorille* (B), du *Cynocéphale* (C) et du *Cébien* (D). La face inférieure de la seconde molaire est dessinée pour chacune de ces trois espèces; ses angles antérieurs et internes se trouvent exactement au-dessus de la lettre *m* dans *m*².

tives, le nombre de leurs saillies et l'ordre de leur évolution.

Mais si l'on compare les dents du gorille avec celles d'un singe, ne fût-il même pas plus éloigné que le cynocéphale (fig. 17, C) ou babouin, on trouvera que des différences et des analogies du même ordre peuvent être facilement observées ; il est vrai que beaucoup des points par lesquels le gorille ressemble à l'homme sont ceux par lesquels il diffère du babouin, tandis que les caractères distinctifs du gorille et de l'homme se retrouvent à un degré plus marqué chez le cynocéphale. Le nombre et la nature des dents demeurent analogues chez le babouin, de même que chez le gorille et chez l'homme. Mais la forme des molaires supérieures du babouin est tout à fait différente de celle qui est décrite ci-dessus ; les canines sont proportionnellement plus longues et plus nettement taillées en couteau. La fausse molaire antérieure de la mâchoire inférieure est spécialement modifiée ; la molaire postérieure de la mâchoire inférieure est encore plus large et plus complexe que chez le gorille.

Si nous passons des singes de l'ancien monde à ceux du nouveau, nous rencontrons une modification d'une importance plus considérable qu'aucune de celles-ci. Dans un genre tel que celui des *cébiens* (fig. 17, D), par exemple, on trouvera que, tandis que sur quelques points secondaires, tels que la projection des canines et le diastème, la ressemblance avec le grand singe persiste, sur d'autres points plus importants la dentition est extrêmement différente. Au lieu de vingt dents de lait on en trouve vingt-quatre ; au lieu de trente-deux dents permanentes, on en compte trente-six, et le nombre des fausses molaires est accru de huit à douze. Quant à la forme, les couronnes des molaires sont très différentes de celles du gorille et encore plus du type humain.

D'un autre côté, les Marmousets nous montrent le même nombre de dents que l'homme et le gorille ; malgré cela, leur dentition est très différente, puisqu'ils ont quatre fois plus de fausses molaires que les autres singes américains : mais comme ils ont aussi quatre fois moins de vraies molaires, le chiffre total reste le même que chez l'homme.

Si maintenant nous arrivons aux Lémuriens, nous trouvons que la dentition devient encore plus profondément et essentiellement différente de celle du gorille. Les incisives commencent à varier en nombre et en forme, les molaires acquièrent de plus en plus le caractère des insectivores, et dans un genre, l'aye-aye (Cheiromiens), les canines disparaissent et les dents simulent complètement celles d'un rongeur (fig. 17, E).

Toutes ces considérations rendent donc nos conclusions évidentes : quelques différences que puisse offrir la dentition du singe le plus élevé, comparée à celle de l'homme, ces différences sont bien moins étendues que celles que l'on peut constater entre la dentition des singes supérieurs et celle des inférieurs.

Muscles. Viscères. — Quelque partie de l'économie animale, quelque série de muscles, quelque viscère que nous choisissions pour tracer un parallèle, le résultat resterait le même : nous trouverions que les singes inférieurs et le gorille diffèrent plus entre eux que le gorille et l'homme.

Je n'essayerai point ici de poursuivre en détail toutes ces comparaisons, et, en vérité, il n'est point nécessaire que j'aille plus loin dans cette voie. Mais il reste à examiner certaines différences de structure, réelles ou supposées, entre l'homme et les singes, sur lesquelles on a tant insisté, qu'elles demandent une étude attentive, en vue de déterminer l'exacte valeur de celles qui sont réelles et de démontrer la futilité de celles qui sont fictives ; je veux parler des caractères de la *main*, du *pied* et du *cerveau*.

Mains et pieds. — On a défini l'homme comme le seul animal qui possédât deux mains à l'extrémité des membres supérieurs et deux pieds terminant ses membres inférieurs, tandis que tous les singes avaient quatre mains ; on a de plus affirmé qu'il différait fondamentalement de tous les singes quant aux caractères de son cerveau, qui seul, a-t-on étrangement et obstinément soutenu, montre les parties connues des anatomistes sous les noms de *lobe postérieur*, de *corne postérieure du ventricule latéral* et de *petit hippocampe*.

Que la première proposition ait été généralement admise, cela n'a rien de surprenant, car les apparences, tout d'abord, sont en sa faveur ; mais, quant à la seconde, on ne peut qu'admirer l'audace sans égale de celui qui l'a énoncée, car non seulement elle est en opposition avec les doctrines généralement et justement admises, mais elle est ouvertement déniée par le témoignage de tous les observateurs originaux qui ont spécialement étudié la question ; de plus, elle n'a jamais été et ne peut être appuyée par aucune préparation anatomique. Elle serait donc indigne d'une réfutation sérieuse, si l'on ne savait que, dans l'opinion générale et naturelle, des assertions délibérées et réitérées doivent avoir quelque fondement.

Mais, avant que nous puissions discuter la première question avec utilité, considérons avec attention et comparons la structure de la main et celle du pied humains, de façon que nous ayions des idées claires et distinctes sur ce qui constitue une main et sur ce qu'est un pied.

La forme extérieure de la main humaine est familière à chacun : elle est constituée par un *poignet* solide, suivi d'une large *paume*, composée de chairs, de tendons et de peau, qui relient quatre os, lesquels se divisent entre quatre extrémités longues et flexibles, les *doigts ;* — chacun d'eux porte sur la face dorsale de sa dernière subdivision un ongle large et aplati. Le plus long écartement entre deux doigts quelconques est un peu moindre que la moitié de la longueur de la main ; du côté externe de la base de la paume, un doigt volumineux se détache qui compte deux articulations au lieu de trois, et si petit qu'il ne s'étend guère au-delà du milieu de la première articulation du doigt voisin ; de plus, il se distingue par sa grande mobilité, grâce à laquelle il peut être porté en dehors, presque à angle droit avec la masse des doigts. Ce doigt est nommé *pollex*, ou *pouce*, et, comme les autres, il porte un ongle aplati sur la partie postérieure de sa dernière articulation.

En conséquence de ses proportions et de sa mobilité, il est ce que l'on appelle *opposable;* en d'autres termes, son extrémité peut, avec la plus grande facilité, être mise en contact avec les extrémités de tous les doigts ; propriété d'où dépend en si grande partie la possibilité de réaliser nos conceptions.

La forme du pied diffère considérablement de celle de la main, et toutefois si on les compare rigoureusement, on s'aperçoit qu'ils offrent quelques ressemblances singulières. Ainsi la *cheville* correspond au poignet, la *plante* à la paume, les *orteils* aux doigts, le *gros orteil* au pouce. Mais les orteils ou doigts du pied sont beaucoup plus petits que les doigts de la main et bien moins mobiles ; ce défaut est très frappant dans le gros orteil qui, en outre, est, par rapport aux autres orteils, beaucoup plus gros que ne l'est le pouce par rapport aux doigts. Toutefois, en examinant ce point, n'oublions pas que le gros orteil civilisé, enfermé et comprimé depuis l'enfance, n'est point vu sous son jour le plus favorable, et que chez les peuplades non civilisées et qui marchent nu-pieds, il conserve une grande mobilité et même une sorte d'*opposabilité*. On dit que les bateliers chinois peuvent s'en servir pour ramer, les ouvriers du Bengale pour tisser et les Carajas pour voler les lignes des pêcheurs [1] ; néanmoins, on doit se rappeler que la conformation des articulations et la disposition des os rendent nécessairement la préhension beaucoup moins parfaite avec le gros orteil qu'avec le pouce.

[1] Voyez Verneau, *Merveilles de la nature, les Races humaines.* Paris, 1891.

Mais pour acquérir une notion précise des analogies et des différences de la main et du pied et de leur caractère distinctif, pénétrons sous la peau et comparons la charpente osseuse et les appareils de mouvements de l'un et de l'autre.

Le squelette de la main (fig. 18) nous montre, dans la région que nous appelons *poignet* et qui est appelée techniquement le *carpe*, deux rangées d'os polygonaux étroitement ajustées ; chaque rangée en compte quatre, qui sont sensiblement égaux en volume. Les os de la première rangée, avec ceux de l'avant-bras, forment l'articulation du poignet, et sont rangés de façon qu'aucun d'eux ne dépasse notablement les autres ou ne soit en retrait. Trois des os de la seconde rangée du carpe sont contigus aux quatre os longs qui supportent la paume de la main. Le cinquième os long est articulé d'une manière plus large et plus mobile avec son os du carpe et forme la base du pouce. Ces os longs sont appelés *métacarpiens*, et ils portent les *phalanges* ou os des appendices digitaux ; on en compte deux pour le pouce et trois pour chacun des doigts.

Le squelette du pied (fig. 19) est, à quelques égards, très semblable à celui de la main : il y a trois phalanges à chacun des orteils, et deux seulement au gros orteil qui est l'analogue du pouce. Il y a là un os long appelé *métatarsien*, correspondant au métacarpe, pour chaque appendice ; et le *tarse*, qui est l'analogue du carpe, présente en une rangée quatre os polygonaux qui répondent très exactement aux quatre os du carpe de la seconde rangée. A d'autres égards, le pied diffère notablement de la main. Ainsi le gros orteil est plus long que tous les autres, sauf un, et son articulation tarso-métatarsienne est beaucoup moins mobile que celle du métacarpe du pouce avec son carpe ou articulation carpo-métacarpienne.

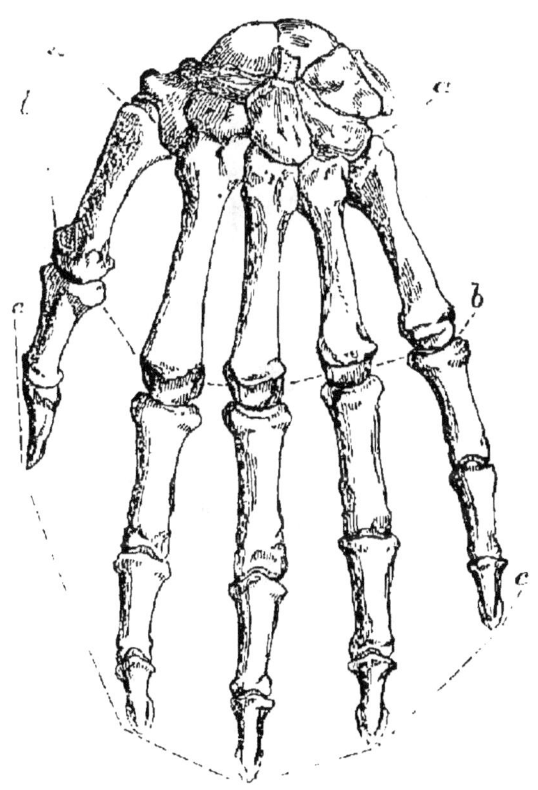

Fig. 18. — Squelette de la main de l'homme. La main est dessinée à une échelle plus grande que le pied. La ligne *a a* de la main indique la limite entre le carpe et le métacarpe ; *b b*, celle entre le métacarpe et les phalanges suivantes ; *c c* marque l'extrémité des phalangettes.

Mais une distinction beaucoup plus importante consiste en ce qu'au lieu de quatre os tarsiens de plus, on n'en compte que trois, et qu'ils ne sont pas placés côte à côte ou en une rangée. L'un d'entre eux, le *calcanéum* ou *os du talon*, projette au dehors un large appendice osseux qui forme le talon ; l'autre.

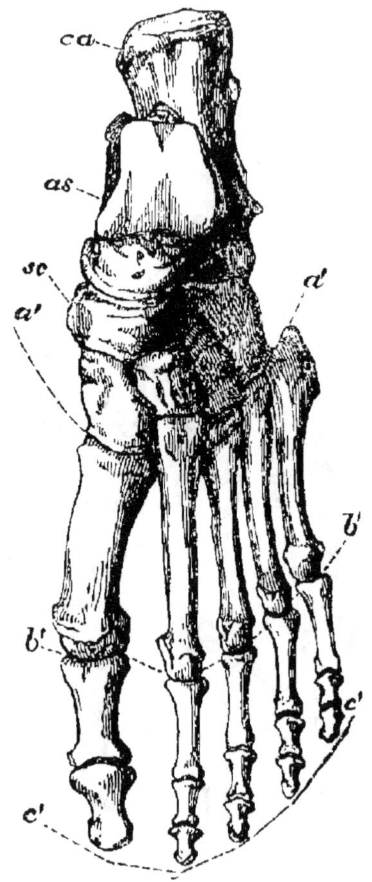

Fig. 19. — Squelette du pied de l'homme. La ligne *a' a'* du pied désigne les limites du tarse et du métatarse ; *b' b'*, celles du métatarse et des premières phalanges ; *c' c'*, l'extrémité des phalangettes ; *ca*, le calcanéum ; *as*, l'astragale ; *sc*, l'os scaphoïde du tarse.

l'astragale, repose sur celui-ci par une de ses faces ; il constitue, par l'union d'une autre de ses faces aux os de la jambe, l'articulation du cou-de-pied, tandis qu'une troisième face, dirigée en avant, est séparée, par un os, appelé *scaphoïde*, des trois os tarsiens de la rangée, qui est contiguë au métatarse.

Il y a donc, dans la structure du pied et de la main, une différence capitale, que l'on remarque quand on compare le carpe et le tarse; il y a aussi des différences de degrés observables quand on met en regard les proportions et la mobilité des métacarpiens et des métatarsiens avec leurs appendices respectifs. Les mêmes catégories de différences deviennent évidentes, quand il s'agit des muscles de la main et de ceux du pied.

Trois couches principales de muscles, appelés *fléchisseurs*, ploient les doigts et le pouce, lorsque, par exemple, l'on ferme le poing, et trois couches d'*extenseurs* ouvrent la main et roidissent les doigts. Ces muscles sont tous appelés « *muscles longs* », c'est-à-dire que la partie charnue de chacun d'eux, étant étendue et fixée aux os du bras, est, à l'autre extrémité, terminée par des tendons ou cordes arrondies qui passent dans la main et sont finalement attachés aux os que l'on doit mouvoir. Aussi, quand les doigts sont fléchis, les parties charnues des fléchisseurs des doigts se contractent en vertu de leurs propriétés particulières comme muscles, et en tirant ces cordes tendineuses déterminent la flexion des os des doigts vers la paume de la main.

Non seulement les principaux fléchisseurs des doigts et du pouce sont des muscles longs, mais ils restent tout à fait distincts l'un de l'autre dans toute leur longueur. Au pied, il y a aussi trois muscles fléchisseurs principaux extenseurs ; mais l'un des fléchisseurs et l'un des extenseurs sont des muscles courts, c'est-à-dire que leurs parties charnues ne sont pas situées dans la jambe, qui répond au bras, mais sur le dos et sur la plante du pied, régions qui répondent au dos et à la paume de la main.

De plus, quand les tendons du long fléchisseur des orteils et du fléchisseur propre du gros orteil atteignent la plante du pied, ils ne demeurent pas distincts l'un de l'autre à la manière des fléchisseurs de la paume de la main, mais ils s'unissent et se mêlent d'une singulière façon, tandis que leurs tendons réunis reçoivent un muscle accessoire qui est en rapport avec le calcanéum.

Mais le caractère distinctif le plus absolu des muscles du pied est peut-être l'existence du *long péronier*, muscle long, qui est appliqué sur l'os extérieur de la jambe et qui envoie son tendon à la cheville externe en arrière et en-dessous de laquelle il passe, d'où il traverse obliquement le pied pour aller s'insérer à la base du gros orteil. Aucun muscle de la main ne correspond exactement à celui-ci, qui est éminemment un muscle du pied.

En résumé, le pied de l'homme se distingue de sa main par les différences anatomiques suivantes :

1º Par la disposition des os du tarse ;

2º Par la présence d'un muscle court fléchisseur et d'un court extenseur des appendices digitaux du pied ;

3º Par l'existence du muscle appelé *long péronier*.

Et maintenant si nous voulons déterminer si la

division terminale d'un membre dans les autres primates doit être appelée *pied* ou *main,* nous serons guidés par la présence ou par l'absence de ces caractères, et non par les seules proportions et la plus ou moins grande mobilité du gros orteil, qui peut varier indéfiniment sans aucune modification capitale dans la structure du pied.

Ayant ces considérations présentes à l'esprit, venons-en maintenant aux membres du gorille. Les divisions terminales du membre antérieur ne présentent aucune difficulté : os pour os, muscle pour muscle sont disposés essentiellement comme chez l'homme ou avec des différences si minimes qu'elles se rencontrent chez les variétés d'hommes. La main du gorille est plus massive, plus lourde, et elle a un pouce proportionnellement un peu plus court que celui de l'homme [1]. Mais personne n'a jamais mis en doute que ce ne fût là une véritable main.

[1] Dans une communication faite à l'Académie des sciences (17 août 1864), Gratiolet a publié les recherches qu'il avait entreprises, avec le concours de M. Alix, sur le bras et la main des anthropoïdes comparés à ceux de l'homme. Il trouve que les muscles du pouce présentent une différence « capitale » chez le gorille et chez l'homme. Chez l'homme, le pouce est fléchi par un muscle indépendant. le *long fléchisseur*, qui s'insère à l'extrémité antérieure de la seconde phalange du pouce ; chez les singes, ce fléchisseur n'est pas indépendant ; il est représenté par une division du tendon du muscle fléchisseur commun des autres doigts ; mais, chez le gorille et chez le chimpanzé, ce muscle est réduit à un filet tendineux qui n'a plus aucune action, car son origine se perd dans les replis synoviaux des tendons fléchisseurs des autres doigts, et il n'aboutit à aucun faisceau musculaire. Enfin, chez l'orang, il n'y a plus aucune trace de fléchisseur, et le pouce est fléchi par les fibres marginales de l'adducteur du pouce, ce qui, d'après Gratiolet, est « un artifice du Créateur », pour rendre cette main plus par-

Au premier coup d'œil, l'extrémité du membre postérieur du gorille ressemble beaucoup à une main, et

faite. Je ne pense pas qu'il en eût beaucoup plus coûté au Créateur de donner à l'orang un vrai fléchisseur, au lieu de détourner
artificiellement l'adducteur de ses fonctions — Quoi qu'il en soit,
il est question, dans le texte même du mémoire déjà cité sur le
Troglotydes Aubryi (p. 172), d'un filament fibreux, qui se détache
vers la base de la première phalange du pouce et s'enfonce sous
le ligament annulaire. « Cependant, ajoutent les auteurs, *nous nous*

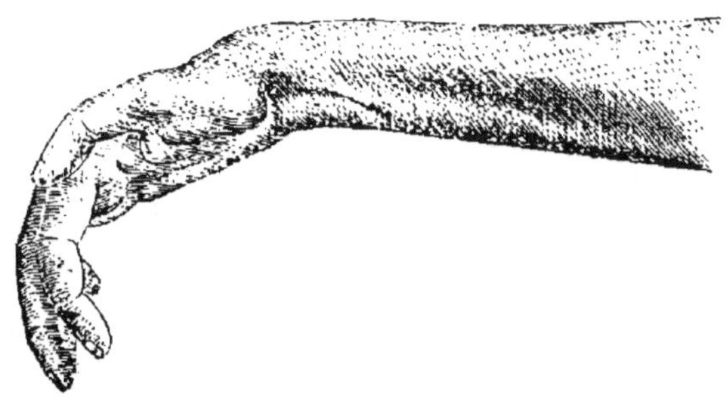

Fig. 20. — Main d'un homme chez lequel l'atrophie musculaire graisseuse a
détruit complètement les muscles de l'éminence thénar. On voit que le premier métacarpien a été entraîné sur le même plan que le second métacarpien
par le long extenseur du pouce encore vivant et antagoniste des muscles qui
concourent à l'apposition du pouce. L'extrémité inférieure du premier métacarpien est même située en arrière du second. Ici le long extenseur du
pouce est plus rétracté que dans la figure 21.

refusons à voir, dans ce filament inutile, un vestige de muscle. » Je
n'ai garde de mettre en doute la science d'un Gratiolet, ni celle de
son digne élève, M. Alix. Cependant ne pourrait-on, avant de *se
refuser à voir*, attendre que de nouvelles dissections viennent con-
firmer les résultats d'un premier examen. Malheureusement, les
occasions sont rares et les muscles grêles qui ont subi des altéra-
tions cadavériques se perdent aisément: aussi est-on en droit de
conserver quelques doutes à l'endroit de ce filament inutile qui
pourrait devenir quelque jour un long fléchisseur. Il est bien aven-
tureux sur une aussi petite différence anatomique d'étayer des
différences « profondes et réellement typiques ». En effet, ainsi
que l'a montré Duchenne (de Boulogne), l'impuissance du long
fléchisseur du pouce chez les malades ne peut porter atteinte qu'à
un très petit nombre de fonctions délicates ignorées du singe. Il

comme cette ressemblance est encore plus accentuée chez plusieurs des singes inférieurs, on ne doit pas être surpris que la dénomination de «*quadrumanes*», ou êtres à quatre mains, empruntée par Blumenbach aux anciens anatomistes [1], et malheureusement ren-

s'ensuit donc que l'atrophie normale de ce muscle peut n'être qu'un défaut de développement que l'exercice, aidé de la sélection, eût pu modifier.

Pour montrer les différences produites par la prédominance d'action des tenseurs sur les fléchisseurs, nous reproduisons ici les figures 20, 21, 22, empruntées à l'excellent ouvrage de Duchenne (*Physiologie des mouvements*, Paris, 1867), qui a savamment expliqué le rôle du long fléchisseur dans la civilisation. On remarquera que le caractère simien de ces mains malades ne tient qu'à une atrophie de quelques faisceaux musculaires.

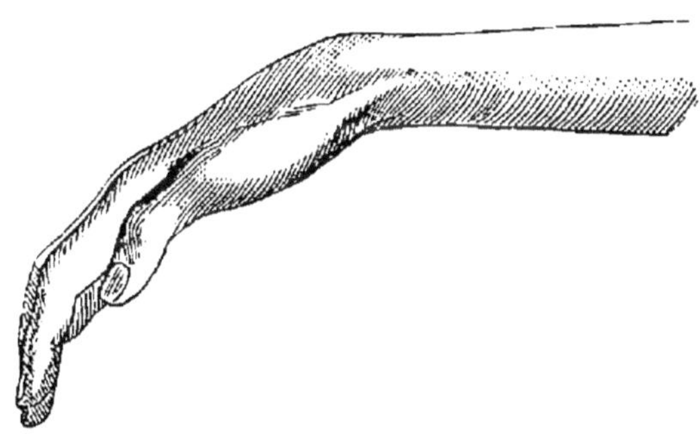

Fig. 21. — Main d'un homme chez lequel les muscles de l'éminence thénar sont presque entièrement atrophiés depuis plusieurs années ; il en est résulté que, sous l'influence de la force tonique non modérée du long extenseur du pouce, le premier métacarpien s'est mis sur le même plan que le second métacarpien, en tournant sur son axe longitudinal, de manière que la face dorsale du pouce regarde en arrière. On remarquera que l'attitude du pouce de cette main a une grande ressemblance avec celle du pouce chez le singe (voyez la figure 20). (Duchenne, de Boulogne.)

[1] En parlant du pied de son « pygmée », Tyson fait la remarque suivante : *Orang-outang, sive Homo sylvestris or the anatomy of a Pigmie* (p. 13). « Mais cette partie dans sa structure et dans sa fonction étant plutôt une main qu'un pied, je me suis demandé si

due populaire par Cuvier, se soit propagée au point
de servir d'appellation pour le groupe simien. Mais
la plus superficielle investigation anatomique montre
de prime-saut que la ressemblance de la prétendue
« main de derrière » avec la vraie main ne va pas
plus loin que la peau, et que, sous tous les rapports
essentiels, le membre postérieur du gorille est ter-

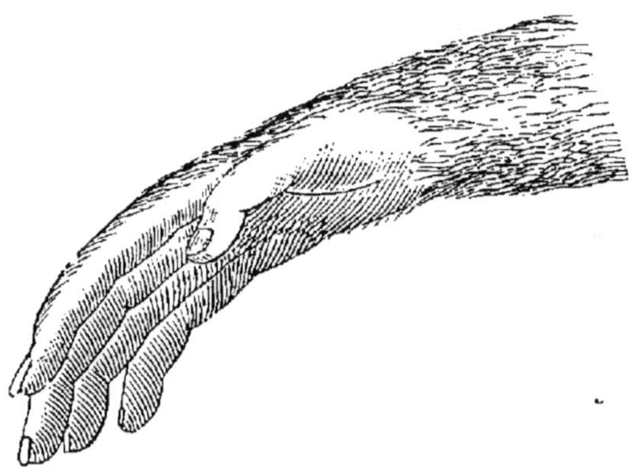

Fig. 22. — Main de singe vue de côté, comme la main humaine déformée
qui a été représentée dans la figure 20. (Vrolik, Chimpanzé.)

miné par un pied aussi véritablement que celui de
l'homme (fig. 23). Les os du tarse, sous tous les rap-

pour le distinguer des autres animaux, il ne vaudrait pas mieux
l'appeler *quadrumane* que *quadrupède*, c'est-à-dire ayant quatre
mains plutôt que quatre pieds. »

Comme ce passage a été publié en 1699, I. Geoffroy Saint-
Hilaire est évidemment dans l'erreur en attribuant à Buffon le terme
quadrumane, quoique le terme *bimane* puisse réellement lui appartenir. Tyson se sert du mot *quadrumane* en plusieurs endroits,
comme à la page 91... « Notre pygmée n'est ni un homme, ni un
singe ordinaire, mais une sorte d'animal entre les deux ; quoique
bipède, il est cependant du genre *quadrumane*, bien que quelques
hommes aient été observés qui se servaient de leurs pieds comme
mains, ainsi que j'en ai vu plusieurs. »

ports importants de nombre, de disposition et de forme, ressemblent à ceux de l'homme; d'une autre part, les métatarsiens et leurs appendices digitaux sont proportionnellement plus longs et plus grêles, tandis que le gros orteil est non seulement plus court et plus faible, mais que le métatarsien qui lui correspond est uni au tarse par une articulation plus mobile. Enfin, le pied est articulé sur la jambe plus obliquement qu'il ne l'est chez l'homme. Quant aux muscles, il y a un court fléchisseur, un court extenseur et un long péronier, tandis que les tendons du long fléchisseur, du gros orteil et des autres orteils sont réunis entre eux avec un faisceau charnu accessoire.

Le membre postérieur du gorille se termine donc par un véritable pied avec un gros orteil mobile. C'est un pied, à vrai dire, préhensible, mais ce n'est en aucune façon une main; c'est un pied qui ne diffère de celui de l'homme par aucun caractère fondamental, mais seulement dans ses proportions, dans son degré de mobilité et dans l'arrangement secondaire de ses parties.

On ne doit pas croire, toutefois, qu'en parlant de ces différences comme n'étant point fondamentales, ce soit mon désir de diminuer leur valeur; elles sont importantes en soi, la structure du pied étant, dans chaque cas, en étroite corrélation avec celle du reste de l'organisation. On ne peut davantage mettre en doute que la plus grande division du travail physiologique chez l'homme — division dont la conséquence est que la fonction de support repose entièrement sur la jambe et sur le pied — ne soit un progrès organique qui lui est de la plus grande utilité. Mais, somme toute, les analogies du pied du gorille et de celui de l'homme sont beaucoup plus frappantes que leurs différences.

Je me suis quelque peu étendu sur ce point, parce que c'est l'un de ceux sur lesquels beaucoup de préjugés sont répandus ; mais j'aurais pu le négliger sans nuire à mon argumentation, qui consiste seulement à démontrer que, quelles que soient les différences entre la main et le pied de l'homme d'une part, et d'autre part ceux du gorille, les singes inférieurs, comparés au gorille, offrent. sous ce rapport, des différences beaucoup plus considérables.

Il n'est pas nécessaire, pour obtenir sur ce chef une preuve décisive, de descendre dans l'échelle plus bas que l'orang :

Le pouce de l'orang diffère plus de celui du gorille, que celui-ci ne diffère du pouce de l'homme, non seulement parce que le premier est plus court, mais encore à cause de l'absence de tout long fléchisseur spécial. Le carpe de l'orang, comme celui de la plupart des singes inférieurs, contient neuf os, tandis que celui du gorille, de même que ceux de l'homme et du chimpanzé, n'en compte que huit.

Le pied de l'orang (fig. 25) s'écarte plus encore : ses très longs orteils et son tarse raccourci, son gros orteil très court, son talon court et élevé, la grande obliquité de son articulation avec la jambe et l'absence du tendon du long fléchisseur du gros orteil le distinguent beaucoup plus profondément du pied du gorille (fig. 24) que le pied du gorille ne se distingue de celui de l'homme (fig. 23).

Mais, chez quelques-uns des singes inférieurs, la main et le pied s'éloignent encore plus de ceux du gorille qu'ils ne font chez l'orang; chez les singes

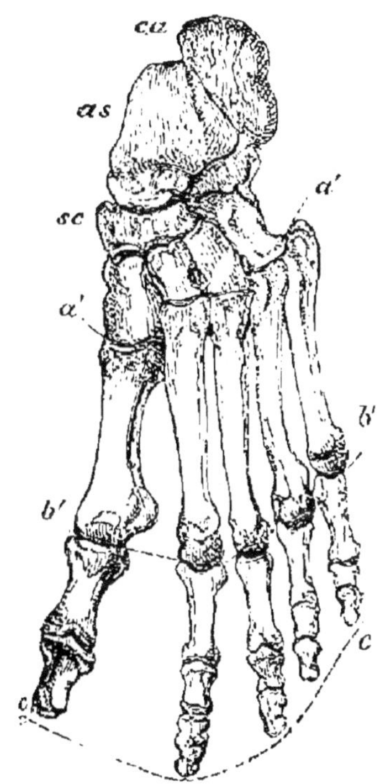

FIG. 23. — Squelette du pied de l'homme.

américains, le pouce cesse d'être opposable; il est réduit à un rudiment osseux recouvert de peau chez le singe araignée (G. *Atèles*); et, chez les marmousets, il est dirigé en avant et armé, comme les autres appendices digitaux, d'une griffe recourbée, en sorte que, dans tous ces cas, on ne peut douter que la main de ces singes ne s'écarte beaucoup plus de celle du gorille que celle-ci ne s'écarte de la main de l'homme.

Quant au pied, le gros orteil des marmousets a des proportions encore plus insignifiantes que celui de

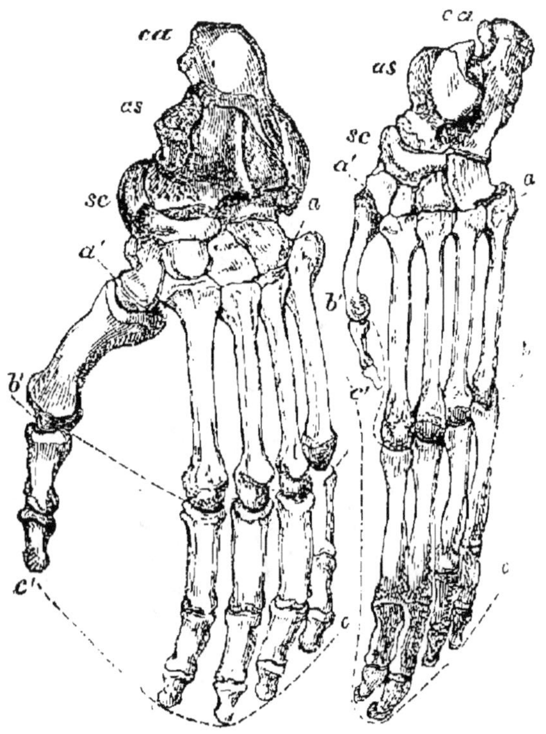

Fig. 24 et 25. — Squelette du pied du gorille et de l'orang-outang. — Les figures 23, 24 et 25 sont portées à la même grandeur absolue pour montrer les différences dans les proportions de chacun d'eux ; les lettres sont comme dans la figure 8. — Réduit d'après les dessins originaux de M. Waterhouse Hawkins.

l'orang, tandis que celui des lémuriens est très grand et aussi complètement semblable au pouce et opposable que chez le gorille ; mais, chez ces animaux, le second orteil est souvent très irrégulièrement modifié et, dans quelques espèces, les deux principaux os du tarse, l'astragale et le calcanéum, sont énormément allongés, au point de rendre le pied tout à fait différent de celui d'aucun autre mammifère.

Il en est de même pour les muscles. Le court fléchisseur des orteils du gorille diffère de celui de l'homme en ce que l'un de ses chefs s'insère, non à l'os du talon, mais aux tendons des longs fléchisseurs. Les singes inférieurs s'éloignent du gorille par une exagération du même caractère ; tantôt deux, trois ou un plus grand nombre de chefs se fixent à ces mêmes tendons ; tantôt le nombre des chefs se multiplie sensiblement. De plus, le gorille diffère légèrement de l'homme quant au mode d'entre-croisement des tendons du long fléchisseur ; et les singes inférieurs, à leur tour, diffèrent du gorille, en offrant encore d'autres particularités, quelquefois très complexes, dans l'arrangement de ces parties et, occasionnellement, par l'absence du faisceau charnu accessoire.

A travers toutes ces modifications, on doit se souvenir que le pied ne perd aucun de ses caractères essentiels. Chaque singe et chaque lémurien nous montrent l'organisation caractéristique des os du tarse ; il possède un muscle court fléchisseur, un court extenseur et un long péronier. Si variées que puissent être les proportions et l'apparence de cet organe, les divisions terminales du membre postérieur, quant au plan et au principe de construction, constituent toujours un pied et, à cet égard, ne peuvent jamais être confondues avec une main.

Pour démontrer que les différences structurales

entre l'homme et les singes les plus élevés ont moins de valeur que celles qui existent entre ceux-ci et les singes inférieurs, nulle partie de la charpente organique ne semble donc pouvoir être mieux appropriée que le pied ou la main, et cependant il y a un organe dont l'étude conduit aux mêmes conclusions d'une manière encore plus frappante — je veux parler du cerveau.

Le cerveau. — Avant d'entrer dans la question précise de la somme des différences entre le cerveau du singe et celui de l'homme, il est nécessaire que nous comprenions clairement ce qui constitue une grande différence et ce qui n'est qu'une petite différence dans la structure cérébrale ; et nous serons mieux en mesure de l'établir, si nous procédons à l'étude sommaire des principales modifications que subit le cerveau dans la série des animaux vertébrés.

Le cerveau du poisson est très petit comparé à la moelle épinière qui le termine et aux nerfs qui en dérivent ; des segments qui le composent — lobes olfactifs, hémisphères cérébraux et divisions ultérieures — pas un ne s'étend assez sur les autres pour les effacer ou les recouvrir ; ce que l'on appelle *lobes optiques* en forme souvent la masse la plus volumineuse.

Chez les reptiles, la masse du cerveau s'augmente relativement à la moelle épinière, et les hémisphères cérébraux commencent à prédominer.

Chez les oiseaux, cette prédominance est encore plus marquée.

Le cerveau des mammifères les plus inférieurs, tels que le platypus à bec-de-canard (*ornithorhynque*), les opossums et les kanguroos, nous montre un progrès encore mieux défini dans le même sens. Les hémisphères cérébraux ont alors pris un tel accroissement qu'ils cachent les analogues des lobes optiques, lesquels restent comparativement petits, de sorte que le cerveau d'un marsupial diffère considérablement de celui d'un oiseau, d'un reptile ou d'un poisson. A un échelon plus élevé, parmi les mammifères à placenta. la structure du cerveau subit de grandes modifications, non qu'il paraisse extérieurement modifié, chez le rat ou chez le lapin par rapport au marsupial, non que les proportions de ses parties constituantes soient très différentes, mais on découvre entre les hémisphères cérébraux une nouvelle formation organique qui les réunit et que pour cela l'on appelle *grande commissure* ou *corps calleux*. Ce sujet demande de nouvelles et soigneuses investigations ; mais si les assertions. qui ont cours dans la science, sont correctes, l'apparition du corps calleux chez les mammifères à placenta est la plus importante et la plus soudaine modification que nous montre le cerveau dans toute la série des animaux vertébrés ; c'est pour ainsi dire le plus grand saut accompli par la nature dans son travail cérébral. Car une fois les deux hémisphères du cerveau réunis de la sorte, les progrès de la complexité se marquent par une série régulière de pas, depuis le rongeur ou l'insectivore jusqu'à l'homme Et cette complexité consiste principalement dans l'inégal développement des hémisphères cérébraux et du cervelet. mais particulièrement des hémisphères, par rapport aux autres parties de l'encéphale [1].

[1] Voyez Beaunis, *Évolution du système nerveux*. Paris, 1889.

Dans les mammifères placentaires inférieurs, si l'on examine le cerveau par sa face supérieure, on voit que les hémisphères laissent complètement visible la face supérieure et postérieure du cervelet ; mais dans les formes plus élevées, la partie postérieure de chaque hémisphère qui n'est séparée que par la tente de la face antérieure du cervelet s'incline en arrière et en bas, et se développe à la façon du *lobe postérieur*, de manière à surplomber et finalement à cacher le cervelet. Chez tous les mammifères, chaque hémisphère cérébral contient une cavité qui est appelée *ventricule*, et comme ce ventricule s'étend, d'une part, en avant, d'autre part, en bas, dans la substance de l'hémisphère, on dit que le ventricule a deux cornes, l'une corne antérieure, l'autre corne descendante. Quand le lobe postérieur est bien développé, une troisième prolongation du ventricule s'étend dans son épaisseur, et prend le nom de *corne postérieure* ou *corne d'Ammon*.

Dans les formes inférieures et plus petites de mammifères placentaires, la surface des hémisphères cérébraux est ou lisse, ou au moins uniformément arrondie, ou elle montre un petit nombre de sillons qui sont appelés techniquement *sulci*, et séparent les circonvolutions cérébrales ; les plus petites espèces de tous les ordres tendent à une pareille simplicité de la surface cérébrale.

Mais, dans les ordres les plus élevés, et spécialement chez les espèces les plus grosses, les sillons deviennent extrêmement nombreux, et les circonvolutions intermédiaires proportionnellement plus compliquées dans leurs méandres, jusqu'à ce que, en arrivant à l'éléphant, au marsouin, aux singes supérieurs et à l'homme, la surface cérébrale devient un véritable labyrinthe de replis tortueux.

Quand existe un lobe postérieur qui présente sa cavité habituelle — la corne postérieure — il arrive fréquemment qu'un sillon se montre à la surface intérieure et inférieure du lobe, parallèle et inférieure au plancher de cette corne, et en quelque sorte construit en arche sur la voûte du sillon. Il semble que le sillon ait été constitué en coupant le plancher de la corne postérieure avec un instrument grossier, de telle sorte que ce plancher s'élève en éminence convexe. C'est cette éminence qui a été désignée du nom de *petit hippocampe* ou *ergot de Morand* ; le grand hippocampe est une éminence plus considérable sur le plancher de la corne descendante. Nous ignorons quelle peut être l'importance fonctionnelle de ces deux divisions anatomiques.

Comme pour démontrer, par un exemple saisissant, l'impossibilité d'élever aucune barrière entre le cerveau de l'homme et celui des singes, la nature nous a pourvus, dans les simiens inférieurs, d'une série presque complète de gradations, depuis les cerveaux de très peu plus élevés que celui des rongeurs jusqu'à ceux qui sont peu inférieurs à celui de l'homme. Et c'est un fait remarquable que bien qu'il existe un hiatus dans cette série simienne, pour autant que nos connaissances actuelles nous permettent de l'affirmer, cet hiatus n'est pas entre l'homme et le singe, mais entre les singes moyens et inférieurs, ou, en d'autres termes, entre les singes du vieux et du nouveau monde, d'une part, et les lémuriens. Chacun des lémuriens qui, jusqu'à présent, a été étudié, a un cervelet partiellement visible de la face supérieure de l'encéphale, et possède un lobe postérieur qui contient la corne postérieure et le petit hippocampe plus ou moins rudimentaire. Chaque singe du nouveau monde ou du vieux, sapajou, babouin ou anthropoïde, a, au contraire, son cervelet entièrement recouvert postérieurement par les lobes cérébraux, et possède une volumineuse corne postérieure avec un petit hippocampe bien développé.

Chez plusieurs de ces individus, tels que le saïmiri (*chrysothrix*), les lobes cérébraux surplombent et s'étendent en arrière de beaucoup plus au-delà du cervelet qu'ils ne font chez l'homme (fig. 26), et il est certain que, chez tous, le cervelet est complètement recouvert en arrière par des lobes postérieurs bien développés. Ce fait peut être vérifié par tous ceux qui possèdent le crâne d'un singe quelconque de l'ancien ou du nouveau continent (fig. 27). En effet, comme le cerveau, chez tous les mammifères, remplit entièrement la cavité crânienne, il est évident qu'un moule de l'intérieur du crâne reproduira la forme générale de l'encéphale avec assez d'exactitude pour que, en ce qui nous intéresse, on puisse négliger les différenes sans importance qui peuvent provenir de l'absence des membranes du cerveau dans le crâne sec. Si donc l'on compare le moule en plâtre avec un semblable moule obtenu d'un crâne humain, on verra que le moule de la loge cérébrale qui représente le cerveau du singe couvre et surplombe le moule de la loge cérébelleuse, qui représente le cervelet de la même façon que chez l'homme (fig. 26). Un observateur peu attentif, oubliant qu'un tissu mou comme celui du cerveau perd sa forme propre au moment où il est extrait du crâne, peut, à la vérité, se méprendre, et s'il trouve le cervelet découvert, ne pas s'apercevoir que ce fait peut être attribué, non au rapport naturel des régions, mais à l'extraction et à la déformation consécutive ; mais son erreur deviendra évidente même à ses propres yeux s'il essaye de replacer le cerveau dans la cavité crânienne. Supposer que le cervelet d'un singe est naturellement à découvert en arrière est une erreur comparable seulement à celle que l'on commettrait si l'on pensait que les poumons de l'homme n'occupent qu'une petite portion de la cavité thoracique, par ce que au moment de l'ouverture de la poitrine, ils reviennent à eux-mêmes, et que leur élasticité n'est plus neutralisée par la pression intérieure de l'air.

La première erreur est même moins excusable, car elle doit devenir patente à toute personne qui examinera une section crânienne d'un singe quelconque au-dessus des lémuriens, même sans prendre la peine d'en faire un moulage. Dans aucun de ces crânes, il y a en effet, comme dans le crâne humain, un sillon très marqué qui montre la ligne d'insertion de ce que l'on appelle la *tente du cervelet*, sorte de membrane parcheminée qui, à l'état frais, est placée entre le cerveau et le cervelet et empêche celui-là de peser sur le dernier (fig. 26).

Ce sillon établit donc la ligne de séparation entre la

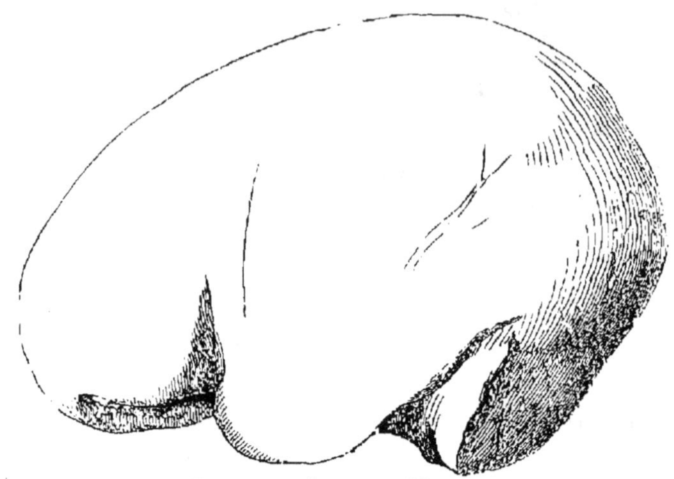

Fig. 26. — Cerveau d'Homme.

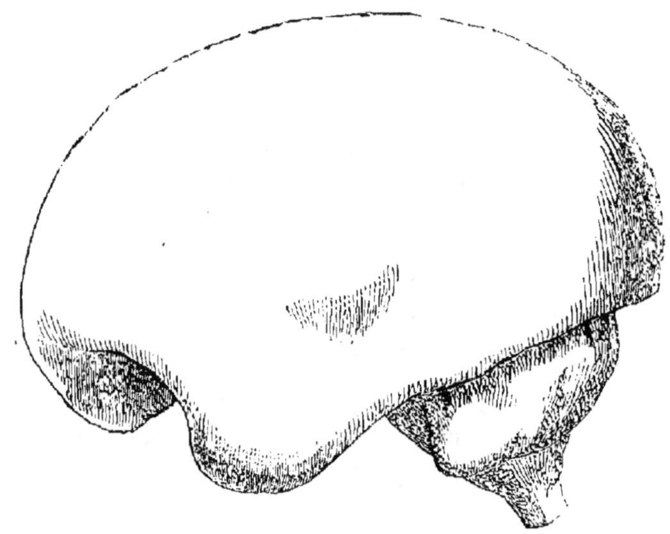

Fig. 27. — Cerveau de Chimpanzé.

Fig. 26 et 27. — Moules intérieurs d'un homme et d'un chimpanzé, de la même longueur absolue, et placés dans des positions similaires. — Le premier dessin est pris d'un moule qui est au musée du Collège des chirurgiens de Londres ; le second d'une photographie du moule d'un crâne de chimpanzé qui orne le travail de M. Marshall *Sur le cerveau d'un Chimpanzé*, in *Natural History Review* de juillet 1861. La terminaison plus nette du bord inférieur du cerveau dans le moule du chimpanzé vient de ce que la tente du cerveau était conservée dans le crâne du chimpanzé non dans le crâne humain. Le moule représente d'ailleurs plus exactement le cerveau du chimpanzé que, respectivement, celui de l'homme, et la projection en arrière des lobes postérieurs du cerveau au-delà du cervelet est, chez le chimpanzé, évidente.

partie de la cavité crânienne qui contient le cerveau et celle qui contient le cervelet ; et comme l'encéphale remplit exactement cette cavité, il est évident que les relations de ces deux parties nous éclairent du même coup sur les relations de leurs contenus ; or, chez l'homme et chez tous les simiens de l'ancien . et du nouveau continent, à une seule exception près, quand la face est dirigée en avant, la ligne d'insertion de la tente du cervelet ou le *sillon du sinus latéral*, ainsi qu'on l'appelle scientifiquement, est à peu près horizontale, et la loge cérébrale surplombe invariablement la loge cérébelleuse ou la dépasse. Chez les singes hurleurs ou mycètes. cette ligne passe obliquement en haut et en arrière, et la portion du cerveau qui dépasse le cervelet est à peu près nulle ; chez les lémuriens et chez les mammifères inférieurs, cette ligne est beaucoup plus enclavée dans la même direction, et la loge cérébelleuse s'étend en arrière beaucoup au-delà de la loge cérébrale.

Quand les plus graves erreurs peuvent être avancées avec assurance sur des questions aussi facilement solubles que celle qui concerne les lobes postérieurs, on ne doit pas être surpris qu'à l'égard d'observations d'un caractère peu complexe. mais qui néanmoins réclament une certaine somme d'attention, on se trouve dans des conditions encore plus mauvaises. Celui qui ne peut voir le lobe postérieur du cerveau d'un singe ne donnera pas, vraisemblablement, une opinion valable en ce qui touche la corne postérieure du petit hippocampe [1]. Il est superflu de demander

[1] Voyez, à la fin de cet Essai (p. 91), une note qui contient l'histoire

une opinion sur le maître-autel ou sur les vitraux
peints à un homme qui ne peut même voir l'église.
C'est pourquoi je ne me crois point obligé d'entamer
une discussion sur ces points, et je me contenterai
d'affirmer au lecteur que la corne postérieure a maintenant été vue ordinairement aussi bien développée
que chez l'homme et souvent mieux, non seulement
chez le chimpanzé, l'orang et le gibbon, mais dans
tous les genres de babouins et de singes du vieux
monde, ainsi que dans la plupart des types du nouveau continent, y compris les marmousets.

En effet, les témoignages nombreux et dignes de
foi (reposant sur les résultats d'investigations atten-
tives instituées pour la solution de ces mêmes questions par d'habiles anatomistes), que nous possédons
actuellement, nous ont conduit à cette conviction que,
bien loin d'être des particularités anatomiques propres
à l'homme, ainsi que cela a été itérativement affirmé
même après les démonstrations les plus évidentes du
contraire, le lobe postérieur, la corne postérieure et
le petit hippocampe sont précisément les caractères
de structure cérébrale les mieux marqués comme
étant communs à l'homme et aux singes. Ils comptent
parmi les particularités simiennes les plus distinctes
que peut offrir l'organisme humain.

Les circonvolutions. — Quant aux circonvolutions,
les cerveaux des singes nous montrent chaque échelon
de progrès, depuis le cerveau presque lisse du mar-
mouset jusqu'à ceux de l'orang et du chimpanzé, qui

succincte, la controverse à laquelle il est fait allusion et les figures
qui s'y rapportent.

sont de fort peu au-dessous de celui de l'homme (fig. 28 et 29). Et ceci est des plus remarquables : aussitôt que se montrent les principales circonvolutions, le modèle, selon lequel elles se dessinent, est identique avec celui des principaux sillons correspondants de l'homme.

La surface du cerveau d'un singe américain nous offre une sorte de carte rudimentaire de celle du cerveau humain ; et chez les singes anthropomorphes, les détails accusent une ressemblance de plus en plus marquée jusqu'à ce que ce soit seulement par des caractères mineurs, tels que la grandeur plus considérable de la cavité des lobes antérieurs, la constante présence de fissures ordinairement absentes chez l'homme, et les dispositions et proportions différentes de quelques circonvolutions, que le cerveau du chimpanzé et de l'orang puisse être anatomiquement distingué de celui de l'homme.

Il est donc bien clair qu'en ce qui touche la structure du cerveau, l'homme diffère moins du chimpanzé ou de l'orang que ceux-ci n'ont jamais différé des singes inférieurs, et que les dissemblances du cerveau de l'homme et du chimpanzé sont à peu près insignifiants, si on les compare à celles qui existent entre l'encéphale du chimpanzé et celui des lémuriens.

Volume et poids du cerveau. — Cependant on ne doit pas oublier qu'il y a dans le volume et le poids du cerveau de l'homme le plus inférieur et celui de l'anthropomorphe le plus élevé une différence frappante — différence qui, à tous égards, devient encore plus saisissante, si l'on se rappelle qu'un gorille adulte

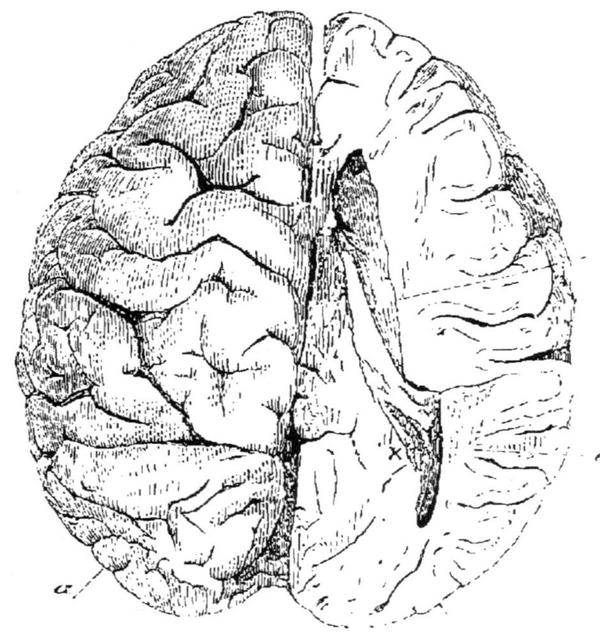

Fig. 28. — Hémisphères cérébraux d'un Homme
(d'après Flower).

Fig. 29. — Hémisphères cérébraux d'un Chimpanzé
(d'après Marshall).

Fig. 28 et 29. — Réduits à la même longueur, en vue de montrer les proportions relatives des parties. — *a*, Lobe postérieur. — *b*, Ventricule latéral. — *c*, Corne postérieure du petit hippocampe.

atteint probablement bien près du double du poids d'un boschimen ou d'une femme européenne. On peut mettre en doute, d'une part, que jamais le cerveau d'un homme adulte et sain ait pesé moins de 960 ou 990 grammes; et, d'autre part, que le cerveau du gorille le plus lourd ait dépassé 620 grammes.

C'est là un fait digne de remarque, et qui, sans nul doute, nous aidera quelque jour à donner une explication de la distance énorme qui existe entre le pouvoir mental de l'homme le plus inférieur et celui du singe le plus élevé; mais il n'a qu'une valeur théorique très minime, parce que la différence, dans le poids du cerveau, entre l'homme le plus élevé, le plus inférieur, est bien plus grande, relativement et absolument, que celle qui existe entre l'homme inférieur et le singe le plus élevé : on a pu le déduire de ce que nous avons dit plus haut sur les capacités crâniennes. Le singe le plus élevé, en effet, peut être représenté absolument par environ 12 onces de substance cérébrale ou relativement par 32 : 20. Mais comme le cerveau humain le plus volumineux que l'on ait observé pèse de 65 à 66 onces, la différence se mesure absolument par plus de 43 onces et relativement par 65 : 32.

Examinés systématiquement, les différences cérébrales de l'homme et des singes n'ont donc de valeur que pour le genre, la distinction de famille reposant principalement sur la dentition, le bassin et les membres inférieurs.

Le cerveau et l'intelligence. — J'ai dit plus haut que les différences de poids entre les cerveaux aideraient à donner une explication de la distance mentale de l'homme au singe : je ne crois, en aucune façon, en effet, que cela puisse suffire, et que ce soit une différence primitive dans la quantité ou dans la qualité de substance cérébrale qui a déterminé la divergence des souches humaine et pithécoïde, qui aboutit au « gouffre énorme » qui existe entre elles. Il est, en un certain sens, parfaitement vrai que toutes les différences de fonctions sont le résultat d'une différence de structure, ou, en d'autres termes, d'une différence des forces moléculaires primitives de la substance vivante ; et, partant de cet incontestable axiome, nos contradicteurs, avec des raisons en apparence très plausibles, disent parfois que la distance entre les fonctions intellectuelles de l'homme et du singe implique une distance correspondante dans la constitution anatomique des organes de ces fonctions ; et l'on ajoute souvent que, de ce que ces différences n'ont point été constatées, il ne suit pas qu'elles n'existent pas, mais seulement que la science est incapable de les découvrir. Un peu de réflexion montrera cependant l'erreur de ce raisonnement ; toute sa valeur repose sur cette supposition que le pouvoir intellectuel dépend exclusivement du cerveau, tandis que le cerveau n'est que l'une des nombreuses conditions dont dépendent les manifestations intellectuelles, les autres étant principalement les organes des sens et les appareils moteurs, spécialement ceux qui jouent un rôle dans la préhension et dans la production du langage articulé.

Un muet, quel que soit le volume de son cerveau et la force des instincts intellectuels dont il aurait hérité, ne serait pas capable de montrer beaucoup plus d'intelligence qu'un orang ou un chimpanzé s'il était réduit à la société de ses pareils. Et cependant il peut ne pas y avoir la plus petite différence appréciable entre ce cerveau et celui d'une personne très intelligente et cultivée. Le mutisme peut être la conséquence d'une conformation défectueuse de la bouche ou de la langue, ou seulement un défaut d'innervation de ces organes ; il peut être aussi le résultat d'une surdité congéniale causée par quelque très légère anomalie de l'oreille interne, qu'un anatomiste très attentif peut seul découvrir.

L'argument par lequel on soutient qu'une différence considérable entre l'intelligence de l'homme et celle du singe doit produire une différence égale de leurs cerveaux me paraît aussi mal fondé que le mode de raisonnement dans lequel on voudrait prouver que, puisqu'il y a un « gouffre immense » entre une montre qui marque bien l'heure et une autre montre qui n'irait pas du tout, il doit y avoir un hiatus de structure considérable entre les deux montres. Un cheveu sur le balancier, un peu de poussière sur le pinion, une flexion imprimée à une dent de l'échappement, un quelque chose si léger que l'œil exercé de l'horloger peut seul découvrir, voilà quelle peut être la source des différences.

Comme je crois, avec Cuvier, que la possession du langage articulé est la grande caractéristique de l'homme (qu'il lui soit ou non exclusivement propre), je pense qu'il est très facile de comprendre que quelque différence de structure aussi délicate peut avoir été la

cause première de l'immense et, dans la pratique, in-
finie divergence de la souche humaine et de la simienne.

En définitive, pour en revenir au point de vue anatomique, quelque système organique que l'on examine, la comparaison de ses modifications dans les
séries simiennes conduit à une seule et même conclusion, à savoir, que les différences anatomiques qui
séparent l'homme du gorille et du chimpanzé ne sont
pas aussi considérables que celles qui séparent le
gorille des singes inférieurs ; mais en énonçant cette
importante vérité, je dois me mettre en garde contre
une forme de malentendu qui est très commune. J'ai
observé, en effet, que ceux qui s'efforcent d'enseigner
ce que la nature nous montre si clairement en cette
matière, sont exposés à voir leurs opinions altérées
et leur langage défiguré, jusqu'au point de leur faire
dire que les différences structurales, entre l'homme
et les singes les plus élevés, sont petites et insignifiantes. Je saisirai donc cette occasion pour affirmer
nettement, tout au contraire, qu'elles sont considérables et significatives ; que chaque os de gorille porte
une empreinte par laquelle on peut le distinguer de
l'os humain correspondant, et que, dans la création
actuelle tout au moins, aucun être intermédiaire ne
comble la brèche qui sépare l'homme du troglodyte.

Nier l'existence de cet abîme serait aussi blâmable
qu'absurde ; mais il n'est ni moins blâmable ni moins
absurde d'exagérer son étendue, et, s'arrêtant à l'ad-
mission de ce fait, de se refuser à rechercher si elle
est immense ou si elle est petite. Souvenez-vous, si

vous le voulez, qu'il n'y a aucun lien entre l'homme et le gorille, mais n'oubliez pas que la ligne de démarcation n'est pas moins profonde, et, en l'absence de formes intermédiaires, n'est pas moins complète entre le gorille et l'orang ou entre l'orang et le gibbon. Je dis que, pour ces derniers, la ligne de démarcation n'est pas moins tranchée, quoiqu'elle soit quelquefois plus étroite. Les différences anatomiques entre l'homme et les singes anthropomorphes nous autorisent certainement à le considérer comme formant une famille distincte ; mais comme il diffère moins de ces singes qu'eux-mêmes ne diffèrent d'autres familles du même ordre, il n'y a aucune raison pour le placer dans un ordre distinct.

L'ordre des Primates. — Ainsi se trouve justifiée la sagace perspicacité du grand législateur de la zoologie méthodique, Linné, et un siècle de recherches anatomiques nous ramène à sa conclusion : que l'homme est un membre du même ordre que les singes et les lémuriens, auquel la dénomination linnéenne de PRIMATES doit être conservée. Cet ordre peut maintenant se diviser en sept familles d'une valeur systématique à peu près égale, à savoir : la première, les ANTHROPINIENS, qui ne renferme que l'homme seul ; la seconde, les CATARRHINIENS, qui embrasse tous les singes du vieux monde ; la troisième, les PLATYRHINIENS, tous les singes du nouveau monde, excepté les marmousets ; la quatrième, les ARCTOPITHÈQUES, qui contient les marmousets ; la cinquième, les LÉMURIENS, desquels le *cheiromys* serait probablement exclu pour former une sixième famille distincte, les CHEIROMINIENS, tandis que la septième, les GALÉOPITHÉCIENS, comprendrait seulement les lémuriens volants (*galeopithecus*), forme étrange qui touche presque aux chauves-souris, de même que le cheiromys semble revêtu d'une enveloppe de rongeur, et que le lémurien ressemble aux insectivores.

Aucun ordre de mammifères ne se présente peut-être avec une série aussi extraordinaire de gradations que le fait celui-ci — qui nous conduit insensiblement du sommet de la création animale à des êtres qui ne sont séparés, comme on le voit, que par un échelon, du plus inférieur, du plus petit et du moins intelligent des mammifères à placenta. Il semble que la nature elle-même avait prévu l'orgueil de l'homme, et, avec une cruauté toute romaine, ait voulu que son intelligence, au sein même de ses triomphes, fît sortir les esclaves de la foule pour rappeler au vainqueur qu'il n'est que poussière.

Tels sont les faits principaux, telle est la conclusion immédiate que j'en ai tirée et à laquelle j'ai fait allusion au début de cet Essai. Je pense que ces faits ne peuvent pas être contestés, et s'il en est ainsi, la conclusion m'apparaît inévitable.

Mais si l'homme n'est séparé des animaux par aucune différence anatomique plus importante que celles qui les séparent les uns des autres, il semble que si l'on peut découvrir un procédé quelconque *causatif* de modifications organiques par lequel se seraient produits les genres et les familles des animaux ordinaires, ce procédé pourrait amplement rendre compte de l'origine de l'homme. En d'autres termes, si l'on pouvait établir que les marmousets, par exemple, se sont formés et élevés par des modifications graduelles des platyrhiniens, ou que marmousets et platyrhiniens sont des rameaux modifiés d'une même souche primitive, on ne trouverait aucune raison solide pour mettre en doute que l'homme peut avoir pris origine, soit en vertu des modifications graduelles d'un singe anthropomorphe, soit dans le second cas à titre de rameau d'une même souche primitive que celle des singes.

Doctrine de Darwin. — Actuellement, un seul procédé de causalité organique trouve quelques preuves en sa faveur ou, en d'autres termes, il n'y a, en ce qui touche l'origine des espèces animales en général, qu'une seule hypothèse qui ait une existence scientifique, celle qui a été avancée par Darwin. Quant à Lamarck [1], si sagaces que soient quelques-unes de ses vues, elles sont trop mêlées d'imperfections et même d'absurdités pour ne point avoir laissé se perdre les bienfaits que son originalité aurait pu réaliser, s'il avait été dans ses conceptions plus sobre et plus prudent : et quoiqu'il me soit revenu touchant la promesse qu'on aurait faite d'une doctrine sur « le progrès continu et régulier des formes organiques », il est évident que le premier devoir d'une hypothèse est d'être intelligible, et qu'une proposition vague et confuse de ce genre, qui peut être lue dans tous les sens avec le même degré de signification, n'existe réellement pas, quoiqu'elle semble exister.

C'est pourquoi la question des relations de l'homme

[1] Lamarck, *Philosophie zoologique*, Paris, 1809.

avec les animaux inférieurs se fond d'elle-même, quant à présent, dans le problème plus large de la possibilité ou de l'impossibilité des vues de Darwin. Mais ici nous abordons un terrain couvert de difficultés, et il nous importe de définir avec le plus grand soin notre position exacte.

On ne peut mettre en doute, à mon avis, que Darwin n'ait réussi à établir d'une manière satisfaisante que ce qu'il appelle *sélection* ou *modifications sélectives* doit se présenter et se présente en effet dans la nature; le même auteur a non moins réussi à prouver surabondamment qu'une telle sélection est suffisante pour produire des formes anatomiques aussi distinctes que le sont même quelques-uns des genres; si donc le monde vivant ne nous présentait que des différences anatomiques je n'hésiterais pas à dire que Darwin a démontré l'existence d'une cause physique véritable, amplement suffisante pour rendre compte de l'origine de tous les êtres vivants et de l'homme parmi eux.

Mais, outre leurs diversités anatomiques, les espèces animales et végétales, ou tout au moins un grand nombre parmi elles, nous offrent des caractères physiologiques : celles qui, anatomiquement appartiennent à des espèces différentes, sont pour la plupart ou tout à fait incapables de se croiser, ou. si le croisement est possible, le produit métis ou l'hybride n'est point apte à perpétuer sa race avec un autre hybride de la même provenance.

Or, pour admettre une cause véritablement efficiente dans le monde organique, il faut qu'elle satisfasse à une condition unique : rendre compte de tous les actes organiques qui sont placés dans la sphère de son action. Si elle est incompatible avec l'un quelconque de ces faits, elle doit être rejetée ; si elle fait défaut à l'explication d'un phénomène donné, elle est, dans cette mesure, insuffisante, et dans cette mesure elle doit être mise en suspicion, quoique cependant elle ait le droit d'être provisoirement admise.

L'hypothèse de Darwin n'est, que je sache, incompatible avec aucun fait biologique connu ; tout au contraire, si elle est admise, les faits qui se rattachent au développement, à l'anatomie comparée, à la distribution géographique et paléontologique, trouvent un lien qui les réunit et prennent une signification qu'ils n'avaient jamais eue auparavant ; en ce qui est de moi, je suis parfaitement convaincu que si cette théorie n'est pas exactement vraie, elle s'approche de la vérité pour le moins autant que l'hypothèse de Copernic, par exemple, par rapport à la véritable doctrine des mouvements célestes.

Malgré toutes ces raisons, notre adhésion à l'hypothèse darwinienne restera provisoire aussi longtemps qu'un anneau manquera dans l'enchaînement des preuves, et cet anneau fera défaut aussi longtemps que les animaux et les plantes qui ont dans cette hypothèse une origine commune, ne pourront produire que des individus fertiles à postérité fertile. Car jusque-là on n'aura pas prouvé, en un mot, que le croisement par sélection naturelle ou artificielle est capable de réaliser les conditions nécessaires à la production des espèces naturelles, qui sont, pour la plupart, stériles entre elles.

J'ai exprimé cette conclusion aussi nettement que possible, parce que la dernière position dans laquelle je voudrais me trouver est celle d'avocat des théories de Darwin, ou d'ailleurs, de théories quelconques, si l'on entend par avocat un homme dont la tâche consiste à faire glisser l'esprit sur de réels obstacles, et de persuader là où il ne peut pas convaincre.

Pour être juste envers Darwin, il faut cependant reconnaître que les conditions de fertilité et de stérilité sont encore très mal connues, et que chaque progrès de la science nous conduit à regarder cette lacune particulière de sa théorie comme de moins en moins importante, quand on la met en regard de la multitude des faits qui sont en harmonie avec elle ou qui en reçoivent une explication.

C'est pourquoi j'adopte la théorie de Darwin, sous la réserve que l'on fournira la preuve que des espèces physiologiques peuvent être produites par le croisement sélectif ; de même, le physicien philosophe peut admettre, quant à la lumière, la théorie des ondulations, à la condition qu'on lui démontrera qu'il existe un éther encore hypothétique ; de même encore, le chimiste peut reconnaître la théorie atomique, pourvu qu'on lui fournisse la preuve de l'existence des atomes ; et j'adopte cette théorie exactement pour les mêmes raisons, à savoir : parce qu'elle a pour elle à première vue une somme de probabilités ; qu'elle nous offre le seul moyen à notre portée de mettre en ordre le chaos des faits observés, et enfin parce qu'elle constitue le plus puissant instrument de recherches qui ait été donné aux naturalistes depuis la découverte de la méthode naturelle de classification, et depuis le commencement des études systématiques d'embryologie.

Mais, même si nous laissons de côté les vues de Darwin, nous pouvons reconnaître que l'analogie de tous les actes naturels fournit un argument solide et décisif contre l'intervention de toute cause autre que celles que l'on a appelées *secondes* dans la production des phénomènes que nous montre l'univers ; de sorte qu'en présence des rapports étroits qui existent entre l'homme et le reste du monde vivant, ainsi qu'entre les forces déployées par ce monde et toutes les autres forces, je ne vois aucune raison pour mettre en doute qu'elles forment une série coordonnée et sont les termes de la grande progression de la nature — de l'être informe à l'être qui a une forme propre — de l'inorganique à l'organique — de la force aveugle à l'intelligence consciente et à la volonté.

Objections et réfutations des objections. — La science a accompli sa fonction quand elle a vérifié et énoncé la vérité ; et si ces pages n'étaient adressées qu'aux savants de profession, je m'arrêterais ici, sachant que mes confrères ont appris à ne respecter que les choses démontrées et reconnaissent que leur premier devoir consiste à y soumettre leur esprit, quand même elles viendraient contrarier leurs tendances.

Mais, désireux, comme je le suis, d'atteindre un cercle plus large du public intelligent, il y aurait indigne lâcheté à paraitre ignorer que la majorité de mes lecteurs auront quelque répugnance à trouver ici les conclusions, auxquelles j'ai été conduit sur ce sujet par l'étude la plus attentive et la plus consciencieuse que j'en aie pu faire.

On s'écrie de tous côtés : « Nous sommes hommes et femmes et non point seulement une meilleure espèce de singes, avec une jambe un peu plus longue, un pied plus compacte et un cerveau plus volumineux que vos brutes de chimpanzés et de gorilles! La faculté de connaître, la conscience du bien et du mal, la tendresse pleine de compassion des affections humaines, nous élèvent au-dessus de toute réelle intimité avec les bêtes, quelque près qu'elle semblent nous approcher ! »

A cela je puis répondre que l'exclamation serait plus juste et qu'elle aurait toutes mes sympathies, si elle était seulement un peu plus concluante. Mais ce n'est pas moi qui fais reposer la dignité de l'homme sur son gros orteil ou qui insinue que nous sommes perdus, si le singe possède un petit hippocampe ! Tout au contraire, j'ai fait de mon mieux pour dissiper cette vanité. Je me suis efforcé de montrer qu'aucune ligne anatomique de démarcation plus profonde que celles qui existent, parmi les animaux, qui sont immédiatement au-dessous de nous, ne peut être tracée entre le règne animal et nous-mêmes ; et j'ajouterai ici l'expression de ma croyance : que toute tentative en vue d'établir une distinction psychique est également futile, et que même les facultés les plus élevées du sentiment et de l'intelligence commencent à germer dans les formes inférieures de la vie [1].

Mais en même temps, personne n'est plus fortement convaincu que je ne le suis de l'immensité du gouffre qui existe entre l'homme civilisé et les animaux ; personne n'est plus que moi certain que, soit qu'il en dérive, soit qu'il n'en dérive point, il n'est assurément pas l'un d'entre eux ; personne n'est moins disposé à traiter avec légèreté la dignité actuelle, ou à désespérer de l'avenir du seul être à intelligente conscience qui soit en ce monde.

A la vérité, ceux qui, en cette matière, s'attribuent l'autorité, nous disent que les deux formes d'opinions sont incompatibles, et que la croyance à l'unité d'ori-

---

[1] C'est un plaisir tellement rare pour moi de trouver les opinions du professeur Owen en accord avec les miennes. que je ne puis m'empêcher de citer ici un passage qui a paru dans son *Essai s r les caractères. . de la classe des mammifères* in *Journal of the Proceedings of the Linnean Society of London* pour 1857, mais qui a été omis sans que l'on puisse se rendre compte de cette omission dans la *Reade Lecture* faite à l'Université de Cambridge deux ans plus tard, et qui est à peu près une réimpression de l'Essai en question. M. Oswen avait écrit :

« N'étant pas apte à apprécier ou même à concevoir que la distinction entre les phénomènes psychiques d'un Chimpanzé, d'un Boschiman ou d'un Aztec, avec arrêt de développement cérébral, soit d'une nature tellement essentielle qu'elle interdise toute comparaison entre les individus de ces espèces, ou comme étant autre qu'une simple différence de degré. je ne puis méconnaître la signification de cette constante similitude dans la structure — chaque dent. chaque os étant strictement homologue — qui rend si difficile à l'anatomie la distinction entre l'*Homme* et le *Pithecus*. »

Assurément il est quelque peu singulier de voir que « l'anatomiste » qui trouve « difficile » de « déterminer la différence » entre l'*Homme* et le *Pithecus*, les range nonobstant, par des motifs empruntés à l'anatomie, en sous-classes distinctes !

gine des animaux et de l'homme entraîne pour celui-
ci la *brutalisation* et la dégradation. Mais en est-il
réellement ainsi? Un enfant intelligent ne pourrait-il
réfuter, à l'aide d'arguments évidents, le rhétoricien
superficiel qui prétendrait nous imposer une telle
conclusion? Peut-on dire en vérité que le poëte, le
philosophe ou l'artiste, dont le génie est la gloire de
son temps, est déchu de sa haute dignité à cause de
la probabilité historique, pour ne pas dire à cause de
la certitude, qu'il est le descendant direct de quelque
sauvage nu et brutal, dont l'intelligence suffisait à
peine pour le rendre un peu plus rusé que le renard,
et un peu plus dangereux que le tigre? Ou bien est-il
forcé d'aboyer et de marcher à quatre pattes à cause
de ce fait, tout à fait indubitable, qu'il a été, à un
moment donné, un œuf qu'aucune faculté ordinaire
de discernement ne pouvait distinguer de celui d'un
chien? De ce que la plus légère étude de la nature
de l'homme nous montre comme fonds toutes les passions égoïstes et tous les appétits sauvages des quadrupèdes, le philanthrope et le saint doivent-ils donc
cesser de s'efforcer à mener une noble vie? Est-ce que
l'amour maternel, enfin, est un sentiment vil, parce
que les poules le possèdent? Est-ce que la fidélité est
une bassesse, parce qu'un chien nous aura prouvé son
attachement? Le sens commun de la masse du genre
humain répondra sans hésiter à ces questions. La portion saine de l'humanité, se trouvant forcée d'échapper au véritable péché et la dégradation, abandon-
nera les spéculations dépravées aux cyniques et aux
puritains, qui, en désaccord sur tout autre point, se

confondent par leur aveugle insensibilité au noble aspect du monde visible, et par leur inaptitude à apprécier la grandeur de la place que l'homme y tient.

Bien plus encore, les hommes qui pensent, une fois délivrés de l'influence aveugle des préjugés traditionnels, trouveront, dans le fait même de l'élévation de leur semblable au-dessus de la souche inférieure où il a pris naissance, la meilleure preuve de la grandeur de ses forces ; ils reconnaîtront, dans les lents progrès à travers les âges écoulés, des motifs raisonnables pour croire à la réalisation d'un avenir plus noble. Ils se rappelleront que celui qui compare l'homme civilisé au monde animal est comme le voyageur qui voit les Alpes s'élancer vers le ciel, et distingue à peine où finissent les roches couvertes d'ombres épaisses et les sommets rosés où commencent les nuages du ciel ; qui ne l'excuserait si tout d'abord, frappé d'admiration, il se refusait à croire le géologue qui lui dirait qu'après tout ces masses splendides sont faites de la vase durcie des mers primitives ou des laves refroidies de ces volcans souterrains, dont la substance est la même que celle de l'argile la plus grossière, mais qui sont soulevés par des forces intérieures à ces fières et, en apparence, inaccessibles hauteurs ?

Le géologue a cependant raison ; et si l'on réfléchit sur ses leçons, au lieu de voir diminuer notre respect et notre admiration, toute la force d'une sublime intelligence viendra s'ajouter au sentiment esthétique purement intuitif d'un observateur ignorant.

Et quand les passions, comme les préjugés, auront

disparu, les mêmes effets résulteront des enseigne-
ments du naturaliste en ce qui concerne les Alpes et
les Andes du monde vivant : l'homme. Notre respect
pour la dignité humaine ne sera pas amoindrie par
l'idée que l'homme est dans sa substance et dans son
organisation un avec les animaux, car seul il possède
la merveilleuse propriété du langage rationnel et
inintelligible, grâce auquel, dans la période mille fois
séculaire de son existence, il a lentement accumulé et
systématisé les résultats de l'expérience, qui sont
presque entièrement perdus chez les autres animaux
avec la cessation de la vie individuelle. En sorte qu'il
s'élève aujourd'hui, appuyé sur cette base comme sur
le sommet d'une montagne, de beaucoup au-dessus
de ses humbles compagnons, et transformé dans sa
grossière nature, il réfléchit çà et là un rayon du
foyer lumineux de la vérité.

RELATION SUCCINCTE

DE LA

DISCUSSION SUR LA STRUCTURE CÉRÉBRALE

DE L'HOMME ET DES SINGES [1]

Jusqu'en 1857, tous les anatomistes de quelque
autorité, qui s'étaient occupés de la structure cérébrale des singes — Cuvier, Tiedemann, Sandifort,

[1] Voy. p. 72.

Vrölik, Isidore Geoffroy Saint-Hilaire, Schrœder van der Kolk, Gratiolet[1], étaient d'accord que le cerveau des singes possédait un *lobe postérieur*.

En 1821, Tiedemann a représenté et reconnu la *corne postérieure* du ventricule latéral chez les singes, non seulement sous le titre de *scrobiculus parvus loco cornu posterioris*, ce que l'on a fait valoir excessivement, mais comme « cornu posterius[2] », circonstance qui a été reléguée au dernier plan.

Cuvier[3] dit : « Les ventricules latéraux ou antérieurs possèdent une cavité digitale (*posterior cornu*), mais seulement chez l'homme et les singes... Sa présence dépend de celle des lobes postérieurs. »

Schrœder van der Kolk, Vrölik et Gratiolet ont aussi représenté et décrit la corne postérieure chez différents singes. Quant au *petit hippocampe*, Tiedemann a erronément affirmé son absence chez les singes. Mais Schrœder van der Kolk et Vrölik ont signalé l'existence de ce qu'ils considéraient comme un petit hippocampe rudimentaire chez le chimpanzé, et Gratiolet a expressément affirmé son existence chez ces animaux. Tel était l'état de la science sur ce sujet en 1856.

Cependant, en 1857, le professeur Owen, soit par ignorance de ces faits si bien connus, ou les supprimant sans aucune justification, a soumis à la Société linnéenne un travail intitulé : *Sur les caractères, les principes de la classification des mammifères*. Ce travail[4] contient le passage suivant : « Chez l'homme, le cerveau offre un degré d'élévation dans le développement plus important et plus profondément

---

[1] Leuret et Gratiolet, *Anatomie comparée du système nerveux*. Paris. 1857, t II, avec pl.

[2] Tiedemann, *Icones*, p. 54 — *Anatomie du cerveau*, trad. par Jourdan. Paris. 1823.

[3] Cuvier, *Leçons d'anatomie comparée*, t III, p. 103.

[4] Owen, *Journ of the Proc. of the Linnean Soc.*, vol. II, p. 19.

marqué que celui par lequel la sous-classe précédente se distingue de son inférieure. Non seulement les hémisphères cérébraux recouvrent les lobes olfactifs et le cervelet, mais ils débordent les premiers en avant et les seconds en arrière. Le développement postérieur est si marqué, que les anatomistes lui ont assigné le caractère d'un troisième lobe. *Cela est propre au genre homme : la corne postérieure et le petit hippocampe (ou ergot de Morand), qui caractérisent le lobe postérieur de chaque hémisphère, sont également propres à l'homme.* »

Comme le travail dans lequel figure cette citation ne prétendait à rien moins qu'à remanier la classification des mammifères, on peut supposer que son auteur l'a écrit sous le sentiment d'une responsabilité spéciale, et qu'il a vérifié avec un soin tout particulier les assertions qu'il veut promulguer. Si même c'est là trop demander, ni la hâte ni l'absence de temps pour la réflexion ne peuvent, dans tous les cas, être données comme circonstances atténuantes, car les propositions citées ont été répétées deux ans après dans le *Reade Lectures* faites, en 1859, devant une corporation aussi sérieuse que l'Université de Cambridge.

Quand les assertions reproduites ci-dessus en lettres italiques vinrent à ma connaissance, je ne fus pas peu surpris d'une opinion tellement contradictoire avec les doctrines admises par les anatomistes au courant de la science ; mais imaginant naturellement que les assertions réitérées d'une personne responsable devaient avoir quelque fondement dans les faits, je crus qu'il était de mon devoir d'étudier de nouveau la question avant l'époque à laquelle je devais faire mes leçons sur ce sujet. Le résultat de mon enquête fut de prouver que les trois assertions de M. Owen « que le troisième lobe, la corne postérieure du ventricule latéral et le petit hippocampe sont particuliers

au genre homme, » sont contraires aux faits les plus
évidents. Je communiquai cette conclusion aux étu-
diants de mon cours, et n'ayant alors aucun désir d'entrer dans une controverse qui n'eût point été à l'honneur de la science britannique, quelle qu'eût été sa fin,
je revins à des études qui m'étaient plus familières.

Bientôt vint un temps où persister dans cette
réserve m'aurait engagé dans un indigne compromis
avec la vérité.

A la réunion de l'Association britannique à Oxford
en 1860, le professeur Owen répéta ces assertions
devant moi et, comme de raison, je leur donnai un
démenti direct et sans réserve, m'engageant à justifier
ailleurs ce procédé exceptionnel. Je remplis cet enga-
gement en publiant un mémoire dans lequel je
démontrai complètement l'exactitude des trois propositions suivantes :

1° Que le troisième lobe n'est pas caractéristique de
l'homme et ne lui est pas exclusivement propre, mais
qu'il existe chez tous les quadrumanes élevés ;

2° Que la corne postérieure du ventricule latéral
n'est point caractéristique de l'homme, puisqu'elle
existe également chez les quadrumanes élevés ;

3° Que le petit hippocampe n'est point exclusivement propre à l'homme et ne peut lui servir de caractéristique, puisqu'il existe chez un certain nombre de
quadrumanes élevés.

Ce mémoire contenait en outre le passage suivant:
« Et enfin, Schrœder van der Kolk et Vrölik[2], bien
qu'ils notent particulièrement que le ventricule
latéral se distingue de celui de l'homme par le peu
de développement de la corne postérieure où l'on
ne peut voir qu'une raie comme trace du petit hippocampe ; » cependant la figure 4 de leur seconde planche

1 Huxley, *Natural History Review*, numéro de janvier 1861.
2 Vrölik, *op. cit.*, p. 271.

montre que cette corne postérieure est un organe parfaitement distinct et sur lequel on ne peut se tromper,
aussi volumineux qu'il l'est souvent chez l'homme
même. Il est d'autant plus surprenant que le professeur Owen ait négligé les assertions explicites et
les planches de ces auteurs, que, bien évidemment, sa
planche du cerveau d'un chimpanzé est une copie
réduite de la seconde figure de la première planche
de MM. Schrœder van der Kolk et Vrölik [1].

Cependant Gratiolet a pris soin de faire remarquer
que « malheureusement le cerveau qui leur a servi
de modèle était profondément affaissé, aussi la forme
générale du cerveau est-elle rendue dans leurs
planches d'une manière tout à fait fausse ». Il est
d'ailleurs parfaitement évident, si l'on compare une
section de crâne de chimpanzé avec ces planches, que
l'opinion de Gratiolet est exacte, et l'on doit vive-
ment regretter qu'un dessin aussi imparfait ait été pris
comme une représentation typique du cerveau du
chimpanzé.

Depuis ce moment, l'impossibilité de conserver
son attitude aurait dû être aussi apparente pour le
professeur Owen que pour n'importe qui ; mais bien
loin de rétracter les erreurs graves dans lesquelles il
était tombé, le professeur Owen y a persisté et les a
répétées : premièrement, dans une leçon faite devant
l'Institution Royale le 19 mars 1861, leçon que son
auteur a reconnue exactement reproduite dans l'*Athænum* du 23 du même mois, par une lettre adressée à
ce journal le 30. Le compte rendu de l'*Athænum* était
accompagné d'un diagramme qui était censé représenter le cerveau d'un gorille, mais qui était si extra-
ordinairement inexact que le professeur Owen, dans
la lettre en question, le désavoua en substance, mais

[1] Vrölik. *loc. cit.*, p. 18.

non explicitement. En reconnaissant cette erreur, toutefois, M. Owen tomba dans une autre erreur, beaucoup plus importante ; sa communication se termine par le paragraphe suivant : « Pour la proportion exacte selon laquelle le cerveau recouvre le cervelet chez les singes supérieurs, il faut se reporter à la figure qui représente le cerveau non disséqué du chimpanzé [1] ».

Il est incroyable, mais malheureusement vrai, que cette figure à laquelle le public confiant est renvoyé sans un mot d'explication « pour les proportions exactes selon lesquelles le cerveau recouvre le cervelet chez les singes supérieurs » est précisément cette copie désavouée de Schrœder van der Kolk et Vrölik, dont la complète inexactitude avait été signalée plusieurs années auparavant par Gratiolet, et avait été portée à la connaissance du professeur Owen par le passage cité plus haut de mon article [2].

Nous reproduisons ici les figures 30 et 31 que Gratiolet a fait graver [3] à côté des deux figures incorrectes (et reconnues telles par leurs auteurs, ainsi qu'on le verra fig. 32 et 33) de MM. Schrœder van der Kolk et Vrölik. Gratiolet a représenté correctement un cerveau de chimpanzé vu par sa face supérieure et latérale, et un cerveau humain (fig. 34). Ces cinq figures sont à la moitié de la grandeur naturelle.

J'attirai de nouveau l'attention du public sur ce fait dans ma réplique au professeur Owen [4] ; mais cette figure condamnée fut une fois de plus reproduite par le professeur Owen, sans la plus légère allusion à son inexactitude [5].

---

[1] Owen, *Reade Lectures on the classification of Mammalia*, 1859, p. 25, fig. 7.
[2] Huxley, *Natural History Review*.
[3] Gratiolet, *Plis cérébraux de l'homme et des primates*.
[4] Huxley, *Athenæum*, 13 avril 1861.
[5] Owen, *Annals of Natural History*, juin 1861.

C'en était trop pour la patience des premiers auteurs
de ce dessin, MM. Schrœder van der Kolk et Vrölik;

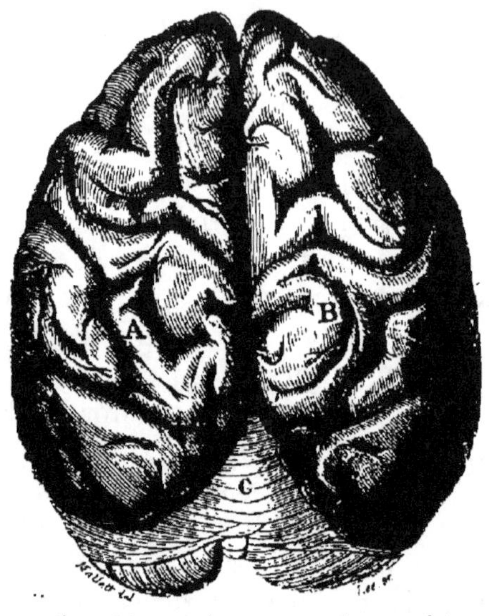

FIG. 30. — Cerveau d'un chimpanzé, vu par sa face supérieure et déformé au
point de rendre faussement les rapports (voir p. 95) (d'après Schrœder van
der Kolk et Vrolik). — A, Hémisphère gauche. — B, Hémisphère droit.
— C, Cervelet ramené en arrière.

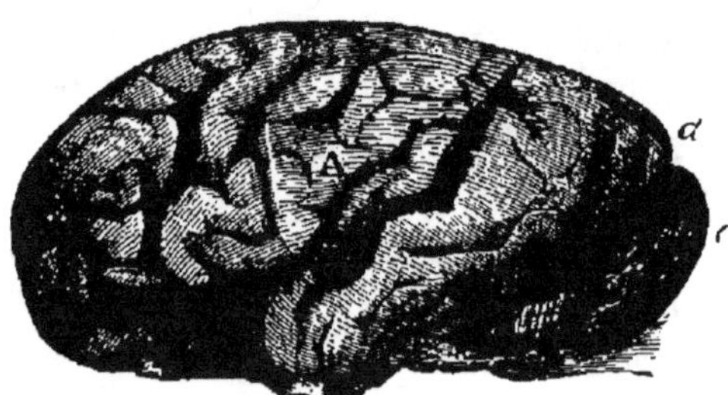

FIG. 31. — Le même, vu de côté (d'après Schrœder van der Kolk et Vrolik),
montrant en *e* la valeur du déplacement relatif du cervelet en arrière du
cerveau *d*.

dans une note adressée à l'Académie des sciences
d'Amsterdam, dont ces savants sont membres, tout
en s'avouant adversaires résolus de toutes les formes

possibles de la doctrine du développement progressif, ils déclaraient qu'avant tout ils voulaient la vérité, et que, au risque de paraître appuyer des vues qu'ils

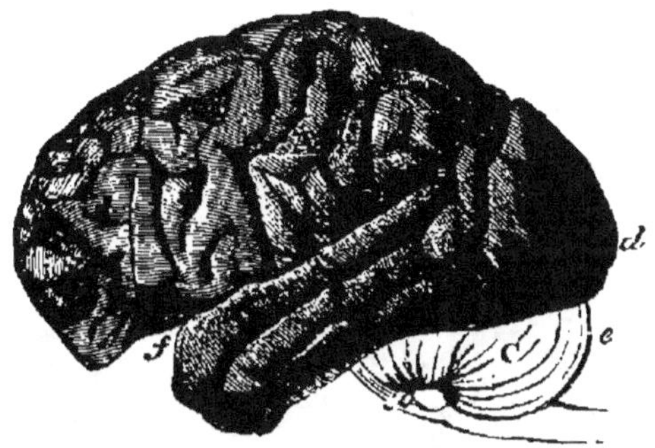

Fig. 32. — Vue latérale exacte d'un cerveau de chimpanzé (d'après Gratiolet, pl. VI, fig. 2), montrant la projection du cerveau en *d* au-delà du cervelet *e*. — *f, f*, Scissure de Sylvius.

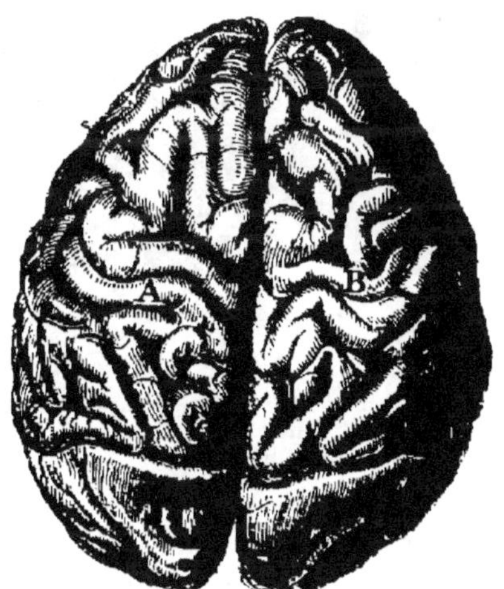

Fig. 33. — Vue exacte de la surface supérieure d'un cerveau de chimpanzé (d'après Gratiolet). Le cerveau recouvre et cache le cervelet.

réprouvaient, ils croyaient de leur devoir de saisir l'occasion de répudier publiquement l'abus que faisait le professeur Owen de leurs noms.

Dans cette note, ils admettaient franchement la justesse des critiques de Gratiolet, mentionnées plus haut, et ils démontraient, par des planches nouvelles et soigneusement tracées, la présence du lobe postérieur, de la corne postérieure et du petit hippocampe de l'orang. Ayant en outre montré ces organes à l'une des séances de l'Académie, ils ajoutent : « La présence des parties contestées y a été universelle-

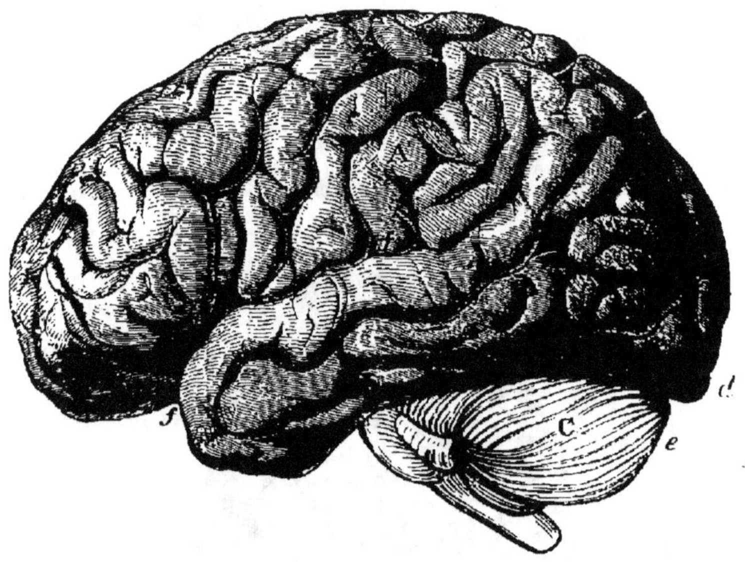

Fig. 34. — Vue latérale d'un cerveau humain d'après Gratiolet ; c'est celui de la femme sauvage appelée la Vénus hottentote. — A, Hémisphère gauche. — Cervelet. *f, f,* Scissure de Sylvius.

ment reconnue par tous les anatomistes présents à la séance. Le seul doute qui soit resté se rapporte au *pes hippocampi minor...* A l'état frais, l'indice du petit pied d'hippocampe était plus prononcé que maintenant. »

Le professeur Owen répéta ses assertions erronées au meeting de l'Association britannique en 1861 ; une fois de plus, sans aucune nécessité apparente, sans ajouter un seul fait ou aucun argument nouveau, sans être en état de contester en quoi que ce soit les témoignages éclatants fournis dans l'intervalle à la suite de dissections faites sur de nombreux cerveaux de singes par le professeur Rolleston [1], M. Marshall [2], M. Flower [3], M. Turner [4] et moi-même [5], il reproduisit son travail à la réunion de cette même Association, tenue à Cambridge en 1862.

« Mécontent de l'accueil désapprobateur que ce procédé sans précédents avait reçu dans la section D de ce meeting, le professeur Owen approuva la publication d'une version de ses assertions, accompagnée d'une analyse étrangement incorrecte des miennes (ainsi qu'on peut le voir par la comparaison des comptes rendus donnés par le *Times* [6].)

« J'insère ici les conclusions de ma réponse, insérées dans le même journal du 25 octobre.

« S'il s'agissait ici d'une opinion ou de l'interprétation d'un fait ou d'un terme — si même il n'était question que d'un fait d'observation dans lequel le seul témoignage de mes sens fût en lutte contre celui d'une autre personne, je prendrais un autre ton en discutant ce sujet. J'admettrais en toute humilité la vraisemblance d'une erreur dans mon jugement, d'une lacune dans mes connaissances ; je serais même disposé à supposer que je suis aveuglé par quelque préjugé.

« Mais personne ne peut croire que le débat roule

---

[1] Rolleston. sur les affinités du cerveau de l'orang (*Nat. Hist. Review*, avril 1861).

[2] Marshall, sur le cerveau d'un jeune chimpanzé (*Ibid.*, juillet 1861).

[3] Flower. sur les lobes postérieurs du cerveau des quadrumanes (*Philos. Trans.*, 1862).

[4] Turner, sur les rapports anatomiques des surfaces de la tente du cerveau et du cervelet chez l'homme et les mammifères inférieurs (*Proceed. of the Roy. Soc. of Edinburgh*, mars. 1862).

[5] Sur le cerveau de l'Atèles (*Proceed. of the zool. Soc.* 1861).

[6] *Times* du 11 octobre 1862.

sur une opinion ou sur des mots. Bien que quelques-unes des définitions proposées par le professeur Owen soient nouvelles et sans autorité, on peut les accepter sans modifier les grandes lignes de la question. Depuis lors, d'ailleurs, des recherches spéciales ont été entreprises en vue de l'éclairer pendant les deux dernières années par MM. Allen, Thomson, Rolleston, Marshall et Flower, tous, ainsi qu'on le sait, anatomistes renommés en Angleterre, et sur le continent par les professeurs Schrœder van der Kolk et Vrölik (que le professeur Owen a maladroitement essayé d'enrôler à son service), observateurs habiles et consciencieux, qui ont d'un commun accord affirmé l'exactitude des faits que j'ai avancés et le défaut absolu de base des assertions du professeur Owen. Le vénérable Rudolf Wagner lui-même, que personne ne peut accuser de tendances progressionnistes, a élevé sa voix de notre côté, tandis que pas un seul anatomiste, célèbre ou obscur, n'a donné son appui au professeur Owen.

« Je n'ai pas l'intention de suggérer ici que les différends scientifiques doivent être jugés par le suffrage universel ; mais je crois qu'à des preuves solides on doit opposer quelque chose de plus que des assertions creuses et sans fondement. Or, pendant les deux années à travers lesquelles cette absurbe controverse a traîné ses fatigantes longueurs, le professeur Owen n'a même pas tenté de produire une seule préparation à l'appui de ses assertions souvent réitérées.

« En sorte que la question se présente sous la forme suivante : non seulement ce que j'ai avancé est d'accord avec les doctrines des savants anciens les plus célèbres et avec celles des anatomistes les plus récents, mais je suis tout prêt à le démontrer sur le premier singe venu, tandis que les assertions du professeur Owen sont non seulement diamétralement opposées à toutes les autorités, anciennes et nouvelles, mais elles n'ont été, et j'ajoute, ne peuvent être appuyées par une seule préparation qui les justifie.

« Je laisserai là ce sujet pour le moment. Pour l'honneur de ma profession, je serais heureux de n'avoir plus jamais à le traiter. Mais malheureusement c'est là une question sur laquelle, après tout ce qui s'est passé, ni erreur ni confusion de termes n'est possible — et en affirmant que le lobe postérieur, la corne postérieure et le petit hippocampe existent chez certains singes, j'avance ce qui est la vérité ou ce que je dois croire faux. Le problème est devenu de la sorte une question de véracité personnelle. Pour moi, je n'accepte point d'autre solution — si grave qu'elle soit — à la controverse que j'ai relatée. »

II

SUR QUELQUES OSSEMENTS HUMAINS FOSSILES

Les Anthropiniens. — Je me suis efforcé de démontrer, dans l'essai qui précède, que les *Anthropiniens*, ou famille humaine, forment un groupe bien défini de primates qui n'a, avec la famille qui la précède immédiatement dans la série des êtres vivants, les *Catarhiniens*, aucune parenté directe, et qui n'offre aucune forme organique transitoire ; la même remarque peut être faite quant aux relations des *Catarhiniens* et des *Platyrhiniens*.

Rapports des espèces vivantes aux éteintes. — Cependant c'est une doctrine généralement reçue, que la distance qui sépare anatomiquement les êtres vivants peut être diminuée ou même comblée, si l'on tient compte de la longue succession d'animaux et de plantes variés qui ont précédé ceux qui vivent aujourd'hui, et qui ne nous sont connus que par leurs débris fossiles. Jusqu'à quel point cette doctrine est-elle bien établie ? jusqu'à quel point, dans l'état actuel de nos connaissances, peut-on la considérer comme peu en rapport avec les faits positifs ? jusqu'à quel point les conclusions que l'on en a tirées dépassent-elles leur portée légitime ? Ce sont là des points d'une importance considérable, mais sur lesquels je ne veux pas, pour le moment. entrer en discussion. Il suffit qu'une telle théorie des relations entre les espèces éteintes et les vivantes ait été proposée, pour nous conduire à rechercher, non sans anxiété, si les récentes découvertes d'ossements humains à l'état fossile lui viennent en aide ou la combattent, et dans quelle mesure.

Je me limiterai, en discutant cette question, à ces fragments de crânes humains qui proviennent des cavernes d'Engis, dans la vallée de la Meuse en Belgique et de celles de Neanderthal près Düsseldorf, cavernes dont les rapports géologiques ont été étudiés avec tant de soin par sir Charles Lyell [1] ; je m'appuierai sur cette grande autorité pour admettre, comme établi, que le crâne d'Engis appartenait à un contemporain du Mammouth (*Elephas primigenius*) et du Rhinocéros laineux (*Rhinoceros tichorrinus*), avec les os desquels il a été découvert, et que le crâne de Neanderthal est d'une date fort reculée quoique incertaine. Quel que soit l'âge géologique de ce dernier, je conçois qu'il est parfaitement sûr (d'après les principes ordinaires des raisonnements paléontologiques) d'admettre que le premier de ces crânes nous fait remonter au moins jusqu'à la limite la plus reculée de cette zone biologique si vague, qui sépare l'époque géologique actuelle de celle qui l'a immédiatement précédée ; il ne peut y avoir aucun doute sur les merveilleux changements qu'a subis la géographie physique de l'Europe, depuis le temps où les ossements des hommes et des Mammouths, des Hyènes et des

---

[1] Ch. Lyell, *l'Ancienneté de l'homme prouvée par la géologie,* trad. par M. Chaper, 3ᵉ édition. Paris, 1891.

Rhinocéros furent emportés pêle-mêle dans les cavernes d'Engis.

Le crâne de la caverne d'Engis. — Le crâne de la caverne d'Engis a été découvert par le professeur Schmerling, qui l'a décrit avec d'autres restes humains, exhumés à la même époque, dans son précieux ouvrage [1], d'où nous extrayons le passage suivant :

« J'observe d'abord que ces restes humains qui sont en ma possession sont, comme les milliers d'os que j'ai exhumés depuis peu de temps, caractérisés par le degré de décomposition qui est absolument le même que ceux des espèces éteintes ; tous sont cassés, à quelques exceptions près ; quelques-uns sont arrondis comme cela a souvent lieu dans les ossements fossiles d'autres espèces ; les cassures sont verticales ou obliques ; aucune ne porte des traces d'érosion ; la couleur ne diffère point de celle d'autres ossements fossiles et varie du blanc jaunâtre au noirâtre. Tous sont plus légers que les os frais, à l'exception de ceux qui sont couverts d'une couche de tuf calcaire, ou bien dont les cavités sont remplies d'une pareille concrétion.

« Le crâne (fig. 35) est d'un individu âgé ; les sutures commencent à s'effacer, tous les os de la face y manquent et il n'y a qu'un fragment de l'os temporal du côté droit qui a été conservé. La face et la base de ce crâne ont été enlevées avant qu'il fût déposé dans cet endroit, puisqu'après avoir exploré régulièrement toute cette caverne, nous n'avons pu trouver ces restes. C'est à 1 mètre et demi de profondeur que nous rencontrâmes ce crâne caché sous une brèche osseuse composée, du reste, de petits animaux, et

---

[1] Schmerling, *Recherches sur les ossements fossiles découverts dans les cavernes de la province de Liège*, 1833, p. 59 et seq.

contenant une dent de Rhinocéros et quelques-unes de chevaux et de ruminants. Cette brèche avait 1 mètre de large, s'élevant à 1 mètre et demi au-dessus du sol de la caverne. La terre qui contenait ce

FIG. 35. — Crâne de la caverne d'Engis, vu du côté droit. Moitié de la grandeur naturelle. — *a*, Glabelle. — *b*, Protubérance occipitale. — De *a* à *b*, Ligne glabello-occipitale. — *c*, Trou auditif.

crâne humain n'indiquait aucun dérangement ; des dents de rhinocéros, de cheval, d'hyène, d'ours, l'entouraient de toutes parts.

« Le célèbre Blumenbach a exposé les différences dans la forme et les dimensions des crânes humains des différentes races. Cet important ouvrage nous aurait été d'un grand secours, si la face, partie essentielle pour déterminer avec plus ou moins de certitude la race, ne manquait pas à notre crâne fossile ; nous sommes convaincu que, d'après un seul échantillon, nous ne pouvons nullement nous prononcer avec certitude, quand même cette tête serait complète, car les nuances individuelles sont si nombreuses dans les crânes d'une même race, que l'on ne peut, sans s'exposer aux plus grandes inconséquences, conclure d'un seul fragment de crâne pour la forme totale de cette tête. Néanmoins, pour ne rien négliger concernant la forme du crâne fossile que nous avons recueilli, nous ferons observer que la forme allongée et étroite du front a d'abord fixé notre attention.

« En effet, le peu d'élévation du frontal, son étroitesse et la forme des orbites le rapprochent plus du crâne de l'Éthiopien que de celui de l'Européen ; la forme allongée et l'état développé de l'occiput sont encore des caractères que nous croyons avoir remarqués dans notre crâne fossile ; mais, pour écarter tout doute à cet égard, j'ai fait représenter le contour du crâne d'un Européen et d'un Éthiopien... (ces contours) suffiront pour faire distinguer les différences, et un simple coup d'œil en apprendra plus que de longues et fatigantes descriptions.

« Quel que soit le jugement que l'on porte sur l'origine de l'individu d'où provient ce crâne fossile, on peut, ce nous semble, émettre une opinion, sans s'exposer à une controverse dont l'issue serait sans résultat positif ; chacun, du reste, est libre de choisir l'hypothèse qui lui paraît la plus fondée ; quant à moi, il m'est démontré que ce crâne a appartenu à un individu dont les moyens intellectuels ont été peu développés, et nous en concluons qu'il provient d'un homme dont le degré de civilisation ne devait être que peu avancé, ce dont nous pouvons nous rendre compte en confrontant la capacité du front avec la partie occipitale.

« Un autre crâne, d'un individu jeune, se trouvait sur le fond de cette caverne à côté d'une dent d'éléphant ; ce crâne était entier jusqu'au moment où je voulus le recueillir, il tomba alors en pièces que je n'ai pu réunir jusqu'à présent ; mais j'ai fait représenter les os de la mâchoire supérieure ; l'état des alvéoles et des dents montre que les molaires n'avaient pas encore percé la gencive. Des molaires de lait détachées, quelques fragments de crâne humain proviennent du même endroit » [1].

Schmerling énumère ensuite les os qu'il possède : un fragment du maxillaire supérieur dont les molaires sont usées jusqu'aux racines, deux vertèbres, une clavicule gauche, qui, bien qu'appartenant à un jeune sujet, montre qu'il devait être d'une haute stature [2] ; un fragment du cubitus et du radius, un métacarpien, trouvé près du crâne, et quelques autres trouvés à différentes distances, une demi-douzaine de métatarsiens, trois phalanges de la main et une du pied.

« Telle est, dit Schmerling en terminant, l'énumération succincte des restes d'ossements humains recueillis dans la caverne d'Engis, qui nous a conservé les débris

---

[1] Dans un passage subséquent, Schmerling appelle l'attention sur une incisive « d'un volume énorme » provenant des cavernes d'Engiboul. La dent représentée est assez longue, mais ses dimensions ne me paraissent pas autrement remarquables.

[2] La planche qui représente cette clavicule mesure 5 pouces d'une extrémité à l'autre en ligne droite, en sorte que cet os est plutôt petit que grand.

de trois individus parmi ceux de l'Éléphant, du Rhinocéros et de carnassiers d'une espèce inconnue à la création actuelle. »

De la caverne d'Engiboul, qui est située en face de celle d'Engis, sur la rive droite de la Meuse, Schmerling a tiré les débris de trois autres squelettes humains, parmi lesquels on ne trouva que deux fragments de pariétaux, mais plusieurs os des extrémités des membres. Dans un cas, le fragment brisé d'un cubitus était soudé à un fragment semblable de cubitus par des stalagmites, condition fréquemment observée en Belgique parmi les ossements de l'ours des cavernes (*ursus spæleus*).

Ce fut dans la caverne d'Engis, que le professeur Schmerling a trouvé, incrusté dans la stalagmite et associé à une pierre, un instrument osseux, pointu ; des silex taillés ont été découverts dans toutes les cavernes belges qui contenaient en abondance des ossements fossiles.

Isidore Geoffroy-Saint-Hilaire a publié une lettre très courte [1], où il parle d'une visite (et apparemment d'une visite faite en toute hâte) faite à la collection du professeur « Schermidt » (ce qui est probablement une faute d'impression pour Schmerling), à Liège. L'auteur critique brièvement les dessins qui ornent l'ouvrage de Schmerling, et affirme que « le crâne humain est un peu plus long qu'il n'est représenté » dans la planche de Schmerling. La seule autre remarque qui soit digne d'être citée est la suivante :

[1] Geoffroy Saint-Hilaire, *Comptc rendus de l'Académie des sciences de Paris*, 2 juillet 18ʒ8.

« L'aspect des ossements humains diffère peu de celui des os des cavernes que nous connaissons bien, et dont dans cette même ville se trouve une collection considérable. En ce qui touche leurs formes particulières, comparées à celles des variétés des crânes humains modernes, peu de conclusions positives peuvent être avancées, car il existe des différences beaucoup plus grandes entre les différents spécimens de variétés bien caractérisées, qu'entre le crâne fossile de Liège et celui de l'une de ces variétés, choisie comme terme de comparaison. »

On remarquera que les réflexions de Isid. Geoffroy-Saint-Hilaire ne sont guère qu'un écho des doutes philosophiques de celui qui a décrit et découvert les débris osseux. Quant à la critique des planches, je trouve que la vue du profil donnée par Schmerling est réellement d'environ les $\frac{5}{10}$ d'un pouce plus petit que le modèle, et que la vue *de face* est diminuée d'à peu près autant. A cette exception près, la reproduction n'est en aucune façon inexacte, mais répond très bien au plâtre qui est en ma possession.

Un morceau de l'occipital, que Schmerling semble avoir oublié, a, depuis, été posé sur le reste du crâne par un anatomiste accompli, le Dr Spring (de Liège), sous la direction de qui un excellent moule de plâtre a été fait par sir Charles Lyell [1]. C'est d'après un duplicata de ce plâtre, que mes propres observations sont faites ainsi que les figures qui les accom-

[1] Le professeur Spring a publié en 1864 un mémoire intitulé : *les Hommes d'Engis et de Chauvaux*, plein de faits et de vues ingénieuses, qui sera consulté avec fruit (*Bull. de l'Académie royale de Belgique*, t. XVIII, n° 12).

pagnent, dont les contours sont copiés de dessins très exacts, faits à la chambre noire par mon ami M. Busk, et qui ont été réduites à la moitié de leur grandeur naturelle.

Ainsi que le professeur Schmerling le fait observer, la base du crâne est détruite et les os de la face manquent complètement ; mais la voûte du crâne, qui comprend le frontal, le pariétal et la plus grande partie de l'occipital, jusqu'au milieu du trou occipital, est complète ou à peu près ; le temporal gauche manque ; du temporal droit, les portions qui sont dans le voisinage immédiat du trou auditif, l'apophyse mastoïde et une portion considérable de l'écaille temporale sont bien conservées (fig. 30).

Le tracé des fractures qui subsistent entre les pièces rapprochées du crâne, sont fidèlement dessinées dans la planche de Schmerling, et peuvent être aisément déterminées dans le moule en plâtre ; on y discerne aussi les sutures ; mais la disposition complexe de leurs dentelures que nous montre la planche, n'est point évidente sur le moule. Quoique les saillies osseuses qui donnent insertion aux muscles ne soient pas extrêmement proéminentes, elles sont bien marquées, et ce caractère, joint au développement bien apparent des sinus frontaux et à la condition des sutures, ne laisse dans mon esprit aucun doute que ce crâne ne soit celui d'un adulte, sinon même celui d'un homme de l'âge moyen. L'extrême longueur du crâne est de 194 millimètres ; son extrême largeur, qui répond très approximativement à l'intervalle entre les protubérances pariétales, n'a pas plus de

136 millimètres. Le rapport de la longueur à la largeur est, par conséquent, très voisin de 100 à 70. Si l'on trace une ligne du point où l'arcade sourcilière

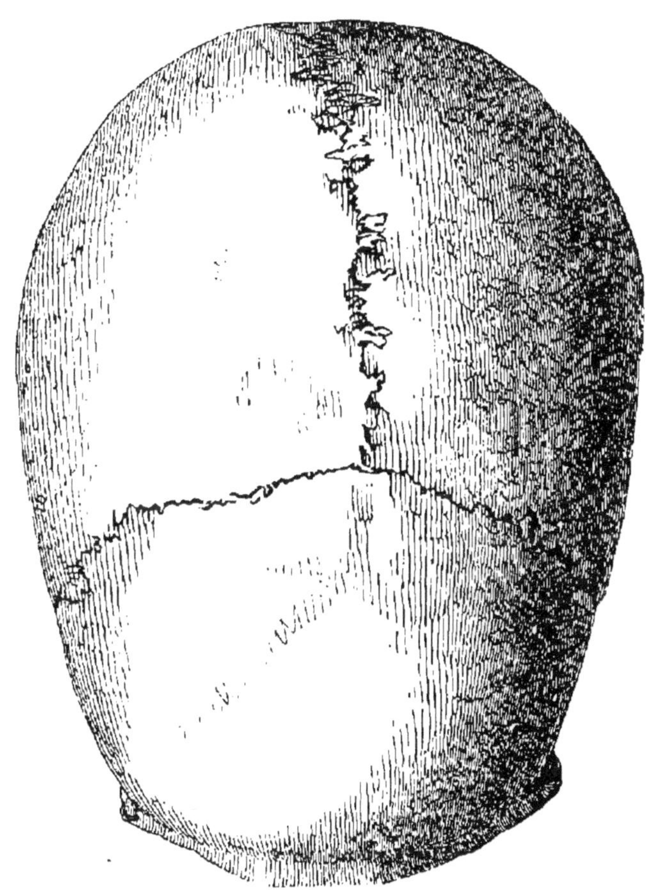

FIG. 36. — Crâne d'Engis vu d'en haut.

s'incline vers la racine du nez, et qui est appelée la *glabelle* (*a* fig. 35), à la protubérance occipitale (*b*), la hauteur verticale du point le plus élevé de la voûte du crâne à cette ligne, sera représentée par

120 millimètres. Vu par la face supérieure du crâne (fig. 36), le front présente une courbe également arrondie et qui se continue dans la direction des côtés et de la face postérieure du crâne, lequel offre aussi une courbe elliptique sensiblement régulière.

La vue de face (fig. 37) montre que la charpente du crâne était très régulière et élégamment voûtée dans la direction transversale, et que le plus grand diamètre est plutôt un peu en-dessous qu'au-dessus des bosses

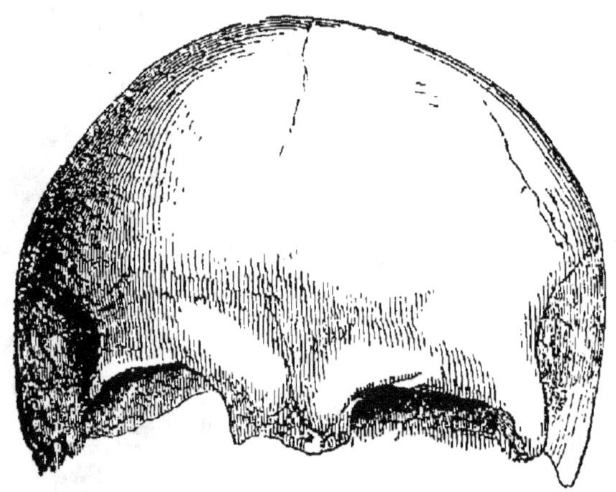

Fig. 37. — Crâne d'Engis vu de face.

pariétales; on ne peut dire que, par rapport au reste du crâne, le front soit étroit; on ne peut, davantage, l'appeler *fuyant;* tout au contraire, le contour antéro-postérieur du crâne est bien une courbe régulière, dont la longueur de la dépression nasale (glabelle) à la protubérance occipitale externe est de 337 millimètres. L'arc transverse du crâne, mesuré de l'un des trous auditifs à l'autre, en passant par le milieu de la suture sagittale, est d'environ

328 millimètres. La suture sagittale elle-même a 139 millimètres de longueur.

Les arcades sourcilières (de chaque côté de *a*, fig. 35) sont bien développées, mais sans excès, et sont séparées par une dépression médiane. Leur principale élévation est dans une direction tellement oblique, que je juge qu'elle est due à de larges tissus frontaux.

Si une ligne, joignant la glabelle à la protubérance occipitale, est supposée horizontale (*a*, *b*, fig. 35), aucune proportion de la région occipitale ne dépassera de plus de $\frac{1}{10}$ de ligne en arrière de l'extrémité postérieure de cette ligne, et le bord inférieur du trou auditif (*c*) est presque en contact avec une ligne tracée, parallèlement à celle-ci, sur la surface extérieure du crâne.

Une ligne transversale, tirée de l'un des trous auditifs à l'autre, traverse comme d'ordinaire la partie antérieure du trou occipital. La capacité de l'intérieur de ce crâne fragmenté n'a pas été déterminée.

Le crâne de Neanderthal. — Citons maintenant littéralement l'histoire des débris humains de la caverne de Neanderthal, d'après celui qui, le premier, les a décrites, le Dr Shaaffhausen [1].

« Au commencement de l'année 1857, un squelette humain fut découvert dans une caverne calcaire de Neanderthal, près de Hochdale, entre Düsseldorf et Elberfeld. Je ne pus d'abord m'en procurer qu'un moule en plâtre, qui fut pris à Elberfeld, et d'après

[1] *Zur Kenntniss, etc.,* sur les crânes des races humaines les plus anciennes (Muller's *Archiv.*, 1858, p. 455).

lequel je traçai une description de sa conformation singulière; cette description fut lue le 4 février 1857 à la réunion de la Société d'histoire naturelle et médicale du Bas-Rhin, qui fut tenue à Bonn.

« Plus tard, le Dr Fuhlrott, à qui la science est redevable de la conservation de ces ossements, qui tout d'abord ne furent pas considérés comme humains, apporta le crâne d'Elberfeld à Bonn et me le confia pour en faire un examen anatomique approfondi.

« A la réunion générale de la Société d'histoire naturelle de la Prusse rhénane et de la Westphalie, tenue à Bonn, le 2 juin 1857, le Dr Fulhrott lui-même donna une description complète de la localité et des circonstances au milieu desquelles la découverte fut faite. Son opinion était que les ossements pouvaient être regardés comme fossiles, et en arrivant à cette conclusion, il appelait spécialement l'attention sur l'existence de dépôts dendritiques [1] dont leur surface était couverte, et qui avaient d'abord été signalés par le professeur H. van Mayer.

« J'ajoutai à cette communication une courte note sur le résultat de mon examen anatomique, et les conclusions auxquelles j'arrivai furent :

« 1° Que la forme extraordinaire de ce crâne était due à une conformation naturelle inconnue jusqu'à ce jour, même chez les races les plus sauvages ;

« 2° Que ces remarquables ossements humains appartenaient à une période antérieure aux Celtes et aux Germains, et, très probablement, dérivaient de l'une de ces races sauvages du nord-ouest de l'Europe, dont parlent les auteurs latins et que les immigrants germaniques ont rencontrées comme autochthones ;

« 3° Qu'il était hors de doute que ces débris humains devaient remonter à une période à laquelle existaient encore les derniers animaux contemporains du diluvium, mais qu'aucune preuve de cette assurance, ni par conséquent de leur état fossile, n'était fournie par les circonstances au milieu desquels ces ossements avaient été trouvés.

« Comme le Dr Fuhlrott n'a pas encore publié la relation de ces circonstances, j'emprunte à l'une de ces lettres la description suivante :

« Une petite caverne ou grotte (fig. 38) assez grande pour admettre un homme et située à environ 15 pieds de profondeur de son entrée qui a de 2 mètres à 2^{m}50 de largeur, existe au sud de la vallée de Neanderthal

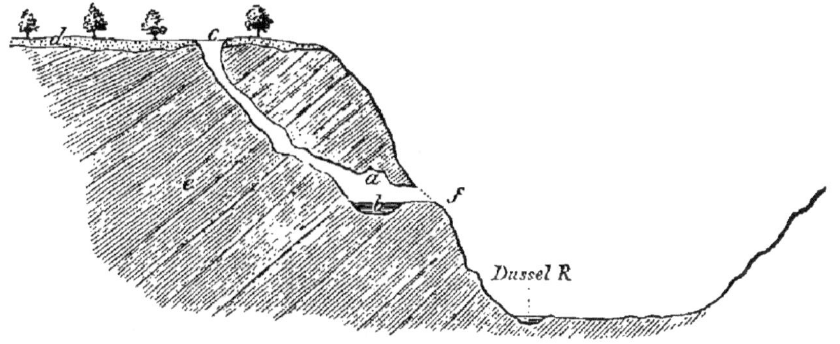

Fig. 38. — Coupe de la caverne de Neanderthal, près de Düsseldorf. — a, Caverne à 18 mètres au-dessus de la Düssel et de 30 mètres au-dessous de la surface c, d. — b, Limon couvrant le sol de la caverne. Le squelette fut trouvé presque à sa partie inférieure. — b, c, Fente mettant la caverne en communication avec la surface de la région supérieure. — d, Limon sableux superficiel. — e, Calcaire dévonien. — f, Terrasse ou saillie du rocher.

à environ 30 mètres de la rivière Düssel et à 30 mètres au-dessus du sommet de la vallée. Dans sa condition première, cette caverne s'ouvrait sur un plateau à partir duquel la paroi rocheuse descendait presque perpendiculairement dans la rivière. On pouvait y arriver d'en haut, quoique difficilement. Le sol inégal était couvert de limon sur une épaisseur de 4 ou 5 pieds ; ce limon était entremêlé d'une petite quantité de cailloux arrondis. En enlevant ce dépôt, les ossements furent découverts, on vit d'abord le crâne placé près de l'entrée de la caverne, et, plus loin, les autres os placés sur le même plan horizontal ; j'en recueillis au moins l'assurance, dans les termes les plus formels, de deux paysans que l'on a employés pour déblayer la grotte, et que je questionnai sur les lieux mêmes. Tout d'abord, personne ne pensa que ces ossements étaient humains, et ce ne fut que plusieurs semaines après leur découverte que je les reconnus comme tels et que je les plaçai en lieu sûr. Mais comme l'importance de cette découverte ne fut pas alors appréciée, les paysans mirent peu de soins dans leur fouille et ne mettaient de côté que les grands os. C'est à cette circonstance que l'on peut attribuer que des fragments de ce qui était sans doute un squelette complet vinrent seuls en ma possession.

« L'examen anatomique de ces fragments m'a donné les résultats suivants :

« Le crâne est d'un volume inaccoutumé et de la forme d'une ellipse allongée (fig. 39, 40 et 41). Une particularité des plus remarquables frappe tout d'abord : c'est le développement extraordinaire des sinus frontaux, dont la conséquence est que les arcades sourcilières qui se confondent entièrement au milieu, sont si proéminentes, que l'os frontal offre un creux ou une dépression considérable au dessous, ou plutôt en arrière de ces sinus, tandis qu'une dépression profonde s'est formée au-dessus de la racine du nez. Le front est bas et étroit, quoique le milieu et la partie postérieure de la voûte crânienne soient bien développés. Malheureusement le fragment du crâne qui a été préservé ne comprend que la partie située au-dessus du plancher de l'orbite, et les lignes courbes occipitales supérieures sont presque réunies au point de former une saillie horizontale ; ce crâne comprend donc la presque totalité du frontal, les deux pariétaux, une petite portion de l'écaille et le tiers supérieur de

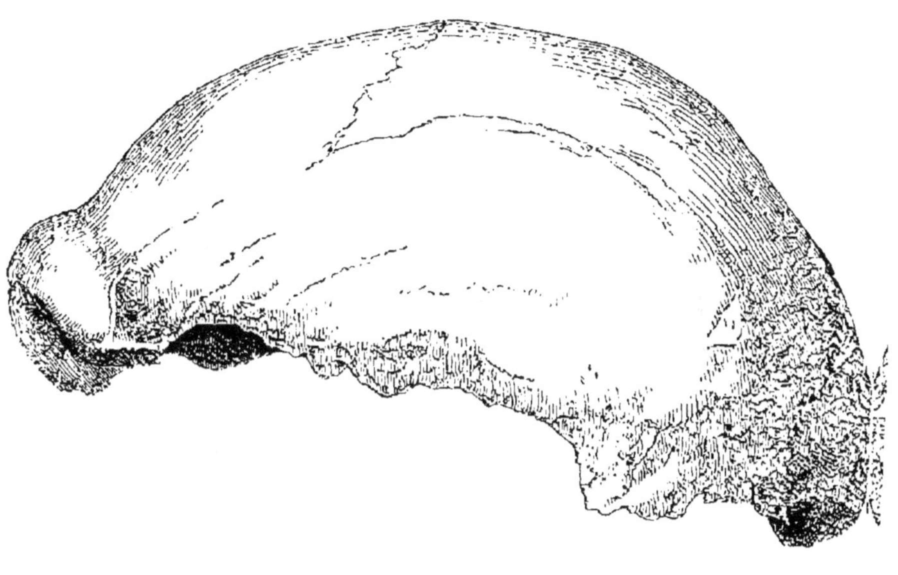

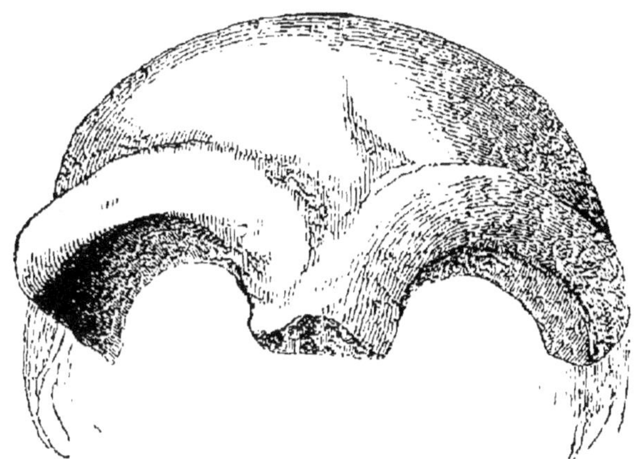

FIG. 39 et 40. — Crâne de Neanderthal. Vues : latérale et frontale. Moitié de la grandeur naturelle. Les contours sont faits à la chambre noire et réduits à la moitié de leur grandeur par M. Busk. Les détails sont représentés d'après le moule et les photographies du docteur Fuhlrott. — a, Glabelle. — b, Protubérance occipitale. — c, Suture lambdoïde.

l'occipital. La surface des cassures est récente et prouve que le crâne a été brisé lors de son exhumation. Le volume de sa cavité peut être évalué à

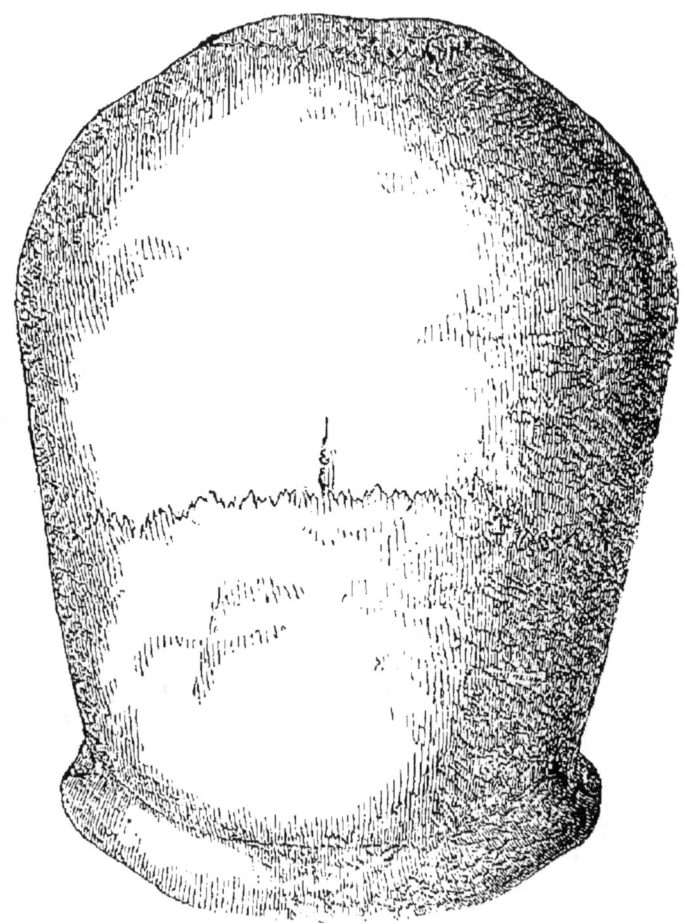

FIG. 41. — Crâne de Neanderthal. Vue supérieure.

1,033,24 centimètres cubes. La ligne demi-circulaire, indiquant les insertions supérieures du temporal, quoiqu'elle ne soit pas très fortement marquée, s'élève à plus de la moitié de la hauteur du pariétal. Sur l'arc sourcilier droit, on remarque une dépression [1] ou sillon oblique, qui est la trace d'une blessure reçue pendant la vie. Les sutures coronales et sagittales sont à l'extérieur presque fermées, et à la face interne si complètement ossifiées, qu'elles n'ont laissé aucune trace, tandis que la suture lambdoïde reste ouverte. Les dépressions produites par les glandes de Paccion sont profondes et nombreuses, et il y a un sillon vasculaire profond, anormal immédiatement après la suture coronale ; ce sillon, aboutissant à ce trou, contenait, sans nul doute, une veine émissaire. Le trajet de la suture frontale est indiqué, extérieurement, par une légère saillie, et au lieu où elle se réunit à la suture coronale, cette saillie forme une petite protubérance. Le trajet de la suture sagittale est creusé, et au-dessus de l'angle de l'occipital les pariétaux sont déprimés.

MENSURATION DU CRANE DE NEANDERTHAL

Arc longitudinal de l'épine nasale à la ligne demi-circulaire supérieure de l'occipital en passant sur le vertex	303
Circonférence en passant sur les arcades sourcilières et la ligne supérieure demi-circulaire de l'occipital	590
Largeur du frontal du milieu de la ligne temporale d'un côté au même point du côté opposé	104
Longueur de l'épine nasale à la suture coronale	133
Largeur extrême des sinus frontaux	25
Hauteur verticale prise sur une ligne tirée des bords écailleux des pariétaux	70
Largeur de la partie postérieure du crâne d'une protubérance pariétale à l'autre	138
Distance de l'angle supérieur de l'occipital à la ligne demi-circulaire supérieure	51

[1] M. Busk a noté que cette dépression est probablement l'orifice du nerf frontal.

Épaisseur de l'os aux bosses pariétales.,........... 8
Épaisseur à l'angle de l'occipital................... 9
Épaisseur à la ligne demi-circulaire supérieure [1]... 10

« Outre le crâne, on a préservé les os suivants :

« 1° Les deux fémurs intacts. De même que le crâne et tous les autres os, les fémurs sont caractérisés par une épaisseur exceptionnelle et par le grand développement de toutes les saillies et dépressions pour l'insertion des muscles. Au musée anatomique de Bonn, sous la désignation *d'os de géants,* il y a quelques fémurs dont l'épaisseur est à peu près la même, mais ils sont beaucoup plus courts ;

	OS DE GÉANT.	OS DE NÉANDER.
Longueur.......................	542	438
Diamètre de la tête du fémur.....	54	53
— de l'extrémité inférieure du fémur d'un condyle à l'autre.............	89	87
— du fémur au milieu de sa longueur.............	33	30

« 2° Un humérus droit intact, dont le volume montre qu'il est en rapport avec le fémur.

Longueur 312
Épaisseur au milieu....................... 26
Diamètre de la tête...................... 49

« En outre, un radius droit de dimension analogue et le tiers supérieur d'un cubitus droit répondent à l'humérus et au radius ;

---

[1] M. Busk qui a traduit en anglais et annoté le mémoire de M. Schaaffhausen, a pris *sur le moule en plâtre* des mesures qui diffèrent de celles données par M. Schaaffhausen. Les voici, dans le même ordre, telles que M. Huxley les reproduit en regard de celles de l'auteur allemand. 300 — 590 — 114 — 125 — 23 — 00 — 150 — 60.

« 3° Un humérus gauche, auquel manque le tiers supérieur et qui est si grêle qu'il ne paraît pas appartenir au même individu que le droit ; un cubitus gauche qui, bien que complet, est déformé par une affection au point que l'apophyse coronoïde étant très épaissie par des dépôts ossiformes, la flexion du coude au-delà de l'angle droit doit avoir été impossible ; la fosse antérieure de l'humérus qui reçoit l'apophyse coronoïde est également remplie d'un dépôt semblable ; l'olécrane est fortement incliné de haut en bas. Comme cet os ne présente d'ailleurs aucun signe de dégénérescence rachitique, on doit supposer que c'est à une lésion infligée pendant la vie qu'est due l'ankylose. Quand on compare le cubitus gauche au droit, il peut sembler au premier coup d'œil que ces os appartenaient à deux individus différents, le cubitus étant de plus d'un demi-pouce trop court pour s'articuler avec le radius correspondant. Mais il est clair que ce raccourcissement, non moins que la diminution de volume de l'humérus gauche, dépendent tous deux des accidents pathologiques dont nous venons de parler ;

« 4° Un ilion gauche, presque intact et contigu au fémur, un fragment de l'épaule droite, l'extrémité antérieure d'une côte du côté droit, l'extrémité postérieure d'une côte du côté gauche et enfin deux extrémités postérieures et une portion moyenne de côte, qui, par leur rondeur exceptionnelle et leur courbe abrupte, ressemblent plutôt à celle d'un carnassier qu'à celle d'un homme.

« Cependant le D^r von Mayer, à l'opinion de qui je défère, ne voudrait pas se hasarder à déclarer qu'elles appartiennent à un animal, et il ne reste qu'à supposer que ces conditions anormales proviennent d'un développement considérable et exceptionnel des muscles thoraciques.

« Les os adhèrent fortement à la langue, bien que,

ainsi qu'on l'a démontré par l'acide chlorhydrique, la plus grande partie du cartilage soit encore adhérente et paraisse, néanmoins, avoir subi la transformation gélatineuse qui a été observée par Bibra, sur les ossements fossiles.

« La surface de tous les os est couverte en plusieurs endroits de petites taches noires qui, examinées à la loupe, représentent des *dendrites* très délicates. Ces dépôts, qui ont d'abord été remarqués par le Dr Mayer, sont plus visibles à la face interne des os crâniens. Ils consistent en un composé ferrugineux, qui, d'après sa couleur noire, peut contenir du manganèse. Des dendrites analogues s'offrent fréquemment sur les rocs lamelleux et se rencontrent dans les fissures et dans les crevasses. A la réunion de la Société du Bas-Rhin tenue à Bonn le 1er avril 1857, le professeur Mayer dit qu'il avait observé, au musée de Poppelsdorf, de semblables cristaux dendritiques sur plusieurs ossements fossiles, particulièrement sur ceux de l'*Ursus spœleus*, mais encore plus abondamment et élégamment déposés sur les os fossiles et les dents de l'*Equus adamiticus*, de l'*Elephas primigenius*, provenant des cavernes de Bolve et de Sundwig. De légères traces de dendrites analogues ont été observées sur un crâne romain de Siegburg, tandis que d'autres crânes, qui avaient passé plusieurs siècles sous la terre, n'en offraient aucune trace.

« Je dois à H. von Mayer les observations suivantes sur cette question :

« La formation de dépôts dendritiques, qui étaient autrefois regardés comme une preuve de leur condition fossile, est intéressante. On a supposé que, dans les dépôts du diluvium, la présence de dendrites peut être regardée comme apportant une marque de distinction entre les os mêlés au diluvium à une période quelque peu postérieure, et les véritables ossements diluviens qui seuls offriraient des dendrites. Mais je suis depuis longtemps convaincu que ni l'absence des dendrites ne peut être considérée comme un signe d'âge récent, ni leur présence comme suffisante pour établir la haute antiquité des objets sur lesquels ils se montrent. J'ai moi-même constaté sur du papier qui ne pouvait avoir plus d'un an de date, des dépôts dendritiques que l'on ne pouvait distinguer de ceux des ossements fossiles. Ainsi je possède un crâne de chien qui provient d'une colonie romaine dans le voisinage de Heddersheim *Castrum Hadrianum*, que l'on ne peut en aucune façon distinguer des os fossiles des cavernes de Frankish ; il présente la même couleur et adhère à la langue exactement comme ceux-là, de sorte que ce caractère qui, au meeting de Bonn, a donné lieu à des scènes si amusantes entre Bucklandes et Schmerling, n'a plus aucune valeur. C'est pourquoi, dans les cas douteux, la condition des os peut à peine donner des moyens de s'assurer s'il est fossile, c'est-à-dire s'il a une antiquité géologique, ou s'il appartient à la période historique. »

« Comme nous ne pouvons maintenant considérer le monde primitif comme présentant des conditions d'existence totalement différentes, sans aucune transition à la vie organique actuelle, la désignation de *fossile*, en tant qu'appliquée à un os, n'a plus le sens qu'elle comportait au temps de Cuvier. Il y a des présomptions suffisantes que l'homme a coexisté avec les animaux trouvés dans le diluvium, et plusieurs races sauvages peuvent avoir disparu bien avant toute période historique, en même temps que les animaux du monde ancien, tandis que les races dont l'organisation s'était perfectionnée avaient propagé leur genre. Les ossements qui sont le sujet de cette note offrent des caractères qui, bien que laissant l'époque géologique incertaine, indiquent néanmoins une très haute anti-

quité. On doit aussi remarquer que, si commune que
soit la découverte d'ossements d'animaux diluviens
dans les cavernes à dépôts de limon, de tels débris
n'ont point été trouvés à Neanderthal, et que les os
qui étaient recouverts par un dépôt qui n'avait que
4 ou 5 pieds d'épaisseur, sans aucune enveloppe protec-
trice de stalagmite, avaient conservé la plus grande
partie de leur substance organique.

« Ces circonstances peuvent être réunies contre la
probabilité d'une antiquité géologique. En outre, rien
ne nous autorise à considérer cette forme crânienne
comme représentant le type primitif le plus sauvage
de la race humaine, depuis que l'on connaît des crânes
parmi les sauvages contemporains, qui, bien que n'offrant pas cette conformation extraordinaire du front
qui donne au crâne de Neanderthal l'aspect de celui
des grands singes, ont néanmoins des caractères qui
appartiennent à un état très inférieur de développement tel que la grande profondeur de la fosse temporale, les saillies temporales en crêtes proéminentes, et
la capacité crânienne généralement très inférieure. Il
n'y a aucune raison pour supposer que la dépression
postfrontale soit due à un aplatissement artificiel, tel
qu'il est pratiqué, sous différentes formes, par les
nations barbares du vieux et du nouveau monde. Le
crâne est tout à fait symétrique et ne montre aucune trace de contre-pression occipitale, tandis que,
selon Morton, chez les têtes plates de la Colombie,
l'os frontal et le pariétal sont toujours sans symétrie.
Sa conformation montre le peu de développement de
la région antérieure de la tête qui a été si fréquemment notée dans les crânes très anciens, et qui nous
donne une preuve des plus frappantes de l'influence
de la culture et de la civilisation sous la forme du crâne
humain.

Plus loin le docteur Shaafhausen dit encore :

« Il n'y a absolument aucun motif pour considérer le développement inaccoutumé des sinus frontaux, dans le crâne de Neanderthal, comme une déformation pathologique ou individuelle ; il s'agit ici, sans nul doute possible, d'un caractère typique de race qui est en relation physiologique avec l'épaisseur extra-ordinaire des autres os du squelette, lesquels excèdent d'environ la moitié les proportions usuelles. Le développement des sinus frontaux, qui sont des appendices des conduits de l'air, indique pareillement une force et une puissance exceptionnelle des mouvements, telle que l'on peut l'induire du volume de toutes les arêtes et apophyses destinées à l'insertion des muscles ou à l'articulation des os. Que cette conclusion puisse être tirée de l'existence de larges sinus frontaux et de la proéminence de la région inférieure du front, plusieurs autres observations le confirment de différentes façons. Les mêmes caractères, selon Pallas, distinguent le cheval sauvage du domestique et, selon Cuvier, l'ours des cavernes de l'ours contemporain ; selon Roulin, le cochon sauvage d'Amérique a repris sa ressemblance avec le verrat, de même que le chamois se distingue de la chèvre ; le bull-dogue enfin qui se caractérise par ses os volumineux et ses muscles fortement développés, s'éloigne de toutes les espèces de chiens. L'évaluation de l'angle facial, qui, selon le professeur Owen, est si difficile à fixer chez les grands singes à cause de la proéminence des arcades sus-orbitaires, est dans le cas présent, rendue encore plus difficile à cause de l'absence du trou auditif et de l'épine nasale. Mais si l'on donne au crâne une position horizontale convenable à la hauteur des parties subsistantes des lames orbitaires, et que la ligne ascendante touche la surface du frontal derrière les arcades sourcilières, l'angle facial n'excède pas 56°. Malheureusement aucune partie des os faciaux dont la conformation est si importante, quant à la forme et à l'expression de la tête, n'a été conservée. La capacité crânienne, mise en regard du développement extraordinaire du squelette, semble indiquer un développement cérébral très petit. Dans son état actuel, le crâne contient environ 31 onces de graine de millet ; si l'on tient compte des os qui manquent en proportion de ceux qui restent, toute la cavité crânienne devait avoir 6 onces de plus, en sorte que l'on peut évaluer à 37 onces son contenu total s'il avait été intact. Tiedemann assigne comme capacité du nègre 40, 38 et 35 onces. Le crâne a une capacité cubique de 1,033 centimètres cubes. Huschke évalue à 1,127 centimètres cubes la capacité crânienne d'une négresse, à 1,146 celle d'un vieux nègre. »

Après avoir comparé le crâne de Neanderthal avec un grand nombre d'autres, anciens et modernes, le professeur Shaafhausen conclut ainsi :

« Les ossements humains et le crâne de Neanderthal dépassent tous les autres dans ces particularités de conformation qui peuvent conduire à cette conclusion qu'ils appartiennent à une race barbare et sauvage. Que la caverne dans laquelle ils ont été trouvés, sans aucune trace d'art humain, fut le lieu de leur sépulture, ou, comme les ossements d'animaux étaient ailleurs, qu'ils y aient été entrainés par des actions géologiques, ils peuvent dans tous les cas être considérés comme la trace la plus ancienne des habitants primitifs de l'Europe. »

Quelque temps après la publication de la traduction du mémoire du professeur Shaafhausen, je fus amené à étudier le moule du crâne de Neanderthal, avec plus d'attention que je n'en avais mis jusqu'alors : je voulais donner à sir Charles Lyell un diagramme montrant les particularités de ce crâne, comparé aux autres crânes humains ; à cet effet, il était nécessaire de déterminer avec précision les points anatomiques qui devaient être comparés chez les différents spécimens. Parmi ces points, la glabelle était l'un des mieux marqués ; je pris ensuite un second point limité par la protubérance occipitale et la ligne semi-circulaire supérieure, et je plaçai l'une sur l'autre le tracé du crâne de Neanderthal, et celui du crâne d'Engis, dans une situation telle, que la glabelle et la protubérance occipitale externe de chacun d'eux fussent sur la même ligne droite : la différence qui fut alors constatée était si considérable et l'aplatissement du crâne de Neanderthal si énorme (comparez fig. 35, A, et 39, A), que tout d'abord j'imaginai que j'avais commis quelque erreur. J'étais même d'autant plus disposé à l'admettre que dans les crânes humains ordinaires, la protubérance occipitale et la ligne courbe semi-circulaire supérieure, qui est sur la face externe de l'occipitale, répondent presque strictement, à l'intérieur, avec les sinus latéraux et avec la ligne d'insertion du tentorium ou tente du cerveau.

Sur le tentorium repose, ainsi que j'ai dit dans mon précédent essai, le lobe postérieur du cerveau ; en sorte que la protubérance occipitale et la ligne courbe en question indiquent approximativement les limites inférieures de ce lobe. Était-il possible qu'un être humain eût à ce point le cerveau aplati et déprimé, ou bien les insertions musculaires avaient-elles changé leur situation naturelle ? En vue de mettre fin à ces doutes et de décider la question, de savoir si l'énorme projection de la région sourcilière dépendait ou non du développement des sinus frontaux, je priai sir

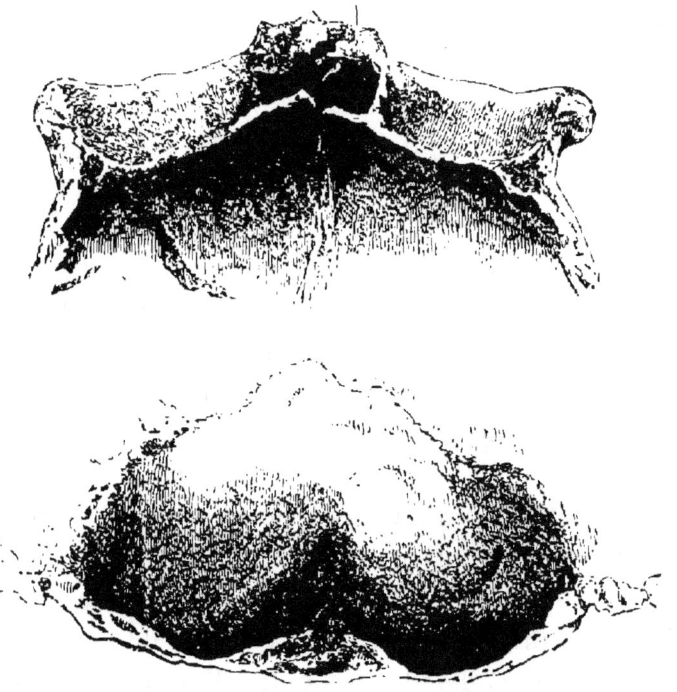

Fig. 42 et 43. — Parties intérieures du crâne de Neanderthal. Dessins, d'après les photographies du D' Fuhlrott. — A, Vue de la face interne et inférieure de la région frontale montrant les orifices inférieurs des sinus frontaux *a*. — B, Vue analogue de la région occipitale montrant l'empreinte des sinus latéraux *aa*.

Charles Lyell d'obtenir du D' Fuhlrott, possesseur du crâne, des réponses à certaines questions, ou, si ia chose était possible, un moule, ou tout au moins, enfin, des dessins ou des photographies représentant l'intérieur du crâne.

Le Dr Fuhlrott répondit à mon enquête avec une courtoisie et une promptitude dont je lui suis extrêmement reconnaissant, et il m'envoya ultérieurement trois excellentes photographies. L'une d'elles nous donne, de ce crâne, une vue de profil que nous avons fait graver (fig. 39); la seconde (fig. 39), nous montre les vastes orifices des sinus frontaux sur la face inférieure de la portion frontale du crâne, sinus dans lesquels, dit le Dr Fuhlrott, « une sonde peut être introduite à la profondeur d'un pouce »; cette même figure fait voir le grand développement des arcades sourcilières épaissies au-delà de la cavité cérébrale. La troisième enfin (fig. 40) représente le bord de l'occipital et la face interne de la région postérieure du crâne; elle montre très clairement les deux dépressions des sinus latéraux qui convergent vers la ligne centrale de la voûte du crâne pour former le sinus longitudinal supérieur. Il était donc clair que je ne m'étais pas trompé dans mon interprétation, et que le lobe postérieur du cerveau de l'homme de Neanderthal devait avoir été aussi aplati que je l'avais supposé.

Le crâne de Neanderthal offre donc réellement les caractères les plus extraordinaires. Sa longueur extrême est de 202 millimètres, sa largeur est seulement de 144 millimètres, ou, en d'autres termes, sa longueur est à sa largeur comme 100 est à 72; il est extrêmement déprimé puisqu'il mesure seulement 86 millimètres, de la ligne glabello-occipitale au point le plus élevé de sa courbe; l'arc longitudinal mesuré de la même façon que sur le crâne d'Engis (page 105), est de

303 millimètres ; l'arc transversal ne peut pas être exactement mesuré, en raison de l'absence des os temporaux ; mais on suppose avec probabilité qu'il était à peu près égal au précédent ; en tout cas, il excède 255 millimètres. La circonférence horizontale est de 571 millimètres ; mais ce chiffre élevé est dû, en grande partie, au vaste développement des arcades sourcilières, quoique, à la vérité, le périmètre interne du crâne ne soit point petit. Le volume considérable de la région sourcilière donne, en effet, au front l'aspect beaucoup plus *fuyant* que le contour interne du crâne ne semble l'annoncer.

Pour l'œil d'un anatomiste, la partie postérieure du crâne est encore plus frappante que l'antérieure. La protubérance occipitale est située à l'extrémité postérieure du crâne, quand on met sur un plan horizontal la ligne glabello-occipitale, et bien loin qu'une partie quelconque de la région occipitale dépasse ce point, cette région du crâne glisse obliquement du haut en bas et d'arrière en avant, en sorte que la suture lambdoïde est située sur la face supérieure du crâne. En même temps et malgré la grande longueur du crâne, la suture sagittale est remarquablement courte (112 millimètres), et la suture écailleuse est très droite.

En réponse à mes questions, le Dr Fulhrott m'écrivit encore que l'occipital :

« ...Est dans un état de conservation parfaite, non moins que la ligne semi-circulaire supérieure qui forme une saillie très accusée, linéaire à ses extrémités, mais s'élargissant vers le milieu, où elle forme deux saillies réunies par une ligne ininterrompue, qui est légèrement déprimée au centre.

« Sous le bourrelet gauche, l'os offre une surface oblique de 6 lignes de longueur sur 12 de largeur. »

Ceci doit s'appliquer au tracé qui est au-dessous de *b*, figure 39 ; c'est là une particularité intéressante, car elle établit que, malgré l'aplatissement de l'occiput, les lobes postérieurs du cerveau s'avançaient notablement au-delà du cervelet, et de plus, parce que cela constitue l'un des nombreux points similaires du crâne de Neanderthal et de certains crânes australiens.

Telles sont les deux formes les mieux connues des crânes humains, qui aient été découvertes dans ce qui peut s'appeler un état fossile. L'une ou l'autre peut-elle, à un degré appréciable quelconque, diminuer à nos yeux ou remplir l'espace qui, anatomiquement, existe entre l'homme et le singe anthropomorphe ? ou bien ni l'une ni l'autre de ces formes ne se distingue-t-elle plus profondément de la structure moyenne du crâne humain que ne le font, à notre connaissance, les crânes normalement développés étudiés jusqu'à ce jour ?

Variétés de la structure humaine. — Il est impossible de se former une opinion quelconque sur ce double problème, sans entrer dans l'étude préliminaire des variétés que nous montre la structure humaine en général, sujet qui a été jusqu'à ce jour imparfaitement étudié, quoique, même pour exposer ce que nous en savons, les limites de ce travail soient insuffisantes et m'obligent à ne tracer qu'une esquisse incomplète.

L'anatomiste le moins expert sait parfaitement qu'il n'y a pas un seul organe du corps humain dont la conformation générale ne varie dans des limites plus ou moins étendues chez les divers individus. Le squelette offre des proportions variables et même, jusqu'à certains points, différentes. Les muscles qui meuvent les os changent notablement leurs points d'insertion, les variétés dans le mode de distribution des artères sont soigneusement classées en raison de l'importance chirurgicale qu'offre la connaissance de leurs anomalies. Les caractères cérébraux sont extrêmement variables, car rien n'est moins constant que la forme et le volume des hémisphères, le nombre des circonvolutions de la surface du cerveau et j'ajouterai — ces caractères eux-mêmes, plus inconstants que tous les autres, que très imprudemment on a tenté de donner comme caractères distinctifs de l'homme, à savoir : la corne postérieure du ventricule latéral, le petit hippocampe et le degré de projection du lobe postérieur du cerveau sur le cervelet. Enfin, ainsi que chacun le sait, les cheveux et la peau des êtres humains peuvent offrir les diversités les plus extraordinaires de couleur et de texture.

Pour autant que les connaissances actuelles nous permettent de le dire, le plus grand nombre des variétés de structure que nous venons d'énumérer sont individuelles. La disposition simienne de certains muscles que l'on rencontre çà et là[1] dans les races blanches du genre humain, n'est pas, que l'on sache,

----

[1] M. Church, *Natural history Review*, 1861. Voyez l'excellent *Essay on myology of oranug*.

plus fréquente parmi les nègres ou parmi les Australiens; et ce n'est pas parce que le cerveau de la Vénus hottentote était plus lisse, que ses circonvolutions étaient plus symétriques et que, à ces points de vue, elle tenait du singe plus que les Européens ordinaires — que l'on sera en droit de conclure qu'un semblable état anatomique du cerveau est général parmi les races humaines inférieures, quelque probable d'ailleurs que puisse être cette condition.

Il est fâcheux, en effet, que nous manquions de renseignements sur les parties molles des différentes races d'hommes, sauf de la nôtre, et, même pour ce qui est du système osseux, nos collections sont malheureusement dépourvues de toutes les parties autres que la tête. Il y a des crânes en assez grand nombre, et depuis le temps où Blumenbach et Camper appelèrent l'attention sur les différences notables et singulières qu'ils nous révèlent, la collection et la mensuration des crânes sont devenues une branche de l'histoire naturelle, étudiée avec zèle; les résultats qu'elle a fournis ont été groupés et classés par différents auteurs, parmi lesquels l'actif et savant Retzius doit toujours être cité le premier [1].

Différences des crânes humains. — Les crânes humains diffèrent les uns des autres, non seulement par leur volume absolu et par la capacité des parties qui logent le cerveau, mais encore par la proportion relative de leurs différents diamètres, par le volume relatif des os de la face (et plus particulièrement de

---

[1] Voyez Quatrefages et Hamy, *Crania ethnica, les crânes des races humaines.* Paris, 1874-1882.

la mâchoire et des dents), comparés à ceux du crâne, par le degré auquel la mâchoire supérieure (qui est nécessairement suivie par l'inférieure) est rejetée en arrière et en bas sous la ligne de la région frontale, ou en avant et en haut, au-delà de cette ligne ; ils diffèrent encore par la relation du diamètre transverse de la face, pris d'un os malaire à l'autre, au diamètre transverse du crâne ; par la forme plus arrondie ou plus conique de la voûte du crâne et par le degré d'aplatissement du crâne dans sa région postérieure ou, au contraire, par sa projection au-delà de la ligne, à laquelle et au-dessous de laquelle s'insèrent les muscles du cou.

Brachycéphales et Dolichocéphales. — Dans quelques crânes, le cerveau peut être appelé *rond*, la longueur extrême ne dépassant pas l'extrême largeur dans une proportion supérieure à 100 : 80, quoique la différence puisse être beaucoup moindre[1].

Les hommes qui ont des crânes de cette forme, ont été appelés, par Retzius, *brachycéphales ;* le crâne de Kalmouck, dont de Baer a publié des vues de face et de profil (nous en donnons une copie réduite fig. 44 et 45)[2], nous fournit un exemple admirable de ce genre.

D'autres, tels que celui du nègre, représenté fig. 46 et 47 d'après M. Busk[3], ont une forme très différente, très allongée, et peuvent être appelés *oblongs ;* chez ce sujet, la longueur extrême est à la plus grande lon-

[1] Dans aucun crâne humain normal la largeur du crâne n'excède sa longueur.
[2] Retzius, *Crania selecta.*
[3] Busk, *Crania typica.*

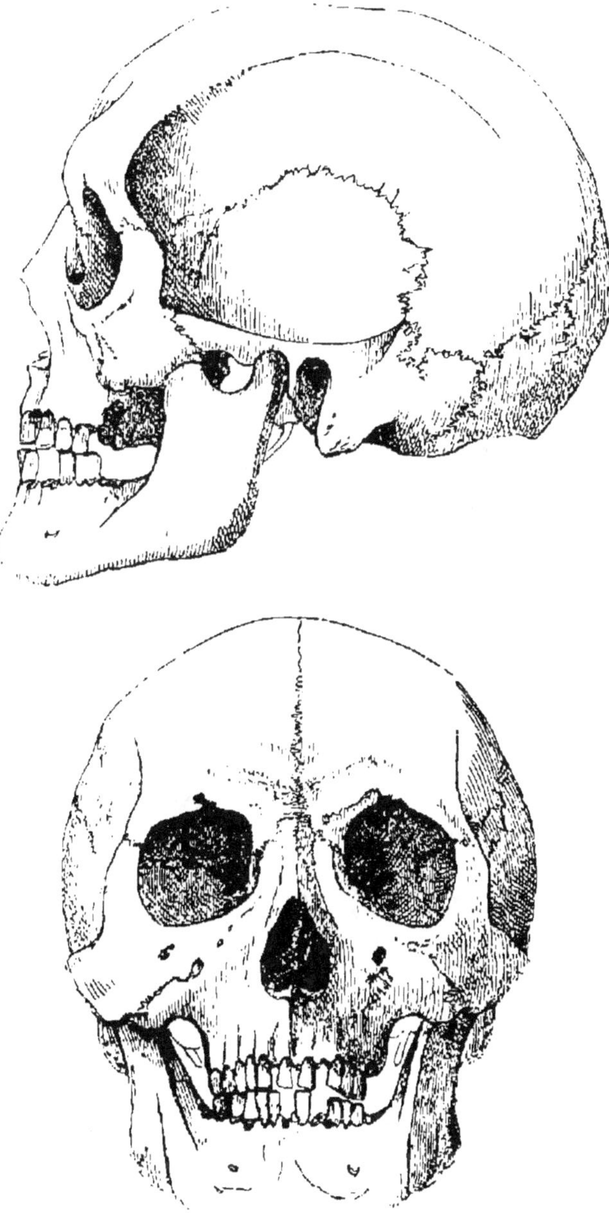

Fig. 44 et 45. — Vues de profil et de face d'un crâne de Kalmouck rond et orthognathe, d'après von Baer (1/3 de la grandeur naturelle).

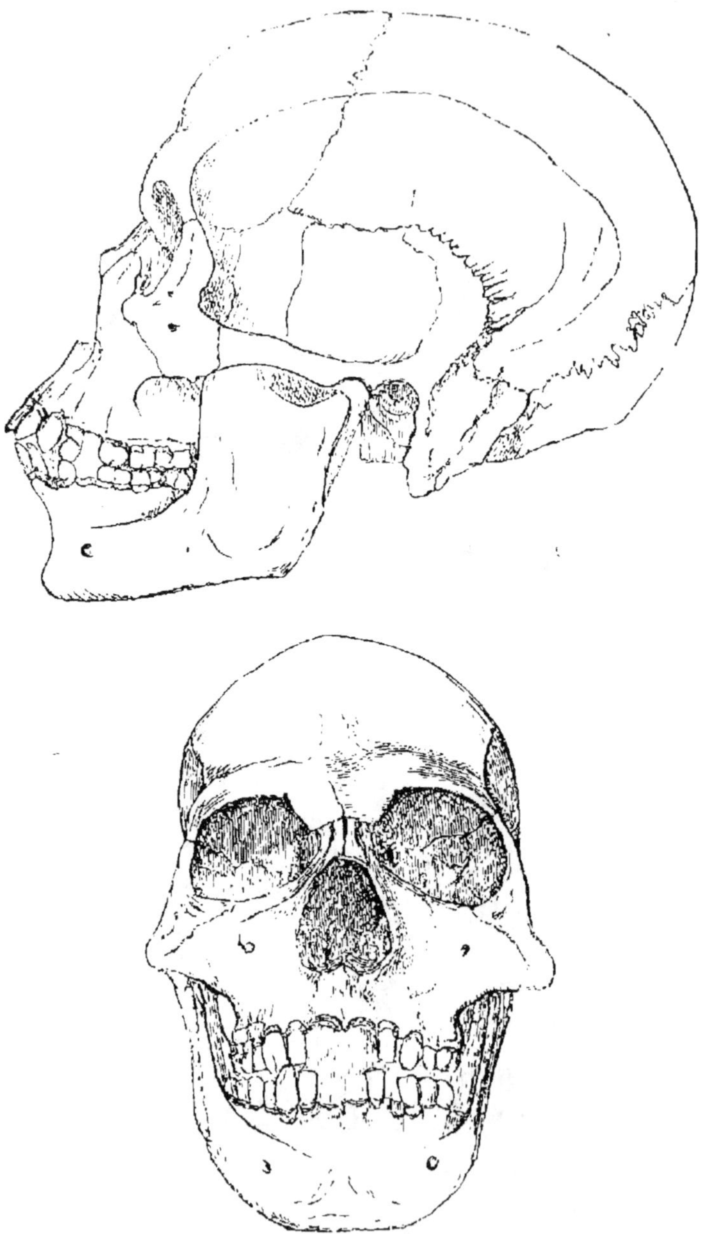

Fig. 46 et 47. — Vues de face et de profil d'un crâne oblong et prognathe
d'un nègre (1/3 de la grandeur naturelle).

gueur comme 100 est à 67, et le diamètre transverse peut même descendre au-dessous de ces proportions.

Les individus qui offrent cette forme de crâne ont été appelés, par Retzius, *dolichocéphales*.

Le coup d'œil le plus superficiel jeté sur les vues de profil de ces deux crânes suffira pour prouver qu'ils diffèrent, à un autre point de vue, d'une manière très frappante. Le profil de la face de Kalmouck est presque vertical ; les os de la face sont inclinés du haut en bas et sous la partie antérieure du crâne. Le profil de la tête de nègre, d'un autre côté, offre une singulière inclinaison : la partie antérieure des mâchoires se projette beaucoup au-delà du niveau de la région antérieure du crâne. Dans le premier cas, le crâne est dit *orthognathe* ou à mâchoire droite ; dans le second, il est appelé *prognathe*, expression qui rend avec plus de force que d'élégance l'équivalent saxon *snouty* (qui ressemble à un museau ou groin).

Orthognathisme et Prognathisme. — Diverses méthodes ont été imaginées en vue d'exprimer avec quelque précision le degré de prognathisme et d'orthognathisme d'un crâne quelconque ; mais la plupart de ces méthodes ne sont autre chose que des modifications de celle qu'a inventée Pierre Camper, pour obtenir ce qu'il appelait l'*angle facial*. Le plus léger examen montrera que quelque angle facial que l'on détermine, il ne pourra jamais exprimer que d'une manière grossière et très sommaire les modifications anatomiques qu'entraînent l'orthognathisme ou prognathisme, car les lignes dont l'intersection constitue l'angle facial, passent par des points du crâne dont la situation est modifiée par un grand nombre de circonstances, en sorte que l'angle obtenu est une résultante complexe de toutes ces circonstances, et n'est point l'expression d'un rapport organique bien déterminé des diverses parties du crâne.

Angles crâniens. Axe basi-crânien. — Je suis arrivé à cette conviction, que les comparaisons crâniennes n'ont de valeur sérieuse que si elles sont établies sur la détermination d'une ligne fondamentale relativement fixe, à laquelle les mesures doivent être rapportées dans tous les cas; et je ne pense point, au surplus, qu'il y ait quelques difficultés à décider quelle doit être cette ligne fondamentale.

Les parties du crâne, de même que celles du reste de la charpente animale, se développent successivement ; la base du crâne est formée avant ses parois latérales et sa voûte ; elle est convertie en cartilage bien plus tôt et plus complètement que ces régions ; et cette base cartilagineuse s'ossifie et se soude en une seule pièce bien avant la voûte. Je conçois alors que la base du crâne peut être considérée, au point de vue du développement, comme sa portion relativement fixe, sa voûte et ses parois latérales étant relativement mobiles. Cette même vérité se vérifie par l'étude des modifications que subit le crâne en s'élevant des animaux inférieurs à l'homme. Chez un mammifère tel que le castor (fig. 48), une ligne (*ab*), tracée à travers les os, est appelée *basi-occipitale, basi-sphénoïde, présphénoïde*[1], est très longue, rela-

---

[1] Le traducteur ayant demandé à M. Huxley quelques explications complémentaires au sujet du procédé de mensuration dont

tivement à la plus grande longueur de la cavité qui contient les hémisphères cérébraux (*gh*). Le plan du trou occipital (*bc*) forme un angle légèrement aigu avec cet axe basi-crânien, tandis que le plan de la tente (*i*T) est incliné un peu plus de 90 degrés sur ce même axe. Le plan de la lame criblée de l'ethmoïde (*ad*), par laquelle les nerfs olfactifs sortent du crâne, affecte le même angle, en outre, une ligne, tirée par l'axe de la face, entre les os appelés ethmoïdes et vomer, axe basi-facial (*fe*) donne un angle extrêmement obtus lorsque, prolongé, elle coupe l'axe basi-crânien. Appelons *angle occipital*, l'angle que fait la ligne *bc* avec la ligne *ab*; *angle olfactif*, l'angle fait par la ligne *ad* avec *ab*; *angle tentorial*, enfin, l'angle formé par *i*T avec *ab* : tous ces angles, chez le mammifère en question, sont presque droits et varient entre 80 et 110 degrés. L'angle *efb*, constitué par l'axe crânien et l'axe facial, et qui peut être appelé *angle crânio-facial*, est extrêmement obtus et s'élève chez le castor à 150 degrés au moins.

la description va suivre, M. Huxley a bien voulu lui donner, sous forme de lettre, les explications suivantes :

La ligne *ab* basi-occipitale est supposée tracée du milieu du bord antérieur du trou occipital à l'extrémité antérieure du sphénoïde (*suture ethmoïdo-sphénoïdale*) Cette ligne traverse donc entièrement les portions de l'occipital et du sphénoïde, qui forment la véritable base du crâne. Quant à la ligne basi-faciale (*fe*) qui passe entre l'ethmoïde et le vomer, je lui ai substitué, dans un travail ultérieur (*On two widely contrased forms of the cranium*), une ligne qui dans les crânes humains est plus commode, et qui est tracée de l'extrémité antérieure de la ligne basi-crânienne au bord nasal du maxillaire supérieur. On verra, dans une note de la page 148. les relations que peut avoir la méthode de M. Huxley et celle des savants qui ont des procédés de mensurations angulaires. (*Trad.*)

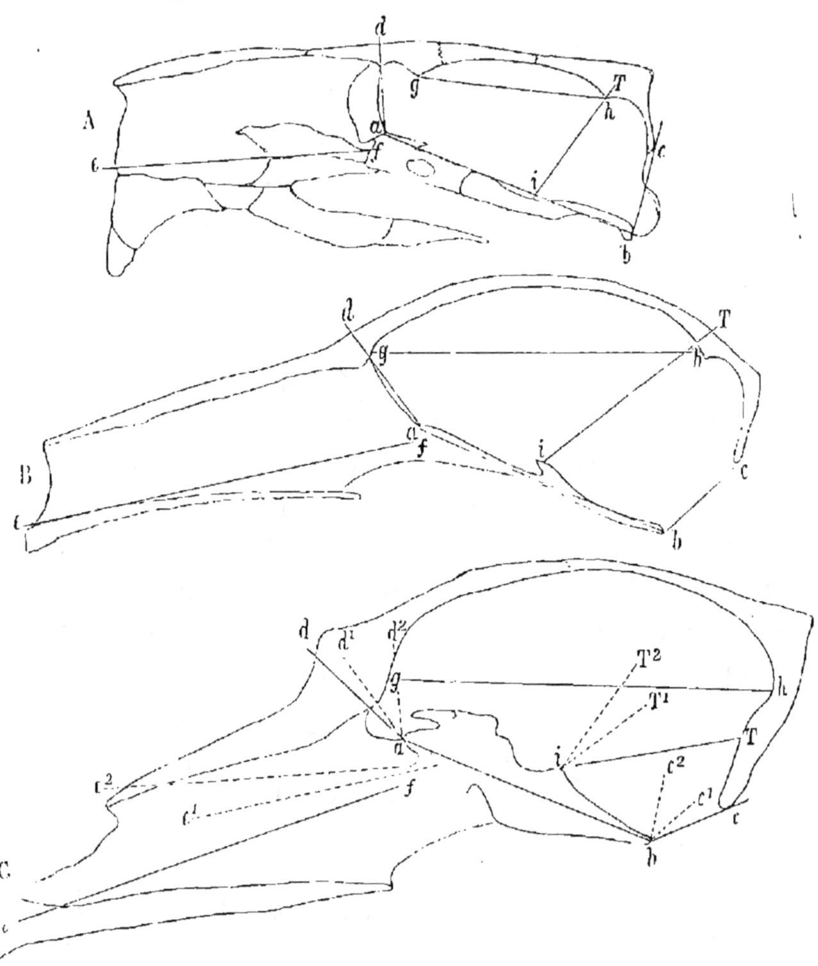

Fig. 48, 49, 50. — Sections longitudinales et verticales des crânes d'un castor (*G. Canadensis* A), d'un lémurien (*L. Catta* B) et d'un babouin (*Cynoc. papio* C); *ab*, axe basi-crânien; *bc*, plan occipital; *iT*, plan de la tente du cervelet; *dab*, angle olfactif; *cfb*, angle crânio-facial; *gh*, longueur extrême de la cavité qui contient les hémisphères cérébraux, ou longueur cérébrale, la longueur de l'axe basi-crânien par rapport à la longueur cérébrale, ou, en d'autres termes, la longueur proportionnelle de la ligne *gh* à la ligne *ab* représentée par 100 est, dans les trois crânes : *castor*, 70 ; *lémurien*, 119 ; *babouin*, 144. Chez un gorille mâle adulte, cette même longueur égale 170 ; chez le nègre (fig. 37), elle égale 236. Dans le crâne de Constantinople (fig. 39), elle égale 266. La différence qui existe entre le singe le plus élevé et l'homme le plus inférieur est mise en évidence de la manière la plus saisissante par cette méthode de mensuration. Dans le diagramme du crâne de babouin, les lignes ponctuées *d′ d″* donnent les angles des crânes de lémurien et de castor, superposées sur l'axe basi-crânien du babouin. La ligne *ab* a la même longueur dans chacun des diagrammes

Mais si l'on étudie une série de sections de crânes de mammifères intermédiaires aux rongeurs et à l'homme, on trouvera que dans les crânes les plus élevés l'axe basi-crânien devient de plus en plus petit relativement à la longueur du cerveau ; que l'angle olfactif et l'angle occipital deviennent plus obtus, et l'angle crânio-facial devient plus aigu par l'inclinaison de l'axe facial sur l'axe crânien. En même temps la voûte du crâne devient de plus en plus arquée pour se mettre en harmonie avec les hauteurs croissantes des hémisphères cérébraux, éminemment caractéristiques de l'homme, aussi bien qu'avec leur développement au-delà du cervelet, qui atteint son maximum chez les singes de l'Amérique du Sud ; en sorte que, tout au moins dans le crâne humain la longueur du cerveau est entre deux et trois fois aussi grande que la longueur de l'axe basi-crânien. La lame criblée est à 20 ou 30 degrés du côté inférieur de cet axe ; l'angle occipital peut être de 150 ou 160 degrés, au lieu d'être au-dessous de 90 degrés ; l'angle crânio-facial, de 90 ou même moins, et la hauteur verticale du crâne peut être considérable par rapport à sa longueur. D'après l'inspection des diagrammes ci-contre, il est évident que l'axe basi-crânien est, en s'élevant dans la série ascendante des mammifères, une ligne relativement fixe, autour de laquelle les os des parois latérales de la cavité crânienne de la voûte et de la face peuvent être considérés comme tournant en bas, en avant ou en arrière selon leur position. Cependant, l'arc décrit de la sorte par un os quelconque, ou par un plan, n'est en aucune façon toujours en proportion de l'arc décrit par un autre.

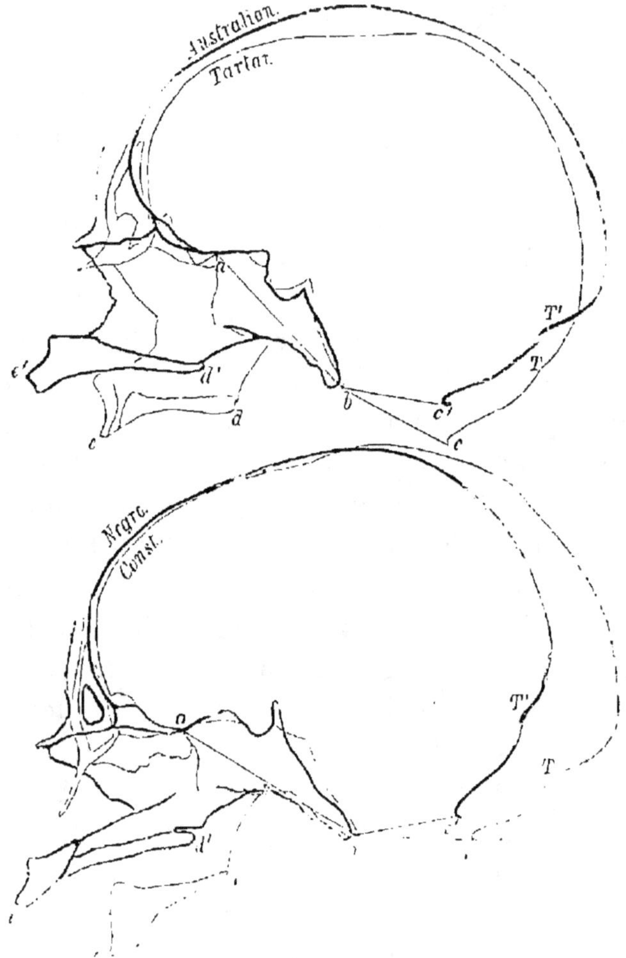

Fig. 51 et 52. — Sections de crânes orthognathes (contours clairs), et prognathes. (contours foncés) au tiers de la grandeur naturelle. — *a, b*. Axe basi-crânien — *b c, b' c'*. Plan du trou occipal. — *d, d'*. Extrémités postérieures des os palatins. — *e, e'*. Extrémité antérieure de la mâchoire supérieure. — T T'. Insertion de la tente du cerveau.

Vient maintenant la question importante de savoir si nous pouvons distinguer, parmi les formes les plus inférieures et parmi les plus élevées du crâne humain. un point quelconque, répondant à un degré quelconque, si léger qu'il puisse être, de cette révolution des os latéraux et des os de la voûte du crâne autour de l'axe basi-crânien, observée sur une grande échelle dans la série des mammifères. De nombreuses observations me conduisent à croire que nous devons répondre à cette question par l'affirmative. Les diagrammes de la figure 51 et 52 sont réduits d'après les diagrammes, soigneusement tracés, des sections de quatre crânes, dont deux arrondis et orthognathes, deux allongés et prognathes, pris longitudinalement et verticalement à travers le centre.

Les diagrammes des sections ont été recouvertes de telle façon, que les axes basiaires des crânes coïncident par leur extrémité antérieure et dans leur direction respective. Les déviations des autres parties du tracé, qui représentent l'intérieur des crânes seulement, nous donnent les différences de ces crânes, de l'un à l'autre, quand leurs axes sont considérés comme des lignes relativement fixes. Les contours noirs sont ceux d'un crâne d'Australien et d'un nègre. Les contours clairs sont ceux d'un crâne tartare qui est au musée du Collège royal des chirurgiens de Londres, et d'un crâne arrondi bien développé de race incertaine, qui est en ma possession, et qui provient d'un cimetière de Constantinople.

Plan du trou occipital. — On voit, au premier coup d'œil sur ces derniers, que les crânes prognathes, au moins en ce qui concerne les mâchoires, diffèrent réellement des orthognathes à peu près de la même sorte,

quoique à un moindre degré, que les crânes des mammifères inférieurs diffèrent de ceux de l'homme. En
outre, le plan du trou occipital (*bc*) forme avec l'axe
(*ab*) un angle, en quelque sorte, plus petit dans les
crânes spécialement prognathes que dans les orthognathes ; et la même chose est à peu près vraie de
la lame perforée de l'éthmoïde, quoique cela ne soit
pas aussi clair. Mais on remarquera cette particularité
que les crânes prognathes sont, à certain point de
vue, moins semblables à ceux des singes que ne le sont
les orthognathes, car la cavité cérébrale se projette
plus nettement au-delà de l'extrémité antérieure de
l'axe, chez les crânes des prognathes, qu'elle ne le fait
chez les orthognathes.

On notera aussi que ces diagrammes montrent une
grande série de variations dans la capacité et dans les
proportions relatives à l'axe crânien, des différentes
parties du crâne qui contiennent le cerveau proprement dit. La différence dans la portion de la cavité
cérébrale qui dépasse la cérébelleuse n'est pas moins
singulière. Un crâne rond (fig. 39 *Const.*) peut avoir
une proportion cérébrale postérieure plus grande
qu'un crâne allongé (fig. 38 *Negro*).

Jusqu'à ce que les crânes humains aient été profondément étudiés avec des procédés semblables à ceux
que je suggère ici ; jusqu'au jour où ce sera un opprobre
pour une collection ethnologique de posséder un seul
crâne qui n'aurait pas été coupé longitudinalement ;
jusqu'au jour où les angles et les mesures que je viens
de mentionner, ainsi que nombre d'autres dont je ne
puis ici parler, auront été déterminés et établis en

tableau par rapport à l'axe basi-crânien pris comme unité, et cela pour un nombre considérable de crânes des différentes races du genre humain, je ne pense pas que nous puissions avoir aucune base certaine pour cette crâniologie ethnique, qui aspire à donner les caractères anatomiques des crânes des races humaines [1].

[1] Parmi les nombreuses méthodes de mensurations angulaires, il faut mentionner celle qui est due à Virchow, et qui a pris un développement considérable entre les mains de Welcker. Nous voulons parler de l'angle sphénoïdal dont il a déjà été question : cet angle est formé par l'intersection de la ligne NS, qui part de la racine du nez ou suture fronto-nasale, avec la ligne BS, qui part du bord antérieur B du trou occipital. Le point d'intersection S est situé au bord antérieur de la selle turcique, derrière les deux trous optiques.

Chacun des autres angles du quadrilatère facial a donné des résultats importants. Mais l'angle sphénoïdal est à coup sûr le plus significatif. On comprend, en effet, à la seule inspection de la figure, qu'il sera d'autant plus ouvert, que la grandeur de la face par rapport au crâne sera considérable et inversement, de sorte qu'il doit diminuer à mesure que l'intelligence s'accroît. C'est, en effet, ce qu'a vérifié Welcker, qui a trouvé les séries suivantes : sur 30 crânes allemands normaux, moyenne 134°; 30 crânes de femmes, moyenne 138°; six nègres, 144°; 8 nouveau-nés, moyenne 141°; 10 enfants de 10 à 15 ans, moyenne 137°; 3 nègres, 138°; 1 idiot, 145°; 1 chimpanzé, 149°; jeune orang, 155°; orang adulte, 174°; orang vieux, 180°. Trois crânes de sagous bruns ont fourni la même progression d'accroissement de l'angle, à mesure que l'intelligence diminuait, c'est-à-dire que l'âge augmentait, ce qui est de règle chez les singes.

L'angle nasal ENB (fig 53) mesure, selon Welcker, le prognathisme de la face ; il croît avec l'angle sphénoïdal, c'est-à-dire qu'il diminue à mesure que l'intelligence s'accroît. Nous ne pouvons entrer dans plus de détails sur les triangulations crâniennes ; tout en reconnaissant l'avantage qu'il y a à prendre des mesures sur un crâne ouvert, le procédé de M. Broca, au moins pour ce qui est de l'angle sphénoïdal, évite une section, autrefois indispensable ; ce qui, vu la nécessité de prendre des moyennes *stables* sur un grand nombre de crânes, rendait l'angle en question peu pratique, ainsi que l'a fait justement remarquer Bertillon dans son excellent article *Angles céphaliques*, du *Dict. encycl. des sc. médicales* (*Trad.*).

Distribution des formes crâniennes sur le globe. — Quant à présent, je crois que l'on peut esquisser en peu de mots tout ce qui, sur ce sujet, peut être dit avec quelque certitude.

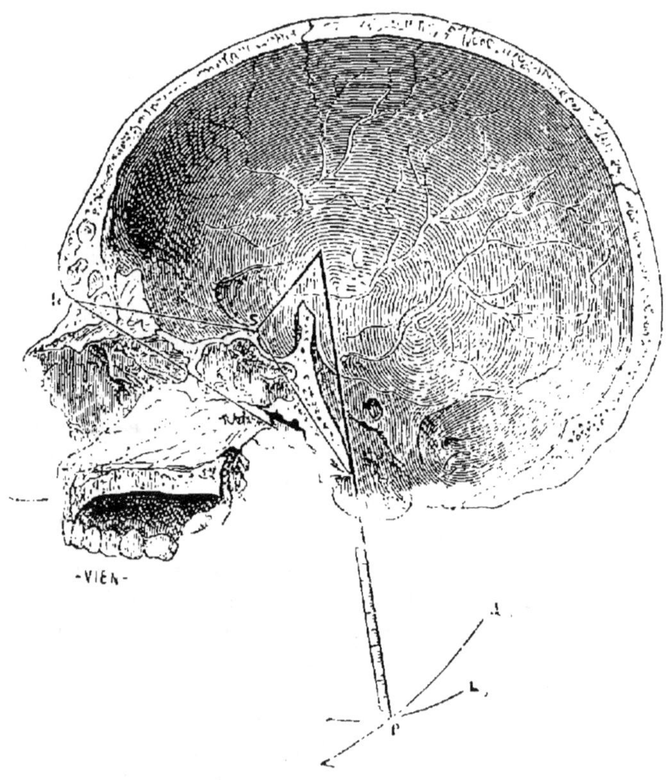

Fig. 53. — Angle sphénoïdal. Procédé de mensuration de Broca. NSB. angle sphénoïdal; ENB. angle nasal; BR. base du triangle facial; ENSB. quadrilatère facial; E, angle dentaire; N, angle nasal; S, angle sphénoïdal; B. angle occipital. Le crochet est destiné à montrer un procédé de mensuration de cet angle, sans ouvrir le crâne, dû à M. Broca. (*Bull. de la Soc. d'anthr.*, 1865. p. 565.)

Tracez une ligne sur un globe terrestre, de l'ouest de l'Afrique (*Côte d'Or*) aux steppes de la Tartarie.

A l'extrémité méridionale et occidentale de cette

ligne, vit la race d'hommes la plus dolichocéphalique, prognathe, aux cheveux frisés et à la peau noire — les vrais nègres.

A l'extrémité septentrionale et orientale de cette ligne, vivent les hommes les plus brachycéphales, orthognathes, aux cheveux lisses et à la peau jaune — les Tartares et les Kalmoucks.

Les deux extrémités de cette ligne imaginaire sont pour ainsi dire des *antipodes ethniques* [1]. Une ligne

---

[1] Depuis cet ouvrage, M. Huxley a publié un mémoire que nous avons déjà eu occasion de citer (p. 140), et qui contient implicitement une méthode que nous devons signaler en même temps que des documents crâniologiques trop importants pour que nous laissions passer l'occasion de les faire connaître aux anthropologistes français. Ce mémoire de 16 pages, lu à la réunion de l'Association britannique de Birmingham en 1866, a pour titre : *Sur deux formes extrêmement contrastées du crâne humain.* La méthode, à nos yeux, et sans que M. Huxley fasse mention de son dessein, consiste à rechercher et à décrire les formes crâniennes extrêmes, afin de déterminer pour des points de repère précis les types intermédiaires, et cela pour chacun des éléments principaux de la structure crânienne. Ces éléments ne sont pas très nombreux. En première ligne, il faudrait placer les relations angulaires de la face et de la partie du crâne qui loge le cerveau : en seconde ligne, les proportions relatives de la longueur et de la largeur du crâne ou l'indice céphalique ; cet indice devrait pouvoir être rapporté à la portion du crâne, antérieure ou postérieure, qui l'a déterminé, ainsi que Broca l'a établi pour les crânes des Basques (dolichocéphalie *occipitale* ou *frontale*) ; en troisième ligne, le diamètre vertical maximum, ou mieux encore l'indice vertical, c'est-à-dire le rapport du diamètre longitudinal au vertical, rapport qui selon Gaussin augmente ou diminue proportionnellement à l'indice céphalique ; disons en passant, que, selon de Khanikof, le diamètre vertical est constamment égal au tiers de la somme des deux autres (*Bull. de la Soc. d'anthr.*, 1865, p 141 et 184) ; en quatrième ligne, la capacité crânienne. Sans contester la valeur des cinquante ou soixante mensurations indiquées par les crâniologistes, je crois que, pour arriver à de grands groupes, les quatre éléments que je viens de signaler,

tirée à angle droit ou à peu près, sur cette ligne polaire qui va de l'Europe et de l'Asie méridionale à l'Hindoustan, nous donnerait une sorte d'équateur autour duquel se groupent les têtes arrondies, les ovalaires, les oblongues, les prognathes et les orthognathes, les races claires et les races foncées ; mais nulle d'entre elles ne possède les caractères excessivement marqués

rapportés aux formes extrêmes, suffiraient à déterminer des classements mathématiques, et auraient en outre l'avantage de faciliter le travail d'observation ; de la note de M. Huxley, j'extrairai donc les éléments qui peuvent s'y rapporter et ceux qui, d'ailleurs, sont les plus frappants.

Les deux crânes à formes extrêmes — qui probablement sont les formes normales les plus extrêmes — proviennent, l'un d'un Tartare, et le second est attribué vaguement à un indigène de la Nouvelle-Zélande. Mais M. Huxley croit qu'il y a eu là une erreur et que ce crâne est australien, opinion que, dès le premier coup d'œil, on est disposé à partager. Le premier appartient au musée des chirurgiens de Londres, le second à M. J.-B. Sedgwick. Mais, comme la provenance des crânes n'a pour ce qui nous occupe en ce moment qu'un intérêt secondaire, acceptons les dénominations de Tartare et d'Australien comme les plus vraisemblables. Cela convenu, disons que les diamètres longitudinaux sont, en millimètres (réduits d'après les mesures données en $\frac{1}{100}$ de pouce) : tartare 169,5, australien 191 ; diamètre vertical (pris du bord antérieur du trou occipital au point de jonction des sutures coronales et sagittales) : tartare 134, australien 145,4 ; transverse : tartare 165,7, australien 120 ; d'où l'on déduit les indices céphaliques suivants : tartare 97,7, australien 62,9 Ainsi, le crâne australien est plus long que le tartare de 215 millimètres, et le crâne tartare est plus large que l'australien de 546 millimètres. Le contenu cubique du crâne de tartare, d'après le moule de l'intérieur du crâne est évalué à 95 pouces cubes, soit 1566 cent. cubes, celui de l'australien à 80 pouces cubes, soit 1310 ; largeur extrême du frontal : tartare 130 millimètres, australien 99 ; somme toute, les contrastes extrêmes semblent se rapporter par-dessus tout aux indices céphaliques. Il est à désirer que l'on recherche les formes extrêmes pour tous les éléments crâniomorphiques. (*Trad.*)

du Kalmouck et du Nègre. Il est digne de remarque que les régions des races antipodes sont également antipodes, quant au climat, le contraste le plus grand qu'offre le monde étant peut-être celui qui existe entre les côtes humides, chaudes, brumeuses, formées par les terrains d'alluvions de l'Afrique occidentale, et d'autre part, les steppes et les plateaux arides de l'Asie centrale, steppes glaciales en hiver et aussi éloignées de la mer que peut l'être une partie quelconque des continents.

De l'Asie centrale, vers l'est, aux iles de l'océan Pacifique, d'une part, et à l'Amérique, de l'autre, les types brachycéphaliques et l'orthognathisme diminuent graduellement, et sont remplacés par les dolichocéphales prognathes, moins, cependant, sur le continent américain (sur toute la longueur duquel existe en grande majorité, mais non exclusivement, un type de crânes arrondis) [1] que dans les régions du Pacifique où reparaissent, dans le continent australien et dans les iles adjacentes, le crâne oblong, les mâchoires saillantes, la peau noire. Toutefois, à d'autres égards, ce type s'éloigne tellement du nègre, que quelques ethnologistes lui assignent le nom spécial de *négritos* ou *négroïdes* [2].

Crâne australien. — Le crâne australien est remarquable par son étroitesse et par l'épaisseur de ses

---

[1] Voyez le précieux écrit du D' D. Wilson, intitulé : *Sur la prééminence supposée d'un type crânien parmi les indigènes Américains* (*Canadian Journal*, 1857, vol. II).

[2] Voyez Verneau, *Les Races humaines*, avec une introduction par A. de Quatrefages. Paris, 1891.

parois, spécialement dans la région des arcades sourcilières, laquelle est massive fréquemment, quoique non constamment, dans toute son épaisseur, les sinus subissant un arrêt de développement. En outre, la dépression nasale est extrêmement brusque, en sorte que les arcades surplombent et donnent à la contenance une expression particulièrement basse et menaçante. La région occipitale du crâne est quelquefois moins proéminente, à ce point que non seulement elle ne s'avance pas au-delà d'une ligne abaissée perpendiculairement à l'extrémité postérieure de la ligne glabello-occipitale, mais même, dans quelques cas, elle s'incline presque tout de suite vers la région antérieure. En raison de cette circonstance, les parties occipitales qui sont au-dessus et au-dessous de la protubérance forment entre elles un angle beaucoup plus aigu que d'ordinaire ; d'où il suit que la partie postérieure de la base du crâne semble être obliquement tronquée. Beaucoup de crânes australiens ont une hauteur considérable, tout à fait égale à la hauteur moyenne des crânes de toute autre race ; mais il en est d'autres chez qui, tandis que la voûte du crâne se déprime remarquablement, il se produit une élongation telle que probablement la capacité n'est point diminuée. Le plus grand nombre des crânes qui possèdent ces caractères que j'ai pu constater, proviennent du voisinage de Port-Adélaïde, dans le sud de l'Australie et servaient aux indigènes pour leurs provisions d'eau ; à ce dessein, la face avait été brisée et une corde avait été passée à travers la cavité orbitaire d'une part et le trou occipital de l'autre, en sorte que le crâne était suspendu par la plus grande partie de sa base.

La figure 54 représente le tracé d'un crâne de ce genre, muni de sa mâchoire et provenant de Western-Port; le tracé noir représente le crâne de Neanderthal, et tous deux sont réduits au tiers de la grandeur natu-

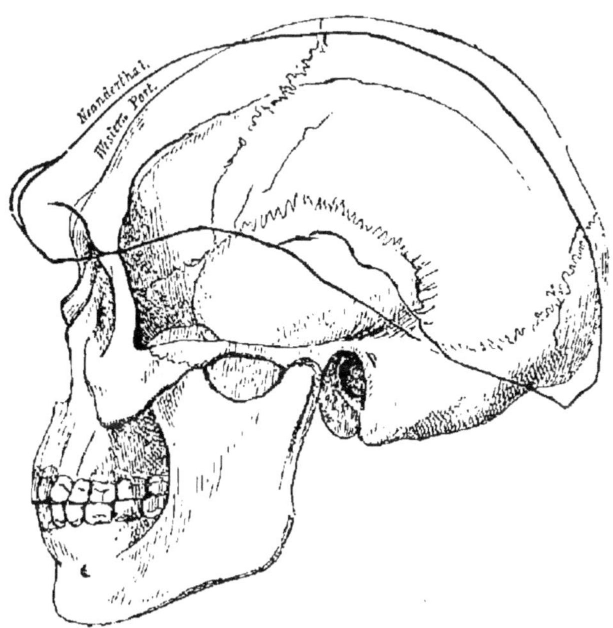

FIG. 54. — Crâne australien de Western-Port, provenant du musée du Collège des chirurgiens de Londres, avec le tracé du crâne de Neanderthal, tous deux réduits au tiers de la grandeur naturelle.

relle. On remarquera qu'il suffirait d'aplatir et d'allonger quelque peu le crâne australien en augmentant dans la même proportion les arcades sourcilières, pour le transformer en une forme identique à celle du fossile de Neanderthal, égaré parmi nous [1].

[1] M. Faudel décrit des ossements humains trouvés dans le lehm de la vallée du Rhin à Eguisheim, près de Colmar (*Bull. de la Soc.*

Jugement sur les crânes fossiles. — Et maintenant. revenons aux crânes fossiles et au rang qu'ils occupent parmi les variétés modernes des conformations crâniennes. si toutefois ils peuvent prendre place parmi elles.

En premier lieu, je dois faire remarquer que, ainsi que le professeur Schmerling l'a bien observé (voy. p. 109) dans ses commentaires sur le crâne d'Engis, —

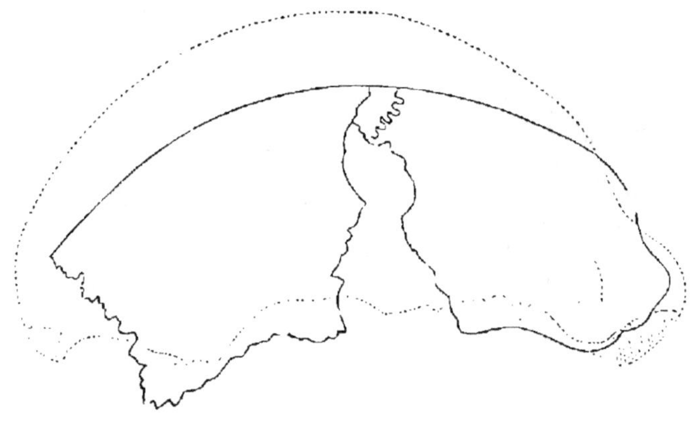

Fig. 55. — Comparaison du crâne de Neanderthal et de celui d'Eguisheim.

géol., janvier 1867), associés à une molaire de Mammouth (*E primigenius*) et à d'autres ossements de mammifères fossiles. Les os humains et ceux des mammifères offraient les mêmes caractères physico-chimiques. Nous donnons (fig. 55) d'après les *Bulletins de la Soc. d'anthrop*, 1867, p. 130) le tracé en profil du crâne de Neanderthal et de celui d'Eguisheim, on verra que le tracé du second est encore plus déprimé que celui du premier

Les crânes qui offrent un caractère analogue et qui sont d'une authenticité paléontologique incontestable sont maintenant assez nombreux. (*Trad.*)

tout jugement solide sur les problèmes que les crânes soulèvent est grandement ébranlé par l'absence des mâchoires inférieures des deux crânes en question, de sorte qu'il n'y a aucun moyen de décider avec certitude, s'ils sont plus ou moins prognathes que les races contemporaines inférieures du genre humain. Et cependant, nous l'avons vu, c'est plutôt sous ce rapport que sous aucun autre, que les crânes humains s'éloignent ou se rapprochent du type bestial. Le crâne d'un Européen d'une dolichocéphalie moyenne, diffère beaucoup moins du crâne d'un nègre, par exemple, que n'en diffère sa mâchoire. C'est pourquoi, en l'absence des mâchoires, les opinions avancées sur les rapports des crânes fossiles avec les races modernes doivent n'être admises qu'avec certaines réserves.

Jugement sur le crâne d'Engis. — Prenant donc les témoignages tels qu'ils sont réellement, je dois avouer d'abord en ce qui concerne le crâne d'Engis, que je ne vois dans ses débris aucun caractère qui, s'il était d'origine récente, pourrait me mettre sur la voie de la race à laquelle il appartient ; son contour et ses mesures s'accordent parfaitement bien avec ceux de quelques crânes australiens que j'ai examinés. Il a parfaitement cette tendance à l'aplatissement de l'occiput si remarquable dans quelques crânes australiens dont j'ai parlé. Mais tous les crânes australiens ne présentent pas cet aplatissement et l'arcade sourcilière du crâne d'Engis est tout à fait différente de celle des types australiens.

D'un autre côté, ses mesures concordent également bien avec celles de quelques crânes européens. Assurément, d'ailleurs, aucune partie de sa structure n'offre la moindre trace de dégradation. C'est là, en effet, un crâne humain d'une bonne moyenne qui peut avoir appartenu à un philosophe, ou peut tout aussi bien avoir contenu le cerveau inculte d'un sauvage.

Jugement sur le crâne de Neanderthal. — Autre est le crâne de Neanderthal : sous quelque aspect que nous le considérions, que nous regardions sa dépression dans le sens vertical, l'énorme épaisseur de ses arcades sourcilières, son occiput incliné ou ses sutures écailleuses longues et droites, nous rencontrons partout les caractères simiens qui le marquent de leur empreinte comme étant la forme la plus pithécoïde qui ait été découverte parmi les crânes humains. Toutefois, la capacité de ce crâne peut être estimée à environ 1230 centimètres cubes, ce qui est la capacité moyenne donnée par Morton pour les Polynésiens et les Hottentots. Cette quantité de substance cérébrale suffirait pour qu'on pût penser que les tendances pithécoïdes indiquées par ce crâne ne s'étendaient pas profondément dans l'organisation, et cette conclusion est appuyée par les dimensions des autres os du squelette données par le professeur Schaafhausen, qui montrent que la hauteur absolue et les proportions relatives des membres étaient tout à fait ceux d'un Européen de stature moyenne ; à la vérité, les os étaient plus volumineux, mais ce fait, ainsi que le grand développement des insertions musculaires noté par le Dr Schaafhausen, sont des caractères que l'on rencontre chez les sauvages. Les Patagons, exposés sans vêtements ni protection à l'action d'un climat qui ne diffère pas beaucoup de celui qu'offrait l'Europe au temps où vivait l'homme de Neanderthal, sont remarquables par le volume des os de leurs membres.

C'est pourquoi, à aucun point de vue, les ossements trouvés à Neanderthal ne peuvent être considérés comme ceux d'un être humain intermédiaire à l'homme et aux singes ; tout au plus prouvent-ils l'existence d'un homme dont on peut dire qu'il retourne, en quelque chose, vers le type pithécoïde, de même que les pigeons Messager, Grosse-gorge ou Culbutant revêtent parfois le plumage de leur souche primitive, la *Columba livia*. A vrai dire, le crâne de Neanderthal, quoique très réellement le plus pithécoïde des crânes humains connus, n'est en aucune façon aussi complètement isolé qu'il semble l'être tout d'abord ; il forme en réalité le terme extrême et inférieur d'une série ascendante qui conduit graduellement au crâne humain le plus élevé et le mieux développé ; d'un côté, il se rapproche étroitement du crâne australien aplati dont j'ai parlé, tandis que les autres formes australiennes nous conduisent graduellement aux crânes qui ont à un très haut degré le type de celui d'Engis ; d'un autre côté, il est encore plus étroitement voisin des crânes des hommes de la race qui habitait le Danemark pendant l'*âge de pierre*, et qui étaient probablement contemporains ou ancêtres des constructeurs de ce que l'on a appelé « refuse heaps » ou *kjokkenmöddings* de cette contrée.

La correspondance est très frappante entre le contour longitudinal ou profil du crâne de Neanderthal et celui de quelques-uns des crânes du tumulus

de Borreby (fig. 56 et 57), tracés par M. Busk. L'occiput
est tout aussi fuyant, les arcades sourcilières sont

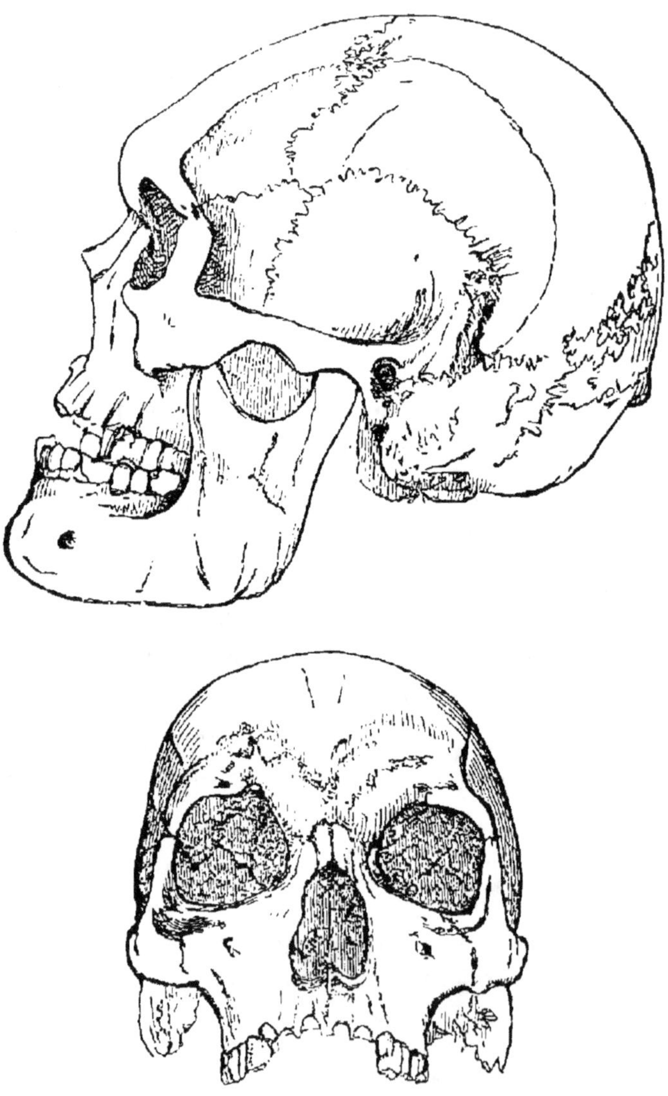

FIG. 56 et 57. — Crâne danois de l'âge de pierre, provenant du tumulus de Borreby
(dessinés à la chambre noire, au tiers de la grandeur naturelle, par M. Busk).

presque aussi proéminentes et le crâne est aussi bas. De plus, le crâne de Borreby ressemble plus qu'aucun crâne australien à celui de Neanderthal par l'inclinaison rétrograde du front, beaucoup plus rapide que dans ceux-là. D'autre part, les crânes de Borreby sont tous un peu plus larges que le crâne de Neanderthal, par rapport à leur longueur; quelques-uns d'entre eux, en effet, atteignent le rapport de 80 : 100, qui constitue la brachycéphalie.

Conclusion. — Je puis maintenant conclure et dire que les ossements fossiles découverts jusqu'à ce jour ne semblent pas nous rapprocher sensiblement de cette forme inférieure pithécoïde, par les modifications de laquelle l'homme est probablement devenu ce qu'il est, et si nous considérons ce qui est connu des plus anciennes races humaines; sachant qu'elles fabriquent des haches et des couteaux de silex de la même forme que ceux que fabriquent les hommes les plus sauvages de l'époque actuelle [1], et que nous avons toute raison de croire qu'ils sont restés à ce même état depuis le temps du Mammouth et du *Rhinocéros tichorrhinus* jusqu'à nos jours, je ne crois pas que l'on dût s'attendre à un autre résultat.

Où donc alors faut-il chercher l'homme primitif?

---

[1] Il a souvent été question dans ce volume des analogies qu'offraient les races sauvages modernes avec les habitants des cavernes et des terrains quaternaires; nous profitons donc de l'autorisation que nous donne M. Lartet pour reproduire ici quelques types des instruments de l'âge de la pierre, comparés à ceux des Esquimaux, des Néo-Calédoniens, etc. (voir fig. 58 à 68). Ces figures sont empruntées au magnifique ouvrage de Lartet et Christy : *Reliquiæ Aquitanicæ.* Paris, 1866, livraison 2.

FIG. 59. — Tête de lance en silex (alluvions de la vallée de la Somme).

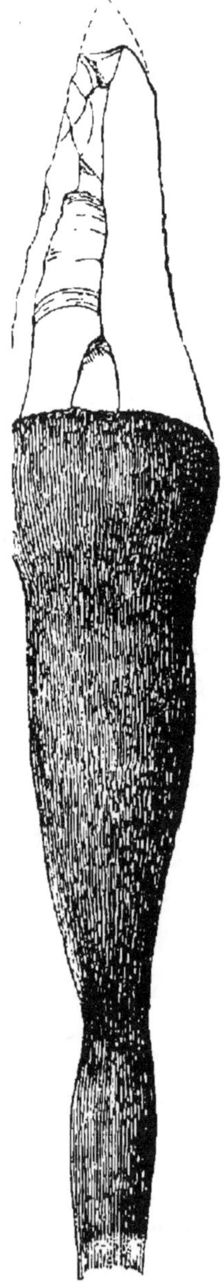

FIG. 58. — Tête de lance emmanchée en obsidienne (Nouvelle-Calédonie).

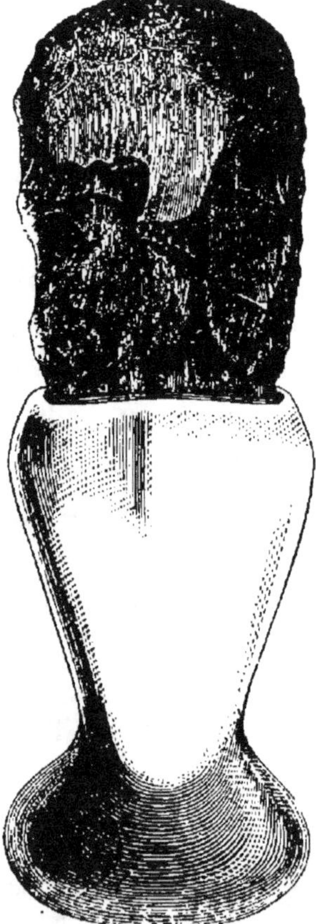

FIG. 60. — Vue de face d'un grattoir en lydite monté sur un manche d'ivoire (Esquimaux).

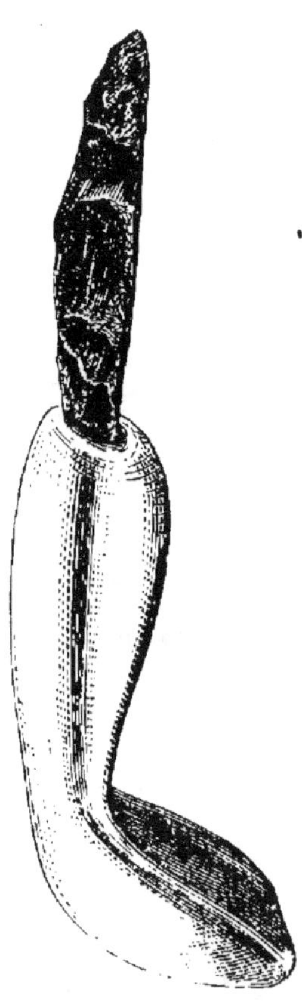

FIG. 61. — Vue de profil du même grattoir en lydite monté sur un manche d'ivoire (Esquimaux).

FIG. 62. — Grattoir en silex (vallée de
la Somme).

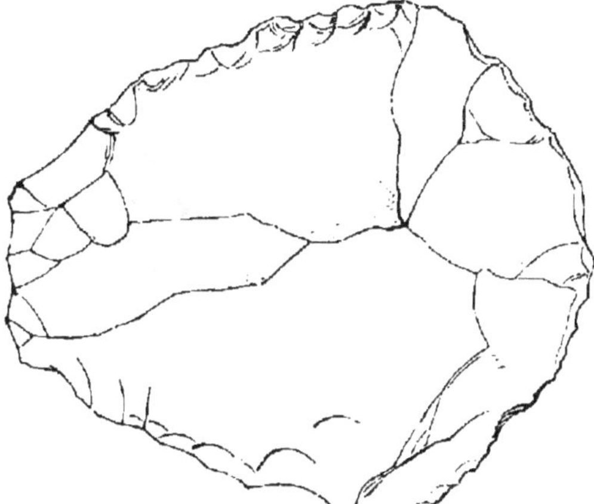

FIG. 63. — Grattoir en silex (vallée de
la Somme).

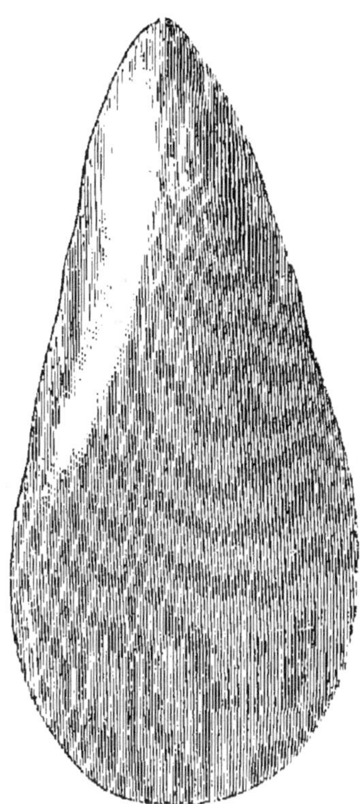

FIG. 65. — Hache polie en diorite
(Angleterre).

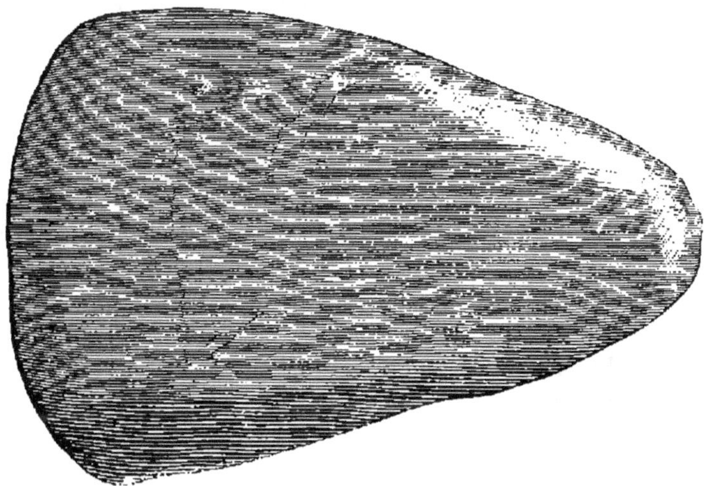

FIG. 64. — Hache polie en diorite (Indes anglaises).

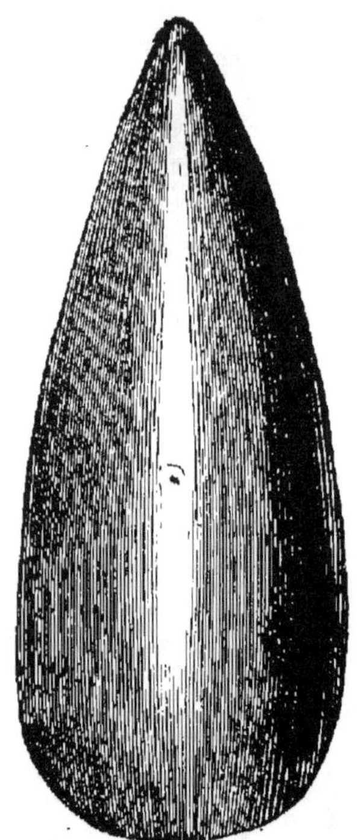

FIG. 66. — Hache polie en diorite
(Amérique du Sud).

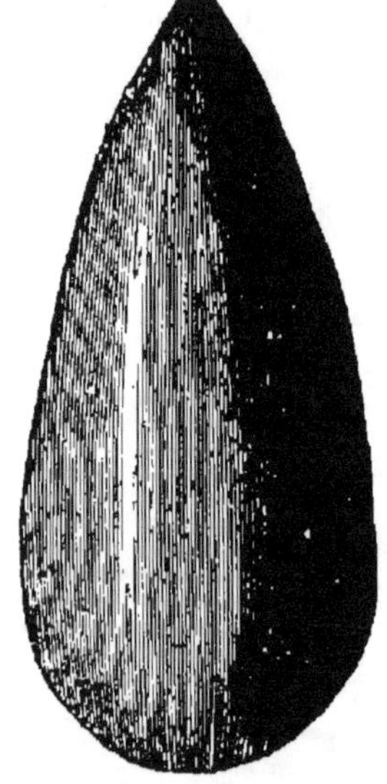

FIG. 67. — Hache polie en
basalte (France).

HUXLEY. L'Homme.

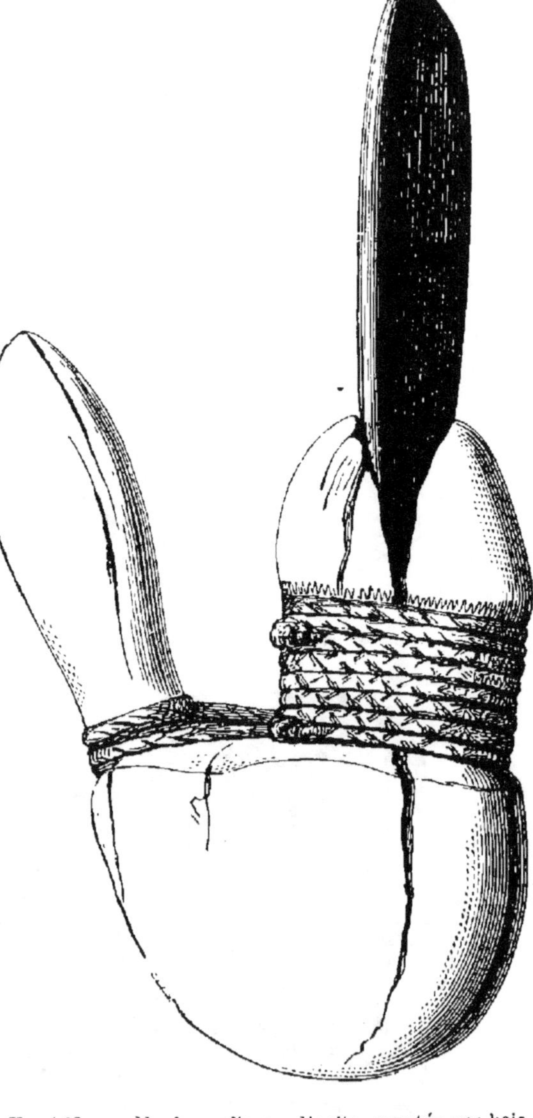

FIG. 68. — Hache polie en diorite, montée sur bois
(îles Salomon du Pacifique).

Le plus ancien individu du genre *homo sapiens* date-t-il des terrains pliocènes ou des miocènes ? Est-il encore plus ancien ? Les ossements fossiles de quelque singe plus anthropomorphe ou de quelque homme plus simien qu'aucun de ceux qui sont connus attendent-ils dans des couches géologiques les plus vieilles les recherches d'un paléontologiste qui n'a point encore vu le jour ?

L'avenir nous l'apprendra. En attendant, disons que si une théorie quelconque de développement progressif se vérifie, nous devrons ajouter de longues périodes aux estimations les plus larges qui aient été données de l'antiquité de l'homme.

III

LES SINGES ANTHROPOMORPHES

LE GIBBON — L'ORANG — LE CHIMPANZÉ — LE GORILLE

I. — Historique

Documents anciens. — Les traditions de l'antiquité soumises aux sévères épreuves de la méthode scientifique moderne se réduisent assez ordinairement à des rêves : mais il est curieux de voir combien souvent ces rêves semblent être venus d'un demi-sommeil et avoir présagé la réalité.

Ovide a entrevu les découvertes de la géologie.

L'Atlantide est imaginaire, mais Christophe Colomb trouva le monde occidental.

Les formes bizarres des centaures et des satyres n'ont d'existence que dans le domaine de l'art, et cependant tout le monde connaît des créatures qui plus qu'eux, tiennent de l'homme quant à leur forme générale et sont cependant aussi complètement bestiales que cette moitié des combinaisons mythologiques qui appartient au bouc et au cheval.

Pigafetta (1598). — De ces êtres qui ressemblent à l'homme, je n'ai rencontré aucune mention plus ancienne[1] que celle qui se trouve dans l'ouvrage de Pigafetta : *Description du royaume de Congo*[2], tracée d'après les notes d'un marin portugais, Eduardo

Fɪɢ. 69. — *Simiæ magnatum deliciæ* (Dᴇ Bʀʏ).

Lopez, et publiée en 1598. Le dixième chapitre de cet ouvrage est intitulé : *De animalibus quæ in hac pro-*

---

[1] La relation du périple d'Hannon, d'où a été extrait le nom de *gorille*, mentionne une espèce d'anthropoïde qui paraît se rapporter aux chimpanzés. Pline parle des « singes qui ressemblent le plus à l'homme » (livre VII, ʟxxx) de façon à ne pas nous laisser douter qu'il n'eût quelque connaissance des anthropomorphes africains. (*Note du trad.*)

[2] *Regnum Congo : hoc est vera descriptio regni Africani quod tam ab incolis quam Lusitanis Congus appellatur*, per Philippum Pigafettam, olim ex Edoardo Lopez acroamatis lingua italica excerpta, nunc Latio sermone donata ab Aug. Cassiod. Reinio. Iconibus et imaginibus rerum memorabilium quasi vivis, opera et industria Joan. Theodori et Joan. Israelis de Bry, fratrum exornata. Françofurti, ᴍᴅxᴄᴠɪɪɪ.

vincia reperiuntur, et contient un passage très court ou il est dit que :

« Dans le pays de Songan (Song ?), sur les rives du Zaïre, il y a une multitude de singes qui procurent aux seigneurs les plus grandes distractions, en imitant les gestes de l'homme. »

Comme ceci peut s'appliquer à presque tous les genres de singes, je n'y eusse point fait grande attention si les frères de Bry, dont les gravures ornent l'ouvrage, n'avaient jugé convenable, dans leur onzième *argumentum*, de représenter deux de ces *simiæ magnatum deliciæ*. La partie de cette gravure qui représente les singes est fidèlement copiée dans la figure 69 ; on remarquera qu'ils n'ont point de queue, qu'ils ont des bras très longs, de grandes oreilles, et qu'ils sont à peu près de la taille des chimpanzés. Il se peut que ces singes soient le produit fictif de l'imagination de ces frères ingénieux, non moins que le dragon bipède et ailé à tête de crocodile, qui orne la même gravure ; mais il se peut aussi que les artistes aient tracé leur dessin d'après quelque description essentiellement fidèle du gorille ou du chimpanzé.

Dans les deux cas, quoique ces dessins méritent d'être remarqués en passant, les plus anciennes descriptions dignes de foi et quelque peu précises d'un animal de ce genre datent du xvıı[e] siècle et sont dues à un Anglais.

Purchas (1613) *et Battell*. — La première édition de ce livre extrêmement amusant, qui a pour titre *Purchas his Pilgrimage,* a été publiée en 1613. Là on trouve beaucoup de renvois aux relations d'un certain « André Battell (mon très proche voisin demeurant à Leigh Essex), qui servit sous Manuel Silveira-Perera, gouverneur, pour le roi d'Espagne, de la cité de Saint-Paul, et qui, avec ledit gouverneur, voyagea fort avant dans le pays d'Angola ». Purchas dit encore :

« Mon ami Andrew Battell, qui vécut dans le royaume de Congo et qui à la suite de quelque querelle avec les Portugais (dans le rang desquels il était sergent de troupe) vécut pendant huit ou neuf mois dans les bois. »

De ce vieux soldat, usé par les intempéries, Purchas fut extrêmement surpris d'apprendre qu'il existait

« ... Un genre de grands singes, si l'on peut les appeler ainsi, sans queue, de la taille d'un homme, mais dont les membres ont une longueur double et une force proportionnelle, velus sur toute la surface, mais à d'autres égards en tout semblables aux hommes et aux femmes dans leur conformation physique[1]. Ils vivaient de fruits sauvages, que leur fournissaient les arbres et les bois et se logeaient pendant la nuit sur les arbres. »

Cette citation est cependant moins détaillée et moins claire dans ce qu'elle avance que certain passage du troisième chapitre de la seconde partie d'un ouvrage intitulé *Purchas his Pilgrimes*, publié par le même auteur en 1625 ; ce passage a été souvent cité,

---

[1] « A cette exception que leurs jambes n'ont pas de mollets » (Éd. de 1626). Et dans une note marginale « ces grands singes sont appelés *Pongo's* ».

quoique peut-être jamais il ne l'ait été correctement. Le chapitre qui le contient est intitulé : *Aventures étranges d'Andrew Battell, de Leigh en Essex, fait prisonnier par les Portugais et envoyé à Angola, qui vécut dans ce pays et dans les régions environnantes pendant dix-neuf ans.* La sixième section de ce chapitre a pour titre : *Des provinces de Bongo, Calongo, Mayombe, Manikesocke, Motimbas; des singes monstres pongos, de leurs chasses, leurs idolâtries, avec plusieurs autres observations.*

« Cette province (Calongo) confine à l'est à celle de Bongo, et au nord à celle de Mayombe, qui est à dix-neuf lieues de Longo en longeant la côte.

« La province de Mayombe est toute couverte de bois et de plantations, si touffues qu'un homme peut y voyager vingt jours à l'ombre, sans sentir le soleil ou la chaleur. On n'y trouve aucune espèce de blé ni de graine, de sorte que les habitants vivent uniquement de plantes et de racines de diverses sortes, très bonnes, et de noisettes. Il n'y a non plus ni animaux domestiques ni volailles.

« Mais ils ont en grande quantité de la chair d'éléphant qu'ils estiment beaucoup. Ils ont aussi plusieurs espèces de bêtes sauvages, et un choix abondant de poissons. Il y a, à deux lieues vers le nord, une baie sablonneuse, le cap Négro [1], qui sert de port à Mayombe. Quelquefois les Portugais y chargent du bois de campêche. On y trouve une grande rivière appelée Banna ; dans l'hiver on ne peut la remonter à cause des vents variables qui font la mer grosse à son embouchure.

« Mais quand le soleil a atteint sa déclinaison méridionale, un bateau peut y être mis à flot, car la pluie

[1] Note de Purchas : « Le cap Négro est à 16° au sud de la ligne. »

y calme les eaux. Cette rivière est très grande ; elle a beaucoup d'îles qui sont peuplées. Les bois sont si remplis de babouins, de petits singes et de grands singes et de perroquets, qu'il serait effrayant pour un homme d'y voyager seul ; il y a aussi deux espèces de monstres, qui sont communs dans ces bois et très dangereux.

« Le plus grand de ces monstres est dans leur langue appelé *pongo* ; le plus petit *engeco*. Le pongo est, dans toutes ses proportions, pareil à un homme, mais sa stature est plutôt celle d'un géant que celle d'un homme, car il est très grand. Il a une face humaine, les yeux caves et de longs poils au-dessus des sourcils. Sa face, ses oreilles et ses mains sont glabres. Son corps est couvert de poils, mais ils ne sont pas très épais et sont d'une couleur brune foncée.

« Il ne diffère d'un homme que par les jambes qui n'ont pas de mollets. Il va toujours sur ses jambes et porte ses mains entrelacées sur la nuque, lorsqu'il marche sur le sol. Il dort sur les arbres et se bâtit des abris contre la pluie. Il se nourrit des fruits qu'il trouve dans les bois et de noix, car il ne mange aucune espèce de chair. Il ne parle pas et n'a pas plus d'intelligence qu'une bête. Les habitants de cette contrée, quand ils voyagent dans les bois, allument des feux là où ils dorment la nuit, et le matin, lorsqu'ils sont partis, les pongos viennent s'asseoir autour du feu jusqu'à ce qu'il s'éteigne, car ils n'auraient pas l'intelligence d'en rapprocher les tisons. Ils vont de compagnie et tuent souvent les nègres qui voyagent dans les bois. Quelquefois ils tombent sur les éléphants qui viennent chercher leur nourriture auprès du lieu où ils sont réunis ; ils les battent à coups de poings et les frappent avec des pièces de bois. de sorte que ceux-ci s'enfuient en gémissant. Les pongos ne sont jamais pris vivants, car ils sont si vigoureux, que dix hommes ne peuvent en maintenir un seul, mais on prend souvent des jeunes en tuant leurs mères avec des flèches empoisonnées.

« Le jeune pongo se suspend au sein de sa mère, ses mains serrées autour d'elle, de sorte que lorsque les gens du pays tuent une femelle, ils s'emparent du petit toujours appendu à sa mère.

« Quand l'un meurt parmi eux, ils couvrent le mort de grand tas de branches et de bois que l'on trouve facilement dans la forêt »[1].

Il n'est pas difficile de reconnaître exactement la région dont parle Battell. Longo est sans doute le nom du pays ordinairement appelé Loango sur les cartes. Mayombe est situé à dix-neuf lieues environ de Loango, sur le littoral; et Cilongo ou Kilonga, Manikesocke et Motimbas sont encore mentionnés par les géographes. Cependant le cap Négro de Battell ne peut pas être le cap Négro moderne, qui est situé au 16ᵉ degré de latitude sud, puisque Louango est placé au 4ᵉ degré de latitude sud. D'un autre côté, la « grande rivière appelée Banna » correspond très bien aux rivières appelées par les géographes modernes la Camma et le Fernand-Vas qui forment un grand delta sur cette partie de la côte africaine.

---

[1] Note marginale de Purchas, p. 982 : « Le pongo, singe géant. Battell me dit, dans une conversation, que l'un de ces pongos prit un de ses petits nègres, qui passa un mois avec eux; car ils ne font aucun mal à ceux qu'ils surprennent à l'improviste quand ceux-ci ne les regardent pas, ce que le nègre avait évité. Il raconta que leur hauteur était celle d'un homme, mais qu'ils avaient à peu près deux fois son volume. J'ai vu ce jeune nègre. Ce que l'autre monstre devait être, il a oublié de le dire; ces manuscrits n'ont été en ma possession que depuis sa mort; car autrement, dans nos fréquentes conversations, je l'eusse appris. »

Cette contrée de Camma est située à peu près à un degré et demi sud de l'équateur, tandis qu'à quelques milles au nord de la ligne coule le Gabon, et à un degré environ au nord de ce dernier fleuve, la rivière Money, toutes deux très connues des naturalistes modernes comme les endroits d'où proviennent les plus grands singes anthropomorphes. En outre, encore à présent, le mot *engeco* ou *n'schego* est appliqué par les naturels de ces contrées à la plus petite des deux espèces de singes qui les habitent. On ne peut donc pas douter raisonnablement qu'André Battell ne parlât de ce qu'il connaissait par sa propre expérience, ou tout au moins par des récits directs des naturels de l'Afrique occidentale. Néanmoins « l'engeco » est cet « autre monstre » dont Battell « a oublié de relater » la nature, tandis que le nom de *pongo* appliqué à l'animal dont le caractère et les habitudes sont si entièrement et si soigneusement décrites semble s'être éteint au moins dans sa forme et dans sa signification premières. En effet, il est évident que non seulement du temps de Battell, mais même à une date plus récente, on employait le nom de *pongo* dans un sens tout différent de celui qu'il lui donne.

J'en donnerai pour exemple le second chapitre de l'ouvrage de Purchas, que je viens de citer et qui contient « une description historique du royaume d'or de Guinée, etc., etc., traduite du hollandais et comparée également au latin », où il dit (page 986) que :

« Le fleuve Gabon coule à environ quinze milles vers le nord de Rio de Angra, et à huit milles au nord du cap de Lopez Gonzalvez (cap Lopez). Elle est située directement sous la ligne équinoxiale, à quinze milles à peu près de Saint-Thomas. Il arrose une vaste contrée qu'il est aisé de reconnaitre. A l'embouchure de cette rivière est un banc de sable dont la profondeur est de trois ou quatre brasses. Il s'oppose vigoureusement au courant qui porte les eaux vers la mer. Ce fleuve, à son embouchure, a une largeur d'au moins quatre milles. Mais lorsque vous arrivez auprès de l'île appelée Pongo, il n'a pas plus de deux milles de large... Sur chaque côté de la rivière se trouvent des arbres... L'île appelée Pongo renferme une montagne d'une hauteur énorme. »

Les officiers de la marine française dont les lettres sont jointes au dernier et excellent essai de Isidore Geoffroy Saint-Hilaire sur le gorille [1] mentionnent en termes semblables à ceux de Battell la largeur du Gabon, les arbres qui croissent le long de ses rives et la violence du courant de ce fleuve. Ils décrivent deux îles dans son estuaire : l'une basse, appelée Perroquet ; l'autre élevée, présentant trois montagnes coniques et appelée Coniquet. M. Franquet dit expressément que l'une d'elles autrefois était appelée *Meni-Pongo*, ce qui signifie seigneur de Pongo, et que les *N'Pongues* (nom que, selon lui, se donnent les naturels du pays, ainsi que le reconnait le Dr Savage) appellent l'embouchure du Gabon *N'Pongo*.

Il est si facile, dans les relations avec les sauvages, de confondre leurs applications des mots aux choses, que l'on est d'abord disposé à croire que Battell a

---

[1] Isid. Geoffroy Saint-Hilaire, *Archives du Muséum*, t. X.

confondu le nom de la région où ce « grand monstre » abonde encore. avec le nom de l'animal lui-même. Mais il est tellement exact en d'autres matières (et notamment dans le nom qu'il donne au « plus petit monstre ») que l'on hésite à l'accuser d'une erreur. D'un autre côté, nous trouverons un voyageur, une centaine d'années après Battell, qui cite le nom de *Boggoe* comme étant appliqué à un grand singe par les habitants d'une partie toute différente de l'Afrique, la Sierra Leone.

Mais je laisserai cette question à résoudre aux voyageurs et aux philologues. Je ne m'y serais pas arrêté aussi longtemps sans le rôle curieux joué par le mot « pongo » dans l'histoire récente des singes anthropomorphes.

Tulpius (1641). — La génération qui succéda à Battell vit le premier de ces singes qui ait jamais été amené en Europe, ou du moins le premier dont la visite trouva un historien.

Dans le troisième livre de Tulpius qui a pour titre : *Observationes medicæ*, publié en 1641, le cinquante-sixième chapitre est consacré à ce qu'il appelle *Satyrus indicus*, « nommé par les Indiens orangs-outangs ou hommes des bois, et par les Africains *quoias morrou* ». Il donne un excellent dessin (fig. 70), fait évidemment d'après nature, spécimen de cet animal *nostra memoria ex Angola delatum*, offert à Frédéric-Henri, prince d'Orange. Tulpius dit qu'il était aussi grand qu'un enfant de trois ans, aussi fort qu'un enfant de six ans, et que son dos était couvert de poils noirs. Il s'agit évidemment d'un jeune chimpanzé.

Bontius (1658). — Entre temps fut connue, mais tout d'abord sous la forme mythique, l'existence d'un autre singe asiatique semblable à l'homme.

Bontius (1658) donne la description et la gravure, aussi fabuleuse que ridicule, d'un animal qu'il appelle

Fig. 70. — L'orang-outang d'après Tulpius (1641).

orang-outang, et bien qu'il dise : *vidi ego cujus effigiem hic exhibeo*, cette image [1] n'est autre que celle d'une femme très velue, d'un aspect assez avenant, avec des proportions et des pieds tout à fait humains. Tyson, le judicieux anatomiste anglais, disait avec raison de cette description de Bontius : « J'avoue que je me défie de la description toute entière. »

[1] Voyez page 180, figure 74, pour la copie qu'en a faite Hoppius,

Tyson et Cowper. — C'est à Tyson et à son collaborateur Cowper que nous devons la première description d'un singe anthropomorphe qui puisse avoir quelque droit d'être considérée comme scientifique, exacte et complète. Le traité intitulé *l'Orang-outang,*

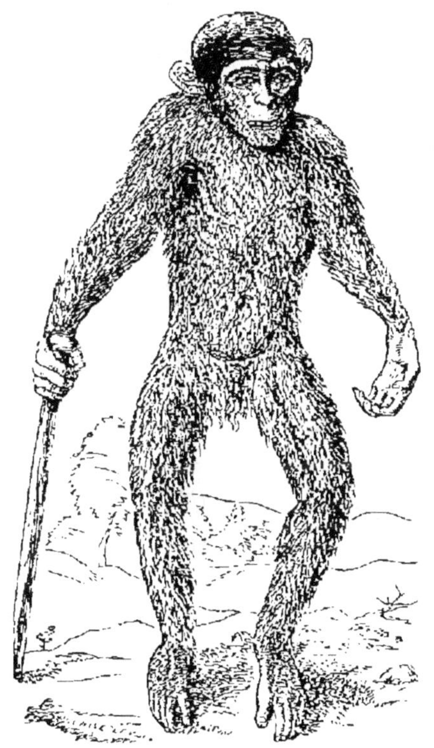

Fig. 71. — Le Pygmée, d'après Tyson (1699).

sive homo sylvestris, ou « l'anatomie d'un pygmée comparée à celle d'un singe à queue d'un singe sans queue ou d'un homme[1]. » publiée par la Société royale. en 1699.

[1] *Orang-outang sive Homo sylvestris or the Anatomy of a pigmie compared with that of a monkey an ape and a man* — Le texte anglais contient souvent les mots *ape* et *monkey,* qui n'ont en fran-

est réellement un ouvrage d'un mérite remarquable, qui
servit de modèle à quelques égards, à de nouveaux inves-
tigateurs. « Ce « pygmée », nous dit Tyson, vient d'An-

FIG. 72. — Le Pygmée, d'après TYSON (1699).

çais moderne qu'une seule expression : *singe*. Au temps de Buffon,
il n'en était pas ainsi : le vrai singe de Buffon était, comme l'*ape*
des Anglais, sans queue : puis venaient les *babouins*, et entre les
deux, comme intermédiaires, les *magots* (cynocéphales), puis les
guenons, etc. Quand l'auteur anglais parle des singes en général,
il dit presque toujours : *Apes and monkeys*. Nous traduirons par
singes, quoique dans notre opinion *ape* désigne le singe an-
thromorphe sans queue et *monkey*, l'ensemble des singes inférieurs.
(*Note du trad.*)

gola, en Afrique, mais il avait été pris beaucoup plus loin dans l'intérieur du pays. Ses cheveux étaient roides et noirs comme du charbon ; lorsqu'il marchait comme un quadrupède, à quatre pattes, c'était maladroitement, il ne plaçait pas la paume de la main étendue sur la terre, mais il marchait sur la face externe des doigts, la main fermée (knuckles), et, d'après ce que j'observais, je crus qu'il marchait de la sorte, alors qu'il était trop faible pour supporter son corps. Du sommet de la tête à la plante des pieds, je mesurai vingt-six pouces. »

Ces caractères, même sans les excellentes gravures de Tyson (fig. 71 et 72), suffisent à prouver que ce qu'il appelle « pygmée » est un jeune chimpanzé. Mais comme j'ai eu, de la façon la plus inattendue, l'occasion d'examiner le squelette même de l'animal que Tyson avait disséqué, je puis témoigner en parfaite connaissance qu'il s'agit bien ici d'un véritable *Troglodytes niger*, encore très jeune [1].

Quoiqu'il ne méconnût point les analogies que lui offrait son pygmée et l'homme, Tyson ne négligeait en rien leurs différences, et il termine son mémoire, premièrement par l'énumération, sous quarante-sept chefs distincts, des points par lesquels l'orang-outang

---

[1] Je suis redevable au Dr Wright (de Cheltenham), dont les travaux paléontologiques sont si connus, de m'avoir fait connaître cette pièce intéressante. Il paraît que la petite-fille de Tyson a épousé un docteur Allardyce, médecin renommé de Cheltenham, et lui a apporté, dans sa dot, le squelette du pygmée. Le Dr Allardyce l'a offert au Musée de Cheltenham, et, grâce à l'intervention de mon ami le Dr Wright, les administrateurs du Musée ont bien voulu me permettre de lui emprunter ce qui, peut-être, en forme le plus remarquable ornement.

ou pygmée ressemble à l'homme plus que ne lui ressemblent les grands et petits singes ; il donne ensuite le résumé, en trente-quatre très courts alinéas, des particularités par lesquelles « l'orang-outang ou pygmée diffère de l'homme et ressemble davantage au genre des singes sans queue et des petits singes ».

Après un examen attentif de la littérature existant de son temps, sur ce sujet, notre auteur aboutit à cette conclusion que son pygmée n'est identique ni à l'orang de Tulpius et de Bontius, ni au *quoias morrou* de Dapper (ou plutôt de Tulpius), le *Barris* de d'Arcos, ni *pongo* de Battell ; mais qu'il ressortit à une espèce de singes probablement identiques aux pygmées des anciens, et, ajoute Tyson, quoiqu'il

« ... Ne ressemble *à l'homme* en plusieurs de ses parties plus qu'un genre quelconque de singes ou d'aucun autre *animal* que je connaisse au monde, cependant je ne puis le considérer comme hybride (*mixt generation*), il forme une *bête brute, sui generis*, et une espèce particulière de grands singes. »

W. Smith (1741). — Le nom de *chimpanzé*, sous lequel est maintenant si bien connu l'un des grands singes d'Afrique, semblerait avoir été mis en usage dans la seconde moitié du xviiiᵉ siècle ; mais le seul nouveau document qui ait ajouté, à cette époque, à ce que nous connaissions des singes anthropomorphes de l'Afrique, fait partie du *Nouveau voyage en Guinée*, par William Smith, ouvrage qui porte la date de 1744.

En décrivant les animaux de Sierra Leone[1], cet écrivain dit :

[1] W. Smith, page 51.

« Je décrirai maintenant une singulière espèce d'animal appelé *mandrill* [1] par les blancs de cette contrée. J'ignore l'étymologie d'un tel nom, et jamais aupara-

Fig. 73. — « Le mandrill. » fac-similé de la planche de M. W. Smith (1744.)

vant je ne l'ai entendu ; ceux qui s'en servent ne peuvent eux-mêmes me le dire, si ce n'est que c'est à

[1] « Mandrill » semble signifier un singe semblable à l'homme, le mot *drill* ou *dril* ayant été autrefois usité en Angleterre pour désigner un singe sans queue (Ape) ou un babouin. Ainsi, dans la cinquième édition de l'ouvrage de Blount (« *Glossographia* ou Dictionnaire donnant le sens des mots difficiles de tous les langages, quels qu'ils soient, maintenant employés dans notre langue anglaise raffinée..., très utile à tous ceux qui désirent comprendre ce qu'ils lisent »), publié en 1681, je trouve « *dril*, instrument destiné à couper la pierre, avec lequel on peut percer de petits trous dans le marbre; désigne aussi ce que l'on appelle Ape (grand singe) ou Baboon (babouin) très développé. » Drill est employé dans le même sens dans l'*Omnesticon Zoicon*, de Charleston (1668). La singulière étymologie de ce mot donnée par Buffon semble bien peu probable.

cause de leur étroite ressemblance avec les créatures
humaines, quoiqu'ils n'aient rien du tout du grand
singe. Leur corps, quand ils sont arrivés à leur entier
développement, est aussi volumineux en circonférence
que celui d'un homme de taille moyenne ; leurs jambes
sont beaucoup plus courtes et leurs pieds plus larges ;
leurs bras et leurs mains sont à l'avenant ; la tête est
prodigieusement grosse, la face large et plate, sans
autres poils que ceux des sourcils ; le nez est très petit.
la bouche large, les lèvres fines. La face, qui est couverte d'une peau blanche, est monstrueusement laide,
étant sur toute sa surface ridée comme celle d'un vieillard ; les dents sont larges et jaunes ; les mains sont,
comme la face, dépourvues de poils et offrent la même
peau blanche, quoique tout le reste du corps soit
couvert, comme celui de l'ours, de longs poils noirs.
Ils ne marchent jamais sur leurs quatre membres
comme les véritables singes ; ils pleurent comme des
enfants quand on les persécute ou qu'on les tour-
mente...

« Pendant que j'étais à Sherbro un certain M. Cum-
merbus, que j'aurai, par la suite, l'occasion de citer,
me fit présent d'un de ces singuliers animaux qui sont
appelés par les indigènes *boggoe*. C'était une femelle
âgée de six mois, mais cependant plus grande qu'un
babouin. J'en confiai la garde à l'un des esclaves qui
savait comment il fallait la nourrir et en prendre soin,
car c'est une espèce très délicate d'animaux, mais aussitôt
que je quittais le pont, les matelots le tourmentaient ;
quelques-uns aimaient à voir ses larmes et à entendre ses
cris ; ceux-ci avaient horreur de son nez morveux ; un
autre qui l'avait frappé ayant été réprimandé par le
nègre qui avait soin de l'animal, dit à cet esclave qu'il
était fort épris des femmes de ses compatriotes, et lui
demanda s'il ne serait pas content d'avoir ce mandrill
pour femme ; à quoi l'esclave répliqua promptement :

« Non, elle n'est point ma femme ; c'est plutôt là une
« femme blanche qui vous conviendrait tout à fait. »
Cette malencontreuse saillie du nègre hâta, j'imagine,
la mort de la bête, car le lendemain on la trouva
morte sous le cabestan. »

Le mandrill ou boggoe de William Smith était, sans
nul doute, un chimpanzé, ainsi que la description et la
gravure qu'il en donne en font foi (fig. 73).

Fig. 74 à 77. — Les anthropomorphes de Linné.

Linné et Hoppius. — Linné n'eut pas l'occasion d'observer lui-même le singe anthropomorphe d'Afrique
ou d'Asie ; mais une dissertation de son élève
Hoppius[1] peut être considérée comme reproduisant les
vues du maître sur ces animaux.

Cette dissertation est ornée d'une planche dont les
figures 74 à 77 sont une copie réduite. Les figures ont
pour dénominations de gauche à droite : 1° *Troglodyta*

[1] *Amœnitales academicœ*, VI, Anthropomorpha.

Bontii (fig. 74) ; 2° *Lucifer Aldrovrandi* (fig. 75) ;
3° *Satyrus Tulpii* (fig. 76) ; 4° *Pygmæus Edwardi* (fig. 77).

La première est une mauvaise copie de l'orang-outang fictif de Bontius, de l'existence de qui Linné
paraît avoir eu une pleine conviction ; car il l'indique
comme une seconde espèce d'homme, *H. nocturnus*[1].

Lucifer Aldrovrandi est la copie d'un dessin d'Aldrovrandus[2]. Hoppius est d'avis que cet individu
est peut-être l'un de ces êtres à queue de chat, de qui
Nicolas Koping affirme qu'ils peuvent manger tout
l'équipage d'un bateau « gubernator navis » et le reste !
Linné[3] le désigne, dans une note, sous le nom de *Homo
caudatus*, et semble hésiter à le regarder comme une
troisième espèce d'homme.

Selon Temminck, le *Satyrus Tulpii* est la reproduction d'un dessin de chimpanzé, que je n'ai point vu,
publié par Scotin en 1738 ; c'est le *Satyrus Indicus* du
Systema naturæ qui est considéré par Linné comme
étant peut-être une variété du *Satyrus sylvestris*.

Le dernier, appelé *Pygmæus Edwardi*, est copié du
dessin d'un jeune « homme des bois » ou vrai orang-
outang, qui est donné par G. Edwards[4].

Buffon. — Buffon fut plus heureux que son illustre
rival. Non seulement il eut l'occasion rare d'étudier un
jeune chimpanzé vivant, mais il eut bientôt en sa posses-

---

[1] Linné, *Systema naturæ*. Édition princeps.
[2] Aldrovrandus, *De Quadrupedibus digitalis viviparis*, (liv. II,
p. 249, 1645) au chapitre intitulé : *Cercopithecus formæ raræ Barbilius
vocatus et originem a China ducebat*.
[3] Linné, *Systema naturæ*.
[4] *Gleanings of natural history*, 1758.

sion un anthropoïde asiatique le premier et seul spécimen adulte qui ait été, pendant de longues années,
apporté en Europe. Avec l'aide précieuse de Dauben-
ton, Buffon donna une excellente description de cette
créature, qui, à cause des singulières proportions de
son corps, fut appelé *singe à longs bras* ou gibbon ;
c'est l'*Hylobates lar* des modernes.

En 1766, Buffon [1] était en relation personnelle et
familière avec un jeune d'un genre d'anthropoïde
africain et avec un adulte d'une espèce asiatique ; dans
le même temps, l'orang-outang et le mandrill de Smith
lui étaient connus de réputation. De plus, l'abbé Prévost avait traduit en français une bonne partie des
Pilgrims de Purchas [2], et là Buffon trouva une relation
du *pongo* et de l'*engeco d'André Battell*. Buffon tenta
de faire concorder toutes ces données dans son chapitre intitulé : *Les orangs-outangs ou le pongo et le
jocko*. A ce titre est jointe la note suivante :

« *Orang-outang*, nom de cet animal aux Indes orientales ; *pongo*, nom de cet animal à Lowando, province
de Congo. *Jocko enjocko*, nom de cet animal à Congo
que nous avons adopté. *En* est l'article que nous avons
retranché. »

Ce fut ainsi que l'*engeco* d'Andrew Battell se trans-
forma en *jocko*, et sous cette dernière forme, se répandit par le monde en raison de l'immense popularité
des ouvrages de Buffon. A eux deux, l'abbé Prévost et
Buffon firent plus que de retrancher un article pour

---

[1] Buffon, *Histoire naturelle*, tome XIV.
[2] *Histoire générale des voyages*, 1748.

défigurer la sobre relation de Battell. Par exemple, l'assertion de Battell que les pongos ne peuvent parler et qu'ils n'ont pas plus d'intelligence qu'une bête est traduite par Buffon par la phrase : *qu'il ne peut parler quoiqu'il ait plus d'entendement que les autres animaux*. Ainsi encore l'affirmation de Purchas : « Il me dit dans une conversation que l'un de ces pongos prit un jeune garçon nègre qui lui appartenait et qui vécut un mois avec eux [1] » est reproduite dans la version française par : *Un pongo lui enleva un petit nègre qui passa un an entier dans la société de ces animaux*.

Après avoir cité la description du grand pongo, Buffon fait judicieusement remarquer que comme tous les jockos et les orangs apportés jusqu'ici en Europe étaient fort jeunes, il se pourrait qu'à l'état d'adultes ils fussent aussi gros que le pongo ou grand orang, de sorte que, provisoirement, il considère le jocko, l'orang et le pongo comme d'une seule et même espèce. Ceci était tout ce que l'état de la science permettait à cette époque : mais comment il se fit que Buffon ne s'aperçut pas que le mandrill et son propre jocko étaient très semblables et comment il confondit le premier avec une espèce aussi complètement différente que lui est le babouin à face bleue, voilà ce qu'il n'est pas aisé de comprendre.

Vingt ans plus tard, Buffon [2] modifia son opinion et exprima sa conviction que les orangs formaient un

---

[1] He told me in a conference with him that one of these Pongos tooke a negro boy of his which lived a month with them.

[2] Buffon, *Histoire naturelle*, supplément, t. VII, 1789.

genre avec deux espèces : l'une de grande taille, le pongo de Battell, et l'autre petite, le jocko ; il ajoute que celle-ci est l'orang des Indes orientales et que les jeunes animaux d'Afrique, que lui et Tulpius ont observés, sont simplement de jeunes pongos.

Vosmaer (1771) *et Camper* (1779). — Entre temps, un naturaliste hollandais, Vosmaer, donna, vers 1778, une excellente description et le dessin d'un jeune orang, qui avait été apporté vivant en Hollande, et son compatriote, le célèbre anatomiste P. Camper, publia (1779) sur ce singe un Essai d'une valeur égale à celle du travail de Tyson sur le chimpanzé. Il disséqua plusieurs femelles et un mâle, que, d'après l'état de leurs squelettes et de leurs dents, il supposa provenir d'individus encore jeunes ; toutefois, en les jugeant d'après leurs analogies avec l'homme, il conclut qu'ils ne pouvaient atteindre, à l'âge adulte, plus de 4 pieds de hauteur ; de plus, il se montre très positif quant à ses caractères distinctifs, spécifiques de l'orang des Indes orientales.

« L'orang, dit-il, diffère non seulement du « pygmy » de Tyson et de l'orang de Tulpius par sa couleur particulière et par ses longs orteils, mais aussi par sa configuration extérieure ; ses bras, ses mains et ses pieds sont longs, tandis qu'au contraire ses pouces sont beaucoup plus courts et ses gros orteils beaucoup plus petits, toutes proportions gardées [1].

« Le vrai orang, dit-il ailleurs, c'est-à-dire celui d'Asie, celui de Bornéo, n'est pas conséquemment le *pithecus* ou singe sans queue que les Grecs et spécia-

[1] Camper, *Œuvres*, I, p. 56.

lement Galien ont décrit. Ce n'est ni le pongo, ni le jocko, ni l'orang de Tulpius, ni le *pygmy* de Tyson ; c'est un animal d'une espèce particulière, comme je le prouverai de la façon la plus claire dans les chapitres suivants, à l'aide des organes vocaux et du squelette[1]. »

Radermacher (1780). — Quelques années plus tard, Radermacher, qui occupait un emploi élevé dans le gouvernement des colonies hollandaises des Indes, et qui était un membre zélé de la Société batave des arts et des sciences, publia[2] une description de l'île de Bornéo, qui a été écrite entre 1779 et 1781, et, parmi beaucoup d'autres sujets intéressants, contient quelques documents sur les orangs.

La plus petite espèce d'orangs-outangs, c'est-à-dire celle de Vosmaer et d'Edwards se trouve, dit-il, seulement à Bornéo et principalement aux environs de Banjermassing, Mampauwa et Landak. Il a vu plusieurs de ces singes durant son séjour aux Indes, et aucun d'eux n'avait plus de 2 pieds de haut.

L'espèce la plus grande, souvent regardée comme un mythe, continue Radermacher, en serait peut-être un encore sans les efforts du résident de Rembang, M. Palm, qui, en revenant de Landak à Pontania, tua un de ces singes d'un coup de fusil et l'envoya à Batavia, conservé dans de l'esprit-de-vin, pour être transporté en Europe.

La lettre de Palm, qui décrit sa capture, est ainsi conçue :

[1] *Loc. cit.*, p. 64.
[2] Radermacher, *Verhandelingen van het Bataviaasch Genootschapp,* 11ᵉ Deel, derde druk, 1826.

« J'envoie à Votre Excellence, contre toute attente, (car depuis longtemps j'offrais aux naturels plus de cent ducats pour un orang-outang de 4 à 5 pieds) un orang dont j'entendis parler ce matin vers huit heures. Longtemps nous fîmes de longs efforts pour prendre vivante cette terrible bête au milieu de l'épaisse forêt qui est à mi-chemin de Landak. Dans notre désir de ne point la laisser nous échapper, nous oubliâmes même de manger. Cependant il est nécessaire de se mettre en garde, car elle brisait continuellement de lourdes pièces de bois et des branches vertes et les lançait sur nous. Ce jeu dura jusqu'à quatre heures de l'après-midi ; nous nous déterminâmes alors à faire feu. J'y réussis très bien, mieux en vérité que je ne le fis jamais auparavant d'un bateau, car la balle entra par le côté de la poitrine, de sorte qu'elle ne produisit pas beaucoup de désordres. Nous amenâmes l'orang dans la barque, encore vivant, et nous le garrotâmes solidement. Le lendemain matin, il mourut de ses blessures. Tout Pontania vint à bord pour le voir quand nous arrivâmes. »

Palm le représente comme ayant de la tête au talon $1^m,23$ de hauteur.

Von Wurmb (1781). — Un officier allemand très intelligent, le baron von Wurmb, qui, à cette époque, occupait un emploi au service des Indes orientales hollandaises et était secrétaire de la Société batave, étudia cet animal. La soigneuse description qu'il en fit est intitulée : *Beschrijvinh van der Groote Borneosche orang-outang of de Oost Indische Pongo* et se trouve dans le même volume des mémoires de cette Société.

Lorsque von Wurmb eut terminé sa description, il

dit dans une lettre datée de Batavia, 18 février 1781 [1],
que cet individu fut envoyé en Europe dans de l'esprit-
de-vin, pour être placé dans la collection du prince
d'Orange. « Malheureusement, ajoute-t-il, nous avons
entendu dire que le bâtiment qui le portait a fait nau-
frage. »

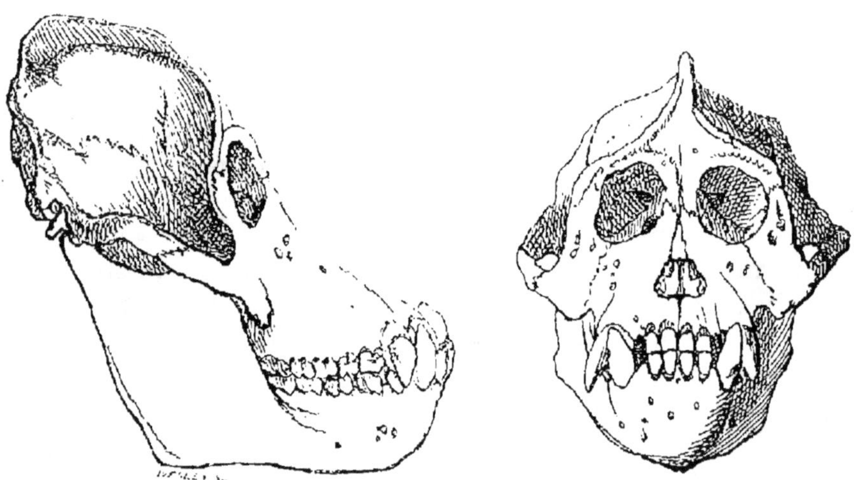

Fig. 78 à 79. — Le crâne du Pongo adressé par Radermacher à Camper, d'après
les dessins de Camper. — Fig. 78, vu de profil; fig. 79. vu de face.

Von Wurmb mourut dans le courant de l'année 1781 ;
la lettre dans laquelle on trouve ce passage fut la dernière qu'il écrivit ; mais dans ses manuscrits posthumes [2],
on trouve une description succincte et les diverses
mensurations d'une pongo femelle haute de 4 pieds.

Aucun des individus d'après lesquels les descrip-

[1] *Briefe des* Herrn v. Wurmb *und des* H. baron von Wollzogen.
Gotha, 1794.

[2] Publiés dans la quatrième partie des *Transactions* de la Société
batave.

tions de von Wurmb ont été tracées ne parvint-il jamais en Europe ? On croit que oui assez généralement ; mais j'en doute, car en appendice au mémoire « de l'orang-outang [1] », on trouve une note de Camper lui-même, qui, après avoir cité les écrits de von Wurmb continue ainsi :

« Jusqu'ici cette espèce de singe n'a point été connue en Europe ; Radermarcher a eu la bonté de m'envoyer le crâne provenant d'un animal de cette espèce, qui mesurait 53 pouces ou 4 pieds 5 pouces de hauteur. J'ai envoyé quelques esquisses de ce crâne à M. Soemmering (de Mayence) ; mais elles donnent plutôt l'idée de la forme que celle de la grandeur réelle des parties du crâne. »

Ces dessins ont été reproduits par Fischer et par Lucæ ; ils portent la date de 1783. Soemmering les a reçus en 1784 (fig. 78 et 79). Si quelques-uns des spécimens vivants de von Wurmb avaient atteint la Hollande, ils n'auraient pu être à cette époque ignorés de Camper. Cependant celui-ci nous dit :

« Il paraît que, depuis, l'un de ces monstres a été capturé, car un squelette entier, très mal préparé, a été envoyé au musée du prince d'Orange. Je le vis seulement le 27 juin 1784. Il avait plus de 4 pieds de haut. J'examinai de nouveau ce squelette le 19 décembre 1785, après qu'il eut été parfaitement rectifié par l'habile Onymus. »

Il paraît évident dès lors que ce squelette, qui est sans doute celui qui a toujours été désigné par le

[2] Édition complète des ouvrages de Camper, tome I, p. 64 à 66.

nom de *pongo de Wurmb*, n'est pas celui de l'animal décrit par lui, quoique certainement il soit semblable dans tous les points essentiels.

Camper ajoute ensuite quelques-uns des traits les plus importants de ce squelette. Il promet de le décrire par la suite en détail. Il doute évidemment du rapport qu'il peut y avoir entre ce grand « pongo » et son « petit orang ».

Les investigations promises ne furent jamais mises à exécution. De façon qu'il arriva que le pongo de von Wurmb prit place à côté du chimpanzé, du gibbon et de l'orang comme une quatrième et colossale espèce de singes anthropomorphes. Pourtant rien ne pouvait moins que le pongo être assimilé au chimpanzé ou aux orangs alors connus ; car tous les spécimens de chimpanzés et d'orangs qui avaient été observés étaient de petite stature, d'un aspect éminemment humain, doux et obéissant, tandis que le pongo de Wurmb était un monstre deux fois plus grand, fort, féroce et d'une apparence bestiale ; sa volumineuse et saillante mâchoire, armée de fortes dents, était déformée par le développement de ses joues en deux lobes charnus.

Cuvier et Geoffroy. — Plus tard, grâce aux habitudes de marauderie des armées révolutionnaires, le squelette du pongo fut apporté de Hollande en France, et des notes furent publiées, en 1798, par E. Geoffroy Saint-Hilaire et Cuvier, destinées tout spécialement à démontrer la différence complète de ce squelette avec celui de l'orang-outang et son affinité avec le babouin.

Cuvier[1] classe d'abord le pongo comme une espèce de babouin. Cependant, dès 1818, il paraît que Cuvier eut des raisons pour changer d'opinion et pour adopter les vues suggérées plusieurs années auparavant par Blumenbach[2] et après lui par Tilesius, à savoir que le pongo bornéen est simplement un orang-outang adulte.

En 1824, Rudolphi démontra par l'état de la dentition, plus explicitement et plus complètement que ses prédécesseurs ne l'avaient fait, que les orangs décrits jusqu'à cette époque étaient tous de jeunes animaux et que les dents et le crâne d'un adulte seraient semblables à ceux du pongo de Wurmb. Cuvier[3] infère des « proportions de toutes les parties » et de « l'arrangement des foramina et des sutures de la tête », que le pongo est l'adulte de l'orang-outang, « ou d'une espèce qui lui serait alliée de très près ».

Owen et Temminck (1835). — Cette conclusion fut placée hors de doute par le professeur Owen[4] et par Temminck[5]. Le mémoire de Temminck est remarquable par la preuve complète qu'il nous fournit des modifications que subit la forme de l'orang-outang, suivant l'âge et le sexe.

Tiedemann publia le premier une description du thorax d'un jeune orang, pendant que Sandifort, Müller et Schlegel décrivaient les muscles et les viscères

---

[1] *Tableau élémentaire*, et première édition du *Règne animal*.

[2] Voy. Blumenbach, *Abbildungen naturhistoricher Gegenstände*, n° 12; 1810, et Tilesius, *Naturhistorische Früchte der ersten kaiserlich-Rus sischen Erdumsegelung*, p. 115, 1813.

[3] Seconde édition du *Règne animal*, 1829.

[4] *Zoological Transactions* de 1835.

[5] Temminck, *Monographies de mammalogie*. Paris, 1835-1841.

de l'adulte et donnaient l'histoire détaillée et fidèle des habitudes du grand singe indien à l'état de nature; d'importantes additions furent faites par de plus récents observateurs, en sorte qu'à ce moment, on connaît mieux l'orang-outang adulte qu'aucun autre singe anthropomorphe.

L'orang-outang est à coup sûr le pongo de Wurmb[2] et non pas celui de Battell, puisque les orangs-outangs ne se trouvent que dans les grandes îles asiatiques de Bornéo et de Sumatra.

Pendant que le progrès des découvertes éclairait ainsi l'histoire de l'orang-outang, on reconnaît que les seuls autres singes anthropomorphes de l'Orient sont des espèces variées de gibbon, singes qui, en raison de leur plus petite stature, attirent moins l'attention que les orangs-outangs, bien qu'ils soient répandus sur un plus grand espace, et, par cela même, qu'ils soient plus accessibles à l'observation.

Quoique l'aire géographique habitée par le *pongo* et l'*enjecko* de Battell soit beaucoup plus rapprochée de l'Europe que celle dans laquelle on trouve les orangs-outangs et les gibbons, notre connaissance des singes africains a été plus lente à se former; c'est seulement dans ces dernières années, en effet, que la véritable histoire du vieil aventurier anglais a été complètement intelligible. Le squelette du chimpanzé adulte ne fut connu qu'en 1835, par la publication de l'excellent mémoire du professeur

1 Ceci est dit d'une façon très générale et toutes réserves faites sur la question de savoir s'il y a une ou plusieurs espèces d'orangs.

Owen[1]. Ce mémoire, par la netteté de ses descriptions, par le soin avec lequel les comparaisons sont tracées et par l'excellence de ses planches, fait époque dans l'histoire de l'ostéologie, non seulement du chimpanzé mais encore de tous les singes anthropomorphes.

Savage et Wyman (1845). — Grâce à l'ensemble de ces investigations, il devint évident que le chimpanzé acquiert dans sa vieillesse une taille et un aspect tout différent de celui des jeunes de son espèce connus de Tyson, de Buffon et de Traill; les mêmes différences existent entre le jeune et le vieux orang-outang. Des recherches très importantes ont été faites ultérieurement par MM. Savage et Wyman missionnaire et anatomiste américain, qui ont non seulement confirmé cette conclusion, mais y ont ajouté beaucoup de détails [2].

Parmi les précieuses découvertes faites sur ce sujet par le Dr Thomas Savage, l'une des plus intéressantes est que les naturels de la Gambie donnent aujourd'hui au chimpanzé le nom d'*enché-eko*, mot évidemment identique à l'*engeko* de Battell. Cette découverte a été confirmée par de récents observateurs. L'existence du « plus petit monstre » de Battell étant ainsi nettement prouvée, on eut de fortes raisons de croire à la découverte, tôt ou tard, de son « grand

---

[1] *On the osteology of the chimpanzé and orang* dans les *Zoological Transactions*.

[2] Voyez : *Observations on the external characters and habits of the Troglodytes niger, by Thomas Savage, M. D., and on its organisation, by Jeffries Wyman, M. D.* (*Boston Journal of natural History*. vol. IV, 1843-4). Voyez aussi : *External characters habits and osteology of* Troglodytes gorilla, par le même auteur. (*Ibid.*, vol. V, 1847.)

monstre », le *pongo*. En effet, un voyageur moderne, Bowdich, a, en 1819, trouvé parmi les naturels de forts témoignages en faveur de l'existence d'un autre grand singe appelé l'*ingena*, haut de 5 pieds, large de 4 pieds à la hauteur des épaules, se bâtissant une hutte grossière, sur laquelle il dort la nuit.

En 1847, le Dr Savage a eu la bonne fortune d'ajouter à nos connaissances sur les singes anthropoïdes un nouvel et plus important document. Étant retenu inopinément près du fleuve Gabon, il vit dans la maison du révérend M. Wilson, missionnaire résident, « un crâne que les indigènes disaient être celui d'un animal semblable à un singe et remarquable par sa taille, sa férocité et ses coutumes ». D'après la configuration du crâne et les informations obtenues de plusieurs indigènes intelligents

« ...J'ai été conduit, dit le Dr Savage (se servant du terme *orang* dans son ancien sens général), à croire qu'il s'agissait ici d'une nouvelle espèce d'orang. J'exprimai cette opinion à M. Wilson, en y ajoutant mes vœux à l'égard d'investigations ultérieures, si cela se pouvait, pour la solution d'un tel problème par l'étude d'un spécimen mort ou vivant. »

Les résultats des efforts combinés de MM. Savage et Wilson furent non seulement d'obtenir un compte rendu très complet des mœurs de ce nouvel être, mais encore de rendre à la science un service encore plus important en permettant à l'excellent anatomiste américain, le professeur Wyman, de décrire, d'après des matériaux suffisants, les caractères ostéologiques distinctifs de cette nouvelle forme organique. L'animal en question était désigné par les indigènes du Gabon sous le nom de *engé-ena*. évidemment identique à l'*ingena* de Bowdich. et le Dr Savage arriva à cette conviction que ce grand singe, plus récemment découvert que tous les autres, était celui que l'on avait longtemps cherché, le *pongo* de Battell.

L'exactitude de cette conclusion est vraiment hors de doute ; car non seulement l'engé-ena concorde avec « le plus grand monstre » de Battell par ses yeux caves. sa grande stature et sa coloration brun foncé ou gris de fer. mais le seul autre singe anthropomorphe qui habite ces régions, le chimpanzé, peut être du premier coup reconnu, à cause de sa taille plus petite. comme « le plus petit monstre », et il devient impossible de le confondre avec le pongo, par ce seul fait qu'il est *noir* et non *brun* foncé, pour ne rien dire de cette circonstance importante déjà mentionnée, qu'il conserve encore le nom d'*engeko* ou *enché-echo*, sous lequel Battell le connut.

En recherchant pour « l'Engé-éna » un nom spécial, le Dr Savage évita sagement le terme si souvent mal appliqué de *pongo*, mais trouvant dans l'ancien *Périple* d'Hannon, le terme *gorilla* appliqué à certain peuple sauvage et velu, découvert par le voyageur carthaginois dans une île de la côte d'Afrique, il s'en servit pour désigner spécifiquement son nouveau singe, et de là vient sa dénomination actuelle, bien connue. Mais le Dr Savage. plus prudent que quelques-uns de ses successeurs, n'identifie en aucune façon son singe avec « les hommes sauvages » d'Hannon. Il

dit seulement que ces derniers étaient probablement
« une des espèces de l'orang », et je suis d'accord
avec M. Brullé qu'il n'y a aucun motif pour identifier
le moderne gorille et celui de l'amiral carthaginois.

Duvernoy. — Depuis la publication du mémoire de
Savage et Wyman, le squelette du gorille a été étudié
par le professeur Owen et par le professeur Duvernoy[1],
du Muséum d'histoire naturelle, ce dernier ayant
donné en outre une importante description du système
musculaire et de plusieurs autres parties molles de
l'organisme. Tandis que les missionnaires africains et
les voyageurs ont confirmé et propagé le récit primitivement donné des mœurs de ce grand singe anthropoïde, qui a eu la singulière destinée d'être le premier
qui ait été porté à la connaissance du public et le dernier qui ait été scientifiquement étudié.

II. — Histoire naturelle

Deux siècles et demi se sont écoulés depuis que
Battell a rapporté à Purchas ses récits du « plus grand »
et des « plus petits monstres », et ce long espace de
temps a été presque nécessaire pour arriver à ce résultat positif : qu'il y a quatre genres distincts d'anthropoïdes : dans l'Asie orientale, les *gibbons* et les *orangs*,
dans l'Afrique occidentale, le *chimpanzé* et le *gorille*.

Caractères anatomiques. — Les singes anthropo-

---

[1] Duvenoy, *Des caractères anatomiques des grands singes*. Paris, 1856.

morphes dont la découverte vient d'être relatée dans ses diverses phases historiques, ont en commun certains caractères anatomiques ; ainsi ils ont tous le même nombre de dents que l'homme : quatre incisives, deux canines, quatre fausses molaires et six grosses molaires à chaque mâchoire, à l'état adulte, en tout trente-deux dents. Les dents de lait sont au nombre de vingt : quatre incisives, deux canines et quatre molaires à chaque mâchoire. Ils sont ce qu'on appelle *singes catarrhiniens*, c'est-à-dire que leurs narines ont une cloison de peu d'épaisseur et regardent en bas ; de plus, leurs bras sont toujours plus longs que leurs jambes, la différence étant plus ou moins grande ; de sorte que si les quatre genres étaient classés selon l'ordre de la longueur de leurs bras par rapport à celle de leurs jambes, nous aurions la série suivante : orang $(1\frac{4}{9} : 1)$; gibbon $(1\frac{1}{4} : 1)$; gorille $(1\frac{1}{5} : 1)$; chimpanzé $(1\frac{1}{16} : 1)$; chez tous, les membres antérieurs sont terminés par des mains pourvues de pouces plus ou moins longs, tandis que le gros orteil du pied, toujours plus petit que chez l'homme, est beaucoup plus mobile et peut être *opposé* comme un pouce au reste du pied. Aucun de ces singes n'a de queue, et aucun d'eux ne possède ces abajoues communs parmi les autres singes ; enfin ils habitent tous l'ancien continent.

Les gibbons sont les plus petits, les plus grêles et ceux qui ont les membres les plus allongés de tous les singes anthropomorphes. Leurs bras sont, par rapport au corps, plus longs que ceux d'aucune autre espèce de grands singes, au point de pouvoir toucher le sol quand ils sont debout. Leurs mains sont plus longues que leurs pieds, et eux seuls, parmi les anthropoïdes, possèdent des callosités à la façon des singes inférieurs. Ils sont diversement colorés. — Les orangs ont des bras qui, dans une attitude verticale, atteignent aux chevilles. Leurs pouces et leurs grands orteils sont très courts, et leurs pieds sont plus longs que leurs mains. Ils sont couverts d'un poil rouge brun, et les deux côtés de leur visage, chez les mâles adultes, sont souvent transformés en deux excroissances molles en forme de croissant, semblables à des tumeurs graisseuses. — Les chimpanzés ont des bras qui atteignent au-dessous des genoux. Ils ont des pouces et des gros orteils volumineux. Leurs mains sont plus longues que leurs pieds ; leurs cheveux sont noirs, tandis que la peau du visage est pâle. — Enfin le gorille a des bras qui atteignent au milieu de la jambe, des pouces et des gros orteils volumineux ; les pieds sont plus longs que les mains, le visage noir et les cheveux gris ou brun foncé.

Pour l'objet que j'ai maintenant en vue, il n'est pas nécessaire que j'entre dans de plus amples détails en ce qui touche les caractères distinctifs des genres et des espèces que les naturalistes ont reconnus parmi ces singes anthropomorphes ; il suffit de dire que les orangs et les gibbons constituent les genres distincts *simia* [1] et *hylobates* ; tandis que les chimpanzés et les gorilles sont regardés par quelques-uns simplement

---

[1] Le genre *simia* de M. Huxley est désigné par Geoffroy Saint-Hilaire, Blainville et Duvernoy sous le nom de *pithecus*, et sous le nom de *satyrus* par Lesson et par Cheuu. (*Trad.*)

comme des espèces distinctes du genre unique *tro-glodyte ;* par d'autres, comme des genres séparés, — troglodyte étant réservé pour les chimpanzés, et gorille pour le engé-ena ou pongo.

Mœurs et genre de vie. — La connaissance exacte des mœurs et du genre de vie des singes anthropomorphes a offert plus de difficultés que l'acquisition de notions précises sur leur structure.

On ne trouve en une génération qu'un Wallace, assez bien doué physiquement, mentalement et moralement pour parcourir avec impunité les déserts tropicaux de l'Amérique et de l'Asie, pour réunir dans ses courses errantes de magnifiques collections, et bien plus encore pour faire ressortir avec sagacité les résultats scientifiques de ces collections ; mais, pour un explorateur ou pour un collectionneur ordinaire, les forêts épaisses de l'Asie ou de l'Afrique équatoriale, habitations favorites des orangs-outangs, des chimpanzés ou des gorilles, présentent des obstacles d'une importance peu ordinaire ; l'homme qui risque sa vie, ne fût-ce que par un voyage rapide sur les plages malsaines de ces contrées, peut bien être excusé s'il redoute d'affronter les dangers de l'intérieur des terres, s'il se contente de stimuler l'ingéniosité des naturels mieux acclimatés, et de rassembler en les comparant les récits et les traditions plus ou moins fabuleuses qu'ils sont trop souvent disposés à lui faire.

C'est de cette façon que beaucoup des premiers récits relatifs aux habitudes des singes anthropomorphes ont pris naissance ; maintenant même une bonne partie de ceux qui ont cours n'ont pas de fondement beaucoup plus sûr. Les meilleures informations que nous possédions, appuyées presque entièrement sur le témoignage direct d'Européens, se rapportent aux gibbons, après celles-là les meilleures ont trait aux orangs-outangs ; tandis que ce que nous savons des mœurs des chimpanzés et des gorilles reste indécis, faute de l'appui et du développement que lui donnerait le témoignage additionnel d'un témoin oculaire européen et instruit.

Il sera par conséquent plus commode, dans les tentatives que nous ferons pour nous former des notions sur ce que nous devons croire de ces animaux, de commencer par les singes anthropomorphes les mieux connus, le gibbon et l'orang-outang, et de nous servir des relations parfaitement dignes de foi que nous en avons, comme d'une sorte de criterium de la vérité ou des erreurs de celles que nous avons sur les autres espèces de singes.

Le gibbon. — Une douzaine d'espèces de GIBBONS sont disséminées dans les îles de l'Asie, Java, Sumatra, Bornéo, dans la presqu'île de Malacca, dans les contrées de Siam et d'Arracan, et même dans l'Hindoustan et sur le plateau central de l'Asie, nous ignorons dans quelle étendue. Les plus grands ont 3 pieds et quelques pouces du sommet de la tête aux talons, en sorte qu'ils sont plus petits que les autres anthropoïdes ; en outre, la maigreur de leurs corps rend finalement leur masse beaucoup moindre, même en proportion de cette petitesse.

Un naturaliste hollandais très distingué, le docteur

Salomon Müller, qui vécut bien des années dans l'Archipel asiatique, et à l'expérience personnelle de qui j'aurai souvent l'occasion de m'en rapporter, dit que les gibbons sont de véritables montagnards, et qu'ils aiment les pentes des collines et les forêts, quoiqu'ils s'élèvent rarement au-delà de la limite des figuiers. Tout le jour ils hantent le sommet des grands arbres, et bien que vers le soir ils descendent en petites troupes dans les plaines, aussitôt qu'ils aperçoivent un homme, ils se glissent dans les bois montueux et disparaissent dans les sombres vallées.

Tous les voyageurs témoignent du volume prodigieux de la voix de ces animaux. Selon l'auteur que je viens de citer, chez l'un d'eux, le siamang, « la voix est grave et pénétrante, elle ressemble aux sons *goek*, *goek*, *goek*, *goek*, *ha*, *ha*, *ha*, *hàaà*, et peut être facilement entendue à la distance d'une demi-lieue ». Pendant toute la durée de ce cri, le grand sac membraneux qui est sous la gorge et qui communique avec l'organe de la voix, le « sac laryngien » se distend considérablement et diminue de nouveau quand le singe se tait [1].

M. Duvaucel affirme pareillement que le cri du siamang peut être entendu à plusieurs milles. De même M. Martin [2] nous donne le cri de l'agile gibbon, dans une chambre, comme « écrasant et assourdissant » et « bien calculé quant à sa force pour résonner à travers les vastes forêts ». M. Waterhouse, musicien accompli

---

[1] Le nom générique Hylobates vient de ὑλάω, j'aboie, et βαίνω, je marche. (*Trad.*)

[2] *Man and monkies*, p. 403.

non moins que naturaliste, dit : « La voix du gibbon
est certainement beaucoup plus puissante que celle
de tous les chanteurs que j'ai jamais entendus. » Et
cependant on doit se rapporter que cet animal n'a pas
la moitié de la taille de l'homme et qu'il est, toutes
proportions gardées, encore moins volumineux [1].

On sait par des témoignages dignes de foi que plusieurs espèces de gibbon prennent aisément la situation verticale. M. Georges Bennett [2], observateur
excellent, en décrivant les habitudes d'un *hylobates
syndactylus* mâle, qui fut pendant quelque temps en
sa possession, dit :

« Il marche invariablement debout lorsqu'il est sur
une surface unie ; il a alors les bras pendants, ce qui
lui permet de s'appuyer sur la face dorsale de ses deux
phalanges (*knuckles*) ; le plus ordinairement il tient les
bras élevés, presque droits, ses mains fléchies et comme
prêtes à saisir une corde ou à grimper à l'approche
d'un danger ou pour échapper à l'attaque des étrangers. Debout, il marche assez vite, mais en se dandi-
nant, et on l'atteint aisément s'il ne peut pas échapper à la poursuite en grimpant sur un arbre. Quand il
marche debout, il tourne en dehors la jambe et le pied,

---

[1] Sa taille varie, selon Duvaucel, entre $0^m,90$ et $1^m,15$. Cet auteur
rapporte qu'il a vu souvent les siamangs femelles « porter leurs
enfants à la rivière, les débarbouiller malgré leurs plaintes, les
essuyer, les sécher, et donner à leur propreté un temps et des soins
que dans bien des cas nos propres enfants pourraient envier ».
Duvaucel est « *tenté* de les attribuer à un sentiment *raisonné* ». Il
faut avouer qu'on le serait à moins, et que si Duvaucel n'a pas
succombé à cette tentation, il a montré une résistance extraordinaire aux suggestions du sens commun. (*Trad.*)

[2] Bennett, *Wanderings in New South Wales*, vol. II, ch. VIII, 1834

ce qui lui donne une tournure balançante et fait paraître ses jambes arquées. »

Le Dr Burrough dit d'un autre gibbon, le horlack ou hoolock :

« Ils marchent debout ; quand on les met sur le sol ou qu'on leur donne un espace libre, ils se balancent avec gentillesse en levant leurs mains au-dessus de leur tête et en ployant légèrement les bras aux coudes et aux poignets ; ils courent alors assez vite, se balançant d'un côté à l'autre ; si on les oblige à prendre une allure plus rapide, ils laissent tomber leurs mains sur le sol et s'en servent pour se pousser en avant, sautant plutôt que courant, et tenant toutefois le corps presque droit. »

Un témoignage, quelque peu différent toutefois, nous est donné par le Dr Winslow Lewis [1].

« Leur seule façon de marcher, dit-il, est de se servir, à cet effet, de leurs extrémités postérieures ou inférieures, les supérieures étant élevées au-dessus de la tête pour maintenir l'équilibre à la façon dont les danseurs de corde se servent de leur balancier. Dans la marche en avant ils ne placent pas un pied devant l'autre, mais ils s'en servent simultanément comme dans le saut. »

Le Dr Salomon Müller raconte aussi que les gibbons s'avancent sur le sol par une série de petits sauts effectués seulement par les membres inférieurs, le corps étant dans son ensemble tout droit. Mais M. Martin [2],

[1] Lewis, *Boston Journal of natural History*, vol. I, 1834.
[2] Martin. *loc. cit.*, p. 418.

qui parle aussi d'après ses propres observations, dit
des gibbons en général :

« Éminemment doués pour vivre sur les arbres et
déployant sur leurs branches la plus étonnante activité, les gibbons ne sont ni si maladroits ni si embar-
rassés qu'on peut l'imaginer quand ils se trouvent sur
une surface plane. Ils marchent droit en se balançant
sur les hanches, mais d'un pas rapide ; l'équilibre du
corps exige ou qu'ils touchent le sol avec les doigts,
tantôt d'un côté, tantôt de l'autre, ou qu'ils soulèvent
les bras au-dessus de la tête, de façon à le mettre d'a-
plomb. De même que le chimpanzé, le gibbon pose
et enlève d'un coup et sans aucune élasticité la plante
de son pied, longue et étroite. »

Après tant de témoignages convergents sans autre
lien entre eux que leur uniformité, on ne peut mettre
en doute que les gibbons ne prennent communément
et habituellement la position verticale. Mais les terrains plans ne sont pas ceux sur lesquels ces animaux
peuvent déployer leurs facultés locomotives spéciales
et remarquables, non plus que cette activité prodigieuse qui nous tenterait presque de les ranger parmi
les mammifères volants plutôt que parmi les grimpeurs.
M. Martin[1] nous a donné une description si excellente
et pittoresque des mouvements de l'*hylobates agilis*,
femelle, qui vivait dans le Jardin zoologique, en 1840,
que j'en veux citer textuellement un passage.

« Il est presque impossible de trouver des mots qui
donnent une idée de la vélocité et de la grâce adroite

1 *Ibid.*, p. 430.

de ses mouvements. On peut en quelque sorte les appeler *aériens*, car elle semble effleurer à peine les branches au milieu desquelles elle exécute ses mouvements ascensionnels. Ses mains et ses bras sont ses seuls organes de locomotion. Son corps suspendu comme par une corde, étant soutenu d'une main, la droite, par exemple (fig. 80), elle se lance, par un mouvement énergique, à une branche lointaine qu'elle saisit de la main gauche. Mais cet appui n'est que momentané ; l'impulsion nécessaire pour un nouvel élan est acquise. La branche désirée est de nouveau saisie par la main droite et quittée instantanément et ainsi alternativement d'une branche à l'autre. De cette manière, elle franchit des espaces de 12 à 18 pieds avec la plus grande facilité pendant des heures, sans la plus légère apparence de fatigue, et il est évident que si l'espace était plus grand, elle pourrait franchir des distances excédant de beaucoup 18 pieds ; de sorte que l'étonnante assertion de Duvaucel, qu'il a vu ces animaux se lancer d'une distance de 40 pieds d'une branche à une autre, peut être tenue pour vraie. Parfois, en saisissant une branche dans sa course, elle se jette par la force d'un seul bras en tournant autour de cette branche et fait cette évolution avec une telle rapidité, que l'œil ne peut la suivre ; elle reprend ensuite sa course avec une nouvelle rapidité. Il est curieux d'observer avec quelle soudaineté s'arrête le gibbon, quand il semblerait que la vitesse acquise par la rapidité et par la distance de ces sauts d'escarpolettes dût exiger une diminution graduelle de ses mouvements ; c'est tout d'un coup, au milieu de cette course furieuse, qu'une branche est saisie, le corps soulevé, et qu'on la voit comme par un effet magique, tranquillement assise, embrassant une branche de ses pieds. Tout aussi soudainement elle se lance de nouveau dans l'espace.

FIG. 80. — Le gibbon (*Hylobates pileatus*), d'après WOLF.

Les faits suivants donneront quelques notions sur sa dextérité et sur sa vélocité.

Un oiseau vivant fut lâché dans sa cage. Elle étudia son vol, elle fit un long saut à une branche distante, saisit l'oiseau d'une main à son passage et de l'autre atteignit la branche, cette double visée à l'oiseau et à la branche étant aussi facilement atteinte que si un seul but avait occupé son attention. On peut ajouter qu'après lui avoir enlevé la tête d'un coup de dent, elle lui arracha les plumes et qu'ensuite elle le rejeta sans même tenter de le manger.

Dans une autre circonstance, cette femelle s'élança d'une perche à travers un espace qui mesurait au moins 12 pieds de large, contre une croisée qui, pensait-on, devait être immédiatement brisée. Il n'en fut point ainsi à la grande surprise de tous les spectateurs : elle étreignit avec ses mains l'étroite charpente qui existe entre les carreaux, puis, au bout d'un instant, saisit le mouvement opportun et se lança de nouveau dans sa cage qu'elle avait quittée, ce qui exigeait non seulement une grande force, mais la plus merveilleuse précision. »

Les gibbons semblent être naturellement très doux, mais il y a des témoignages très positifs que, quand on les irrite, ils peuvent mordre très cruellement, puisque un *hylobates agilis* femelle lacéra si profondément un homme de ses longues canines, qu'il en mourut ; comme elle en avait blessé plusieurs autres, on crut bon, par mesure de précaution, de limer ses formidables dents, ce qui n'empêchait, quand la bête était menacée, de les montrer à son gardien.

Les gibbons mangent les insectes, mais ils semblent en général éviter la nourriture animale. Cependant M. Bennett a vu un siamang saisir et dévorer avec avidité un lézard vivant. D'ordinaire ils boivent en plongeant leurs doigts dans le liquide et en les léchant ensuite.

On prétend qu'ils dorment assis. Duvaucel affirme qu'il a vu les femelles conduire leurs petits au bord de l'eau, et laver leur visage en dépit de leur résistance et de leurs cris.

En captivité, ils sont doux et affectueux, pleins d'espièglerie et de caprices comme les enfants gâtés, et cependant ils ne sont pas dépourvus d'un certain degré de conscience, ainsi que le prouve une anecdote rapportée par M. Bennett[1]. Il était évident que le gibbon en question avait une disposition particulière à tout remuer dans sa cabine. Parmi les choses qui s'y trouvaient, un savon attirait particulièrement son attention, et il avait été une fois ou deux réprimandé pour l'avoir déplacé.

« Un matin, dit M. Bennett, j'étais en train d'écrire, le singe étant là, quand, jetant les yeux sur lui, je le vis prendre le savon. Je le surveillai, sans qu'il y fît attention ; il jetait des coups d'œil furtifs vers l'endroit où j'étais assis. Je fis semblant d'écrire, mais dès qu'il me vit très sérieusement occupé, il prit le savon et s'enfuit en l'emportant dans sa patte. Quand il eut franchi la moitié de la longueur de la cabine, je lui parlai doucement sans l'effrayer. A l'instant même où il découvrit que je l'avais vu, il revint sur ses pas et déposa le savon à peu près à la place où il l'avait pris. Il y avait certainement dans cet acte quelque chose de plus qu'instinctif. Il trahit évidemment la cons-

---

[1] Bennett, *loc. cit.*, p. 156.

cience d'avoir fait quelque chose de mal dans sa première et dans sa seconde action, et qu'est la raison, sinon l'exercice de cette conscience [1] ? »

L'orang-outang. — La description la plus détaillée de l'histoire naturelle de l'ORANG-OUTANG est celle qui est donnée par les Drs Salomon Müller et Schlegel [2], et je prendrai presque entièrement leurs rapports pour base de ce que j'ai à dire sur ce sujet, en y ajoutant toutefois, çà et là, quelques particularités intéressantes empruntées à Brooke, Wallace et autres.

L'orang-outang mesure rarement plus de 4 pieds de hauteur ; mais son corps est très volumineux et offre en circonférence les deux tiers de sa hauteur [3].

---

[1] On nous permettra de faire remarquer ici que, si la raison est un exercice de la conscience du bien et du mal, tous les animaux, les domestiques au moins, sont raisonnables ; car ils sont tout capables de ce degré d'éducation qui consiste à comprendre certains devoirs imposés par l'homme. Il est certain que le vol du savon de M. Bennett n'est une faute que par rapport à M. Bennett et à son gibbon. Le mal est donc ici, comme ailleurs, essentiellement relatif, déterminé par les circonstances et par une éducation à laquelle certains individus sont malheureusement tout à fait réfractaires. Tel n'était pas le gibbon dont il est ici question. La notion du bien et du mal qu'il possédait, et sur laquelle M. de Quatrefages insiste dans son excellent ouvrage sur l'espèce humaine, comme l'une des caractéristiques du *règne humain*, est donc commune aux animaux et à l'homme, quoiqu'à des degrés différents. F. Cuvier, qui a eu longtemps un jeune orang sous les yeux, lui avait reconnu « la faculté de généraliser ses idées, de la prudence, de la prévoyance et même des idées innées auxquelles les sens n'ont jamais la moindre part ». (*Annales du Muséum*, t. XVI, p. 58.) (*Trad.*)

[2] *Verhandelingen over de natuurlijke geschiedenis der nederlandsche overzeesche bezittingen* (1839-45).

[3] Le plus grand orang-outang mentionné par Temminck mesurait, debout, 1[m],216 ; mais il dit avoir récemment eu avis de la capture d'un orang qui avait 1[m],545 de haut. Schlegel et Müller

On ne trouve l'orang qu'à Sumatra et à Bornéo, et il n'est commun ni dans l'une ni dans l'autre de ces îles ; dans chacune d'elles, il se montre toujours dans les plaines basses et plates, jamais dans les montagnes. Il aime les forêts les plus épaisses et les plus sombres qui partent du littoral et s'étendent dans l'intérieur des terres, en sorte qu'on n'en rencontre que dans la portion orientale de Sumatra où seulement il y a des forêts, quoique accidentellement quelques orangs errent sur la côte occidentale.

L'orang est également réparti à Bornéo, excepté dans les montagnes et là où la population est dense. Dans les lieux favorables, le chasseur peut avoir la bonne fortune d'en rencontrer trois ou quatre en un seul jour. Sauf à l'époque de l'accouplement, les vieux mâles vivent d'ordinaire isolés. D'un autre côté, les femelles âgées et les mâles impubères se rencontrent souvent par deux ou trois ; quelquefois les premières ont des petits avec elles, quoique, quand elles sont pleines, elles se séparent et restent séparées après avoir donné le jour à leur produit. Il semble

disent que leur plus vieux mâle mesurait debout 1,25 netherlands « el », et, du sommet de la tête au bout des orteils, 1,5 el, la circonférence du corps étant environ 1 el. La plus grande femelle avait environ 1,09 el en hauteur quand elle se tenait debout. Le squelette d'adulte qui est au musée du Collège des chirurgiens, vu dressé, mesure 1^m,59 de la tête aux pieds. Le Dr Humphry donne 1^m,10 comme hauteur moyenne de deux orangs. De dix-sept orangs examinés par M. Wallace, le plus grand avait en hauteur 1^m,24 du sommet du crâne aux talons. M. Spencer Saint-John cependant, dans *Life in the forest of the Far East*, nous parle d'un orang de 1^m,54, mesuré de la tête aux pieds, de 0^m,37 de largeur à la face, de 0^m,30 autour du poignet. Il ne semble pas néanmoins que M. Saint-John ait mesuré lui-même cet orang.

Huxley. L'Homme.   14 que les jeunes orangs restent pendant un temps exceptionnellement long sous la protection de leur mère: ce qui est sans doute la conséquence de leur long développement. Pendant qu'elle grimpe, la mère porte toujours sur son sein son petit, qui s'y maintient en s'accrochant aux poils de sa mère[1]. A quelle époque de sa vie l'orang-outang devient-il apte à se reproduire, et combien de temps les petits restent-ils avec leur mère, voilà ce que nous ignorons; mais nous considérons comme probable qu'il n'arrive pas à l'état adulte avant l'âge de dix ou de quinze ans. Une femelle qui avait vécu pendant cinq ans à Batavia n'avait pas atteint le tiers de la hauteur des femelles sauvages. Il est probable qu'après avoir atteint l'état adulte, ils se développent encore, quoique lentement, et qu'ils vivent quarante ou cinquante ans. Les Dayacks[2] parlent de vieux orangs, qui, non seulement ont perdu toutes leurs dents, mais encore qui trouvent si fatigant de grimper qu'ils vivent de ce qui tombe des arbres et de sucs d'herbes.

L'orang est paresseux et ne montre rien de cette merveilleuse activité qui caractérise les gibbons. La faim seule semble le mettre en mouvement; une fois rassasié, il rentre dans le repos: quand il est assis, il

---

[1] Voyez, dans les *Annals of natural History* pour 1856, la description donnée par M. Wallace d'une jeune *orang-outang*. M. Wallace donna pour mère artificielle à son intéressante élève un mannequin en peau de buffle, mais la ruse n'eut que trop de succès. Toute l'expérience passée du jeune orang l'avait conduit à associer l'idée de mamelon avec celle de poils; comme il sentait ceux-ci, il consuma sa vie en vains efforts pour découvrir celui-là.

[2] Indigènes de Bornéo qui appartiennent à la famille malaise. (*Trad.*)

courbe son dos et penche sa tête, de façon qu'il
regarde directement le sol ; quelquefois il soutient
ses mains à une branche plus élevée ; d'autres fois, il
les laisse pendre flegmatiquement à ses côtés. C'est
dans ces attitudes que l'orang restera pendant des
heures entières au même lieu, presque sans bouger,
poussant seulement de temps à autre son grognement
profond. Le jour, il grimpe habituellement du sommet
d'un arbre à un autre, et il ne descend à terre
qu'à la nuit ; si alors quelque danger le menace, il
cherche refuge sous le taillis. Quand on ne lui donne
point la chasse, il demeure longtemps dans la même
localité, et quelquefois il s'arrête pendant plusieurs
jours au même arbre, sur lequel il choisit, pour lui
servir de lit, une place solide parmi ses branches.
L'orang passe rarement la nuit sur le sommet d'un
grand arbre, probablement pour éviter le vent et le
froid ; mais aussitôt que la nuit tombe, il descend
des hauteurs et cherche un endroit propre à dormir
dans les parties les plus sombres et les plus basses ou
sur le sommet feuillu des petits arbres, parmi lesquels
il choisit de préférence les palmiers nibong, les pan-
dani ou quelqu'une de ces orchidées parasites qui
donnent aux forêts primitives de Bornéo un aspect si
frappant et si caractéristique. Mais quelque part qu'il
se détermine à dormir, il se prépare une espèce de
nid ; des branches et des feuilles sont entassées autour
du lieu choisi et ployées en travers l'une sur l'autre,
tandis que, pour avoir ce lit plus doux, il étend sur
le tout les grandes feuilles des fougères, des orchidées,
de *pandanus fascicularis, nipa fruticans, etc. ;* parmi

ceux que vit Müller, il y en avait un certain nombre tout récents, qui étaient à une hauteur de 10 à 25 pieds au-dessus du sol et avaient une circonférence moyenne de 2 ou 3 pieds ; quelques-uns offraient une épaisseur de plusieurs pouces de feuilles de *pandanus ;* d'autres n'étaient remarquables que par les branches cassées, qui, réunies en un centre commun, offraient une plate-forme régulière.

« La hutte grossière qu'ils bâtissent, à ce que l'on prétend, dans les arbres, dit sir James Brooke, serait plus exactement appelée un siège ou un nid, car elle n'offre ni charpente ni couverture quelconque. La facilité avec laquelle ils forment ce nid est curieuse à observer, et j'ai eu l'occasion de voir une femelle blessée entrelacer les branches et s'y asseoir en une minute. »

Selon les Dayacks, l'orang quitte rarement son lit avant que le soleil se soit assez élevé au-dessus de l'horizon et qu'il ait dissipé les brouillards ; il se lève à neuf heures environ et se couche à cinq ; quelquefois il attend une heure avancée du crépuscule. Il se couche quelquefois sur le dos, ou, pour changer, il se tourne d'un côté ou d'un autre, repliant ses jambes sur son corps et reposant sa tête dans ses mains. Quand la nuit est froide, venteuse ou pluvieuse, il se couvre ordinairement d'un amas de *pandanus, de nipa* ou de feuilles de fougères de la même espèce que celles dont il fait son lit, et il a particulièrement soin d'en envelopper sa tête. C'est cette habitude de se couvrir qui a probablement donné naissance à la fable de l'orang qui bâtit des huttes dans les arbres.

Quoique l'orang habite principalement parmi les branches des grands arbres pendant le jour, on le voit rarement accroupi sur une branche volumineuse, à la manière des autres singes et particulièrement du gibbon; au contraire, l'orang se borne aux branches grêles et touflues, de sorte qu'on le voit tout droit au sommet d'un arbre, mode d'existence qui est étroitement lié à la conformation de ses membres inférieurs et spécialement à celle de son siège, car il n'a point les callosités[1] que possèdent beaucoup de singes inférieurs et même les gibbons; et les os du bassin, que l'on appelle *ischion* et qui constituent la charpente osseuse de la surface sur laquelle le corps repose dans la position assise, ne sont point développés comme celles des singes qui ont des callosités, mais sont bien plutôt comme celles de l'homme. Un orang grimpe si lentement et si prudemment[2], que, dans cette action, il ressemble plutôt à un homme qu'à un singe, car il prend le plus grand soin de ses pieds; il semble qu'il ressent beaucoup plus que les autres singes tout accident à ces parties. A l'opposé des gibbons, dont les avant-bras exécutent la plus grande partie du travail quand ils se balancent d'une branche à l'autre, l'orang ne fait jamais le plus petit saut. Lorsqu'il grimpe, il meut alternativement une main et un pied, ou, après avoir saisi solidement un point d'appui avec les mains, il tire à lui les deux pieds simultanément. En passant

[1] Voir la note page 197.

[2] « Ils sont les plus lents et les moins actifs de tous les singes, et leurs mouvements sont étonnamment maladroits et bizarres. » (Sir James Brooke, *Proceedings of the Zoological Society*, 1841.)

d'un arbre à l'autre, il choisit toujours un endroit où les branches viennent se réunir ou s'enlacent. Même quand il est poursuivi de près, sa circonspection est étonnante ; il secoue les branches pour voir si elles peuvent le porter, et, ployant une branche pendante, en lançant graduellement son poids tout le long, il en fait un pont de l'arbre qu'il veut quitter à l'arbre voisin [1].

Sur le sol, l'orang va toujours à quatre pattes, péniblement et en chancelant. Au départ, il courait plus vite qu'un homme, quoiqu'il puisse être pris très rapidement. Ses bras, extrêmement longs, qui sont très peu fléchis quand il court, exhaussent notablement son corps, en sorte qu'il prend l'attitude d'un vieillard fléchi par l'âge, qui suit son chemin appuyé sur un bâton (fig. 81) ; dans la marche, son corps est habituellement penché droit en avant, à l'opposé des autres singes, qui courent plus ou moins obliquement ; une exception doit cependant être faite pour les gibbons, qui à cet égard, comme à beaucoup d'autres, s'écartent remarquablement de leurs pareils.

L'orang ne peut poser ses pieds à plat, mais il s'appuie sur le bord externe, le talon reposant plus largement sur le sol, tandis que les orteils qu'il recourbe reposent en partie sur la face supérieure de leurs premières articulations ; les deux doigts les plus extérieurs de chaque pied se posent complètement sur cette surface ; quant aux mains, tout à l'opposé, leur bord interne sert de point d'appui principal. Les doigts

---

[1] La description de la progression de l'orang par M. Wallace correspond presque exactement à celle-ci.

sont alors ployés de telle façon, que leurs dernières

FIG. 81. — Orang-outang adulte mâle (d'après Salomon MULLER et SCHLEGEL).

articulations, spécialement celles des deux doigts les

plus internes, se posent sur le sol par leurs portions supérieures, tandis que la pointe du pouce droit qui reste libre sert comme d'appui supplémentaire.

Jamais l'orang ne se tient sur ses jambes de derrière, et tous les dessins où on le voit dans cette attitude sont faux, comme aussi toutes les assertions où on le fait se défendant avec des bâtons, et bien d'autres encore.

Les bras longs leur sont spécialement utiles, non seulement pour grimper, mais encore pour rassembler des aliments empruntés aux branches auxquelles l'animal ne peut confier son poids. Les figues, les bourgeons et les jeunes feuilles de différents genres forment les principaux aliments de l'orang-outang. Des bandes d'écorce de bambou de 2 ou 3 pieds de long se trouvent quelquefois dans l'estomac des mâles. Ils n'ont pas la réputation de manger les animaux vivants.

Bien que, lorsqu'il est pris jeune, l'orang-outang se domestique aisément et semble réellement rechercher la société des hommes, il est par nature sauvage et timide, quoique en apparence paresseux et mélancolique. Les Dayacks affirment que quand les vieux mâles ne sont blessés qu'avec des flèches, ils quittent quelquefois les arbres et se précipitent avec rage contre leurs ennemis, dont l'unique salut est dans une fuite rapide, car ils sont assurés d'être tués s'ils sont pris[1].

---

[1] Dans une lettre adressée à M. Waterhouse et publiée dans les *Proceedings of the Zoological Society* pour 1841, sir James Brooke dit : « En ce qui est des habitudes de l'orang, je dois dire qu'ils sont aussi lourds et aussi lents que l'on peut imaginer ; jamais, quand

.Mais, quoique doué d'une force énorme, il est rare que l'orang essaye de se défendre, surtout quand il est attaqué avec des armes à feu. Dans ces occasions, il s'efforce de se cacher et se réfugie au sommet des arbres, brisant et jetant en fuyant les branches par terre. Quand il est blessé, il se retire au point le plus élevé de l'arbre et fait entendre un cri singulier poussé d'abord en notes aiguës et se terminant en un grognement sourd assez semblable à celui de la panthère. Pendant qu'il émet les notes élevées, l'orang

je les poursuivais, ils n'allaient assez vite pour m'empêcher de les suivre à travers une forêt assez épaisse. Alors même que des obstacles sur le sol, en nous gênant (telles par exemple, que de traverser un cours d'eau enfoncé jusqu'au cou), leur permettaient de gagner quelque distance, on pouvait être sûr qu'ils s'arrêteraient et me permettraient de les rejoindre. Je n'ai jamais vu de leur part la moindre tentative de défense; les morceaux de bois qui quelquefois nous craquaient aux oreilles étaient brisés par leur poids et non jetés, ainsi que quelques personnes le disent. Si cependant ils sont poussés à bout, les *Pappans* ne peuvent manquer d'être formidables, et un infortuné qui, avec une petite troupe, essaya d'en prendre un énorme vivant, perdit deux doigts et fut cruellement mordu au visage; l'animal, à la fin, lutta contre ses antagonistes et s'échappa. »

Mais, d'un autre côté, M. Wallace affirme qu'il les a plusieurs fois observés jetant des branches quand on les poursuivait. « Il est vrai, dit-il, qu'ils ne les jetaient pas directement, mais ils les lançaient verticalement de haut en bas: car il est évident qu'une branche d'arbre ne peut être lancée à une distance quelconque du sommet d'un arbre touffu. Dans un cas, un *Mias* femelle, qui était sur un arbre, lança pendant dix minutes une pluie de branches et de fruits lourds à épines, gros comme un boulet de 32, qui réussit à nous éloigner de l'arbre sur lequel elle était. On pouvait la voir brisant les branches et les jetant avec rage, lançant par intervalles un grognement profond pendant l'inspiration et méditant évidemment quelque mauvais coup. » (*On the habits of the orang-utang. — Ann. of natur. Hist.*, 1856.) On peut remarquer que ce document est tout à fait d'accord avec celui que contient la lettre citée plus haut du révérend M. Palm. (Voyez p. 186.)

donne à ses lèvres la forme d'un entonnoir ; mais en formant les notes graves, il laisse sa bouche toute grande ouverte et en même temps le grand sac de la gorge ou sac laryngien se distend.

Selon les Dayacks, les seuls animaux avec qui les orangs mesurent leurs forces sont les crocodiles, qui parfois les saisissent dans leurs excursions au bord de l'eau ; mais ils disent que l'orang est plus que l'égal de son ennemi et qu'il le frappe jusqu'à le tuer ou qu'il lui déchire le gosier en écartant violemment ses deux mâchoires !

Des choses qui viennent d'être rapportées, beaucoup proviennent des informations que le D' Müller a tirées de ses chasseurs dayacks ; mais il faut dire qu'un mâle énorme, de 4 pieds de hauteur, vécut en captivité, sous son observation directe, pendant un mois, et qu'on lui reconnut une mauvaise nature.

« Il était, dit Müller, très sauvage et d'une force prodigieuse, mais faux et méchant au plus haut degré. Si quelqu'un s'approchait, il se levait lentement, avec un sourd grognement, fixait les yeux dans la direction selon laquelle il pensait à diriger son attaque, passait sa main lentement à travers les barreaux de sa cage et étendant alors ses longs bras, lançait soudainement un coup de griffe, ordinairement au visage.

« Il ne cherchait jamais à mordre (quoique les orangs se mordent mutuellement), ses mains sont ses grands instruments d'attaque et de défense. »

Son intelligence était très étendue. Müller fait remarquer que quoique, en général, les facultés de l'orang aient été trop hautement appréciées, si Cuvier avait vu cet individu il n'aurait pas considéré son intellect comme étant seulement un peu au-dessus de celui du chien.

Son ouïe était extrêmement fine, mais sa vue semblait moins parfaite. Sa lèvre inférieure était l'organe principal du toucher et jouait dans l'action de boire un rôle important: il la projetait extérieurement en auge de façon à recueillir la pluie ou la remplir du contenu d'une demi-noix de coco pleine d'eau qu'on lui donnait et qu'il versait dans le canal qu'il formait avec sa lèvre inférieure.

A Bornéo, l'orang-outang des îles malaisiennes prend le nom de *mias* parmi les Dyacks, qui en distinguent différents genres : les *mias pappan* ou *zimo*, *mias kassu* et *mias rambi ;* que ces dénominations se rapportent à des espèces ou seulement à des races et jusqu'à quel point, l'une quelconque d'entre elles peut se trouver identique avec l'orang de Sumatra (et M. Wallace pense que tel est le cas pour le mias pappan), ce sont là des problèmes qui, jusqu'à ce jour, restent indécis ; la variabilité de ces grands singes est d'ailleurs tellement considérable, que c'est là une question qui offre les plus grandes difficultés. Au sujet des individus que l'on appelle *mias pappan*, M. Wallace [1] fait remarquer:

«... Qu'ils sont connus par leur grand volume et par le développement latéral de la face en protubérances graisseuses ou saillies qui recouvrent les muscles

---

[1] Wallace, *On the orang-outang or mias of Borneo* (Ann. of nat. Hist., 1856).

temporaux, et que l'on a désignés improprement du nom de *callosités*, car elles sont très molles, unies et souples. Cinq individus de cette espèce, que j'ai mesurés, ajoute-t-il, variaient seulement de 1^m,23 à 1^m,25 en hauteur, des talons au sinciput; la circonférence du corps, variant de 1 mètre à 1^m,22; l'étendue des deux bras développés horizontalement, de 2^m,12 à 2^m,23, et la largeur de la face de 0^m,25 à 0^m,33. La couleur et la longueur des cheveux variaient chez les divers individus, comme aussi dans les diverses parties du même individu; quelques-uns offraient un ongle rudimentaire sur le gros orteil, d'autres n'en avaient point du tout; mais d'ailleurs ils ne présentaient aucune différence extérieure sur laquelle on pût établir même des variétés.

« Cependant, quand on examine le crâne de ces individus, on trouve des différences remarquables dans la forme, les proportions et les dimensions, puisqu'il n'en est point deux exactement semblables; l'inclinaison du profil et la projection des mâchoires, joints au volume du crâne, offrent des différences aussi marquées que celles qui existent entre les formes les plus fortement accusées des crânes caucasiens et africains parmi les espèces humaines. Les orbites varient en largeur et en hauteur, les crêtes crâniennes sont ou simples ou doubles, elles ont beaucoup ou peu de développement, et l'arcade zygomatique change considérablement de volume; ces variations dans les proportions du crâne nous permettent d'expliquer d'une manière satisfaisante les différences marquées que nous offrent les crânes à crête simple et ceux à crête double, sur lesquels on a fondé la preuve de l'existence de deux grandes espèces d'orangs. La surface extérieure du crâne varie considérablement en dimension comme l'arcade zygomatique et le muscle temporal; mais ils n'ont entre eux aucune relation nécessaire, un petit muscle coïncidant souvent avec une large surface crânienne, et *vice versa ;* néanmoins les crânes qui ont les mâchoires les plus volumineuses et les plus fortes en même temps que les arcades zygomatiques les plus développées, ont aussi les muscles si volumineux qu'ils se rejoignent sur le sommet du crâne et donnent naissance à la crête osseuse qui les sépare et qui est plus élevée précisément sur ceux des crânes qui ont la moindre surface ; chez ceux qui offrent à la fois une large surface, des mâchoires relativement faibles et de petites arcades zygomatiques, les muscles, de chaque côté, ne s'étendent pas jusqu'au sommet, mais ils laissent entre eux un espace d'un à deux pouces, et tout au long de leurs limites s'élèvent de petites saillies osseuses. On a vu des formes intermédiaires chez lesquelles les saillies osseuses ne se trouvent que sur les parties postérieures du crâne. La forme et le volume des crêtes osseuses sont donc indépendants de l'âge du sujet et sont parfois plus fortement développés chez les jeunes sujets. Le professeur Temminck affirme que la série de crânes du musée de Leyde donne les mêmes résultats. »

M. Wallace cependant put observer deux orangs mâles adultes (mias kassu des Dyacks), si complètement différents d'aucun de ceux-ci, qu'il conclut à leur spécificité distincte. Ils avaient respectivement $1^m,12$ à $1^m,14$, ils n'offraient aucune trace d'excroissance jugale, mais, d'ailleurs ressemblaient aux espèces plus grandes. Le crâne n'avait point de crête, mais deux saillies osseuses, larges de $0^m,04$ à $0^m,05$, de même que dans le *simia morio* du professeur Owen. Néanmoins les dents sont énormes, et, selon toute probabilité, égalent ou surpassent celles des autres espèces. D'après M. Wallace, les femelles des deux genres sont dépourvues d'excroissances et ressemblent aux mâles les plus petits, mais ont en moins de 0^m,03 à 0^m,07, et leurs canines sont comparativement petites, tronquées en dessous, et dilatées à la base, de même que chez l'individu que l'on nomme *simia morio*, et qui est, selon toute probabilité, le crâne d'une femelle de la même espèce que les plus petits mâles. M. Wallace dit encore que mâles et femelles de cette espèce plus petite se reconnaissent au volume relativement considérable des incisives moyennes de la mâchoire supérieure.

A ma connaissance, personne n'a jusqu'à présent tenté de contester l'exactitude des documents que je viens de rapporter en ce qui touche la manière d'être des deux singes asiatiques anthropomorphes ; et, s'ils sont vrais, on doit admettre comme prouvé :

1° Que ces singes peuvent se mouvoir sur le sol dans l'attitude verticale ou demi-verticale sans aucun appui direct des mains ;

2° Qu'ils peuvent posséder une voix extrêmement étendue, au point qu'elle est aisément entendue à un ou deux milles de distance ;

3° Que, quand on les irrite, ils sont capables d'une grande méchanceté et d'une violence excessive, et ceci est spécialement vrai des mâles adultes ;

4° Qu'ils peuvent construire un nid pour y dormir.

Tels était les faits bien établis touchant les anthropoïdes asiatiques. la seule analogie nous permet d'attendre des singes africains de semblables particu-

larités, séparées ou combinées ; pour le moins elle anni-
hile toute tentative d'argumentation *à priori* contre
un témoignage quelconque d'observation directe qui
viendrait s'ajouter à l'appui de l'existence de telles
particularités. Et si l'on pouvait démontrer que l'organisation de l'un quelconque des singes africains
s'adapte mieux que celle de leurs parents asiatiques
à la position verticale et à l'énergie de l'attaque, il y
aurait d'autant moins de motifs pour mettre en doute
que les anthropomorphes africains offrent cette attitude à l'occasion et prennent des allures agressives.

Le chimpanzé. — Depuis Tyson et Tulpius, les
mœurs du jeune CHIMPANZÉ en captivité ont été fréquemment et explicitement relatées et commentées.
Mais jusqu'à l'époque de la publication du mémoire du
Dr Savage, auquel j'ai déjà renvoyé le lecteur, on
manquait de témoignages dignes de foi quant à la
manière d'être et aux usages des adultes de cette
espèce dans leurs forêts natives. Ce mémoire contient
la relation de ses observations et des renseignements
qu'il a recueillis aux sources qu'il jugeait fidèles
pendant qu'il résidait au cap Palmas, aux limites
nord-ouest du golfe de Bénin.

Les chimpanzés adultes, mesurés par le Dr Savage,
n'ont jamais dépassé 1^m,52 ; les mâles atteignaient à
peu près cette hauteur.

« Quand ils reposent, dit Savage, ils prennent
d'ordinaire la position assise. On les voit quelquefois
debout et marchant ; mais, quand ils se voient découverts, ils se mettent immédiatement à quatre pattes
et fuient la présence de l'observateur. Telle est leur

organisation, qu'ils ne peuvent se tenir debout; mais ils s'inclinent en avant. On les voit, pendant qu'ils se tiennent debout, les mains jointes derrière l'occiput ou à la région lombaire, ce qui semblerait nécessaire pour l'équilibre ou l'aisance de leur attitude.

« Les orteils des adultes sont fortement fléchis et tournés en dedans, et ils ne peuvent pas être parfaitement redressés ; si on le tente, la peau forme sur le dos du pied des plis épais qui montrent que le développement complet du pied, nécessaire en marchant, n'est pas naturel. L'attitude naturelle est à quatre pattes, le tronc reposant sur la face dorsale des phalanges de la main, qui est notablement agrandie et recouverte d'une peau volumineuse, épaisse comme à la plante des pieds.

« Ils sont fort habiles grimpeurs, ainsi qu'on peut le prévoir d'après leur conformation. Dans leurs gambades, ils se lancent de branche en branche à une grande distance et sautent avec une étonnante agilité. Il n'est pas rare de voir les « vieilles gens » (selon l'expression d'un observateur), assis sous un arbre, se régalant de fruit, jacassant amicalement, tandis que leurs « enfants » sautent autour d'eux et vont d'une branche à l'autre avec bruyante gaieté.

« D'après ceux que l'on voit ici, on ne peut dire qu'ils vivent en troupe, car on en voit rarement plus de cinq ou dix au plus réunis ; mais on dit, en invoquant des autorités sérieuses, qu'ils se réunissent souvent en plus grand nombre pour jouer. Celui qui m'a donné ces renseignements avance qu'un jour il en a vu une cinquantaine jouer ensemble, huant, hurlant et battant la caisse avec des bâtons sur de vieux blocs de bois, ce qu'ils exécutent avec une égale facilité par les quatre extrémités. Ils ne semblent pas prendre jamais l'offensive et rarement, sinon jamais, ils ne se défendent. Quand ils se voient au moment d'être

pris, ils résistent en lançant leurs bras sur leurs
adversaires et en cherchant à les attirer en contact
avec leurs dents » [1].

En un autre endroit, le Dr Savage est, sur ce même
point, très explicite :

« Mordre, dit-il, est leur art principal de défense :
j'ai vu un homme qui avait été cruellement mordu au
pied par l'un d'eux. Le grand développement de la
canine chez l'adulte semblerait indiquer des dispositions carnivores ; mais, sauf à l'état de domestication,
ils ne le manifestent point ; tout d'abord, ils rejettent
la chair, mais ils en acquièrent rapidement le goût.
Les canines sont développées de bonne heure et sont
évidemment désignées pour jouer un rôle important
comme instruments de défense. Dès qu'elles sont en
contact avec l'homme, le premier mouvement de
l'animal est de mordre.

« Ils évitent les demeures de l'homme et construisent
les leurs dans les arbres. Leur forme est plutôt celle
d'un *nid* que celle d'une *hutte*, ainsi qu'elles ont été
erronément désignées par quelques naturalistes. En
général, leurs constructions ne s'élèvent pas beaucoup
au-dessus du sol. Des branches ou des rameaux sont
fléchis ou en partie brisés, puis entrelacés, et le tout
est soutenu par une grosse branche ou par une
fourche. Quelquefois on pourra trouver l'un de ces
nids près de l'extrémité d'une forte branche touffue,
à 20 ou 30 pieds au-dessus du sol. L'un de ceux que
j'ai vus dernièrement ne pouvait pas être à moins de
40 pieds, et, plus probablement encore, il était à
50 pieds ; mais c'était là une hauteur inusitée.

« Leur habitat n'est pas permanent, mais il se mo-

____
[1] Savage, *loc. cit.*, p. 384.

difie selon les exigences de la nourriture, de la solitude et selon les circonstances. Nous les voyons plus souvent dans des régions élevées ; mais cela dépend de ce fait, que les terrains bas étant plus favorables que les autres pour la culture du riz sont plus fréquemment défrichés : il s'en suit que nos chimpanzés ont le plus grand besoin d'arbres convenables pour leurs nids... Il est rare de voir sur le même arbre ou dans le même voisinage plus d'un ou de deux nids ; on en a trouvé cinq, mais c'était là un cas exceptionnel.

« Ils sont très malpropres dans leurs habitudes... C'est une tradition généralement répandue parmi les indigènes que les singes furent à une certaine époque membres de leur propre tribu ; qu'à cause de leurs mœurs dépravées, ils furent expulsés de toute société humaine, et qu'en raison d'une persistance obstinée dans leurs hideuses inclinaisons, ils en sont venus à leur état actuel de dégénérescence et d'organisation physique. Ces indigènes, néanmoins, ne se privent pas d'en manger et en considèrent la chair comme très agréable au goût quand elle est cuite avec de l'herbe et de la pulpe de noix de coco.

« Les chimpanzés montrent un degré très remarquable d'intelligence, et la mère manifeste beaucoup d'affection pour ses petits. La seconde femelle que nous avons décrite était, lorsqu'on la découvrit, sur un arbre avec son compagnon et deux petits (un mâle et une femelle). Son premier mouvement fut de descendre très rapidement et de se sauver dans le taillis avec son compagnon et la petite femelle.

« Le jeune mâle étant resté en arrière, elle retourna vite à son secours ; elle monta sur l'arbre et le prit dans ses bras ; à ce moment elle fut tuée, et la balle traversa l'avant-bras du petit, dans sa route vers le cœur de la mère.

« Dans une autre circonstance, quand la mère fut

découverte, elle resta sur l'arbre avec sa progéniture, suivant anxieusement les mouvements du chasseur. Quand il visa, elle fit un mouvement avec sa main, précisément de la même façon qu'un être humain, comme pour dire de ne pas tirer et de s'en aller. Lorsque les blessures qu'ils reçoivent ne sont pas instantanément mortelles, on sait qu'ils en arrêtent le sang en pressant avec la main sur la région frappée, et quand cela ne réussit pas, ils y appliquent des feuilles et du gazon. Quand ils sont atteints par la balle, ils poussent soudain un cri aigu semblable à celui d'un être humain dans une détresse soudaine et violente. »

On affirme toutefois que la voix ordinaire du chimpanzé est rude, gutturale et peu grave, quelque chose en somme qui ressemble à *whoo-whoo* [1].

Les analogies qu'offrent le chimpanzé et l'orang dans la construction de leurs nids et dans les procédés qu'ils emploient à cet effet sont extrêmement intéressantes ; mais, d'un autre côté, l'activité du premier et sa tendance à mordre, sont des particularités par lesquelles il ressemble aux gibbons. Quant à leur lieu géographique, les chimpanzés, que l'on trouve dans la Sierra Leone au Congo, rappellent plutôt l'un des gibbons que l'un ou l'autre des singes anthropomorphes, et il n'est pas improbable que, de même que pour les gibbons, on puisse en compter plusieurs espèces répandues sur l'aire géographique du genre.

Le gorille. — Le même excellent observateur à qui j'ai emprunté le tableau précédent des habitudes

_____

[1] *Loc. cit.*, p. 365.

du chimpanzé adulte, a publié une description du GORILLE, qui a été confirmée par des observateurs subséquents dans la plupart de ses points essentiels et à laquelle si peu a été réellement ajouté depuis, que pour rendre justice au Dr Savage, je la reproduirai presque en entier [1].

« On doit avoir présent à l'esprit, dit-il, que ma relation est fondée sur les témoignages des indigènes de cette région (le Gabon). En même temps, il sera peut-être convenable que je fasse remarquer qu'ayant été là missionnaire résidant pendant plusieurs années, étudiant en des rapports continuels l'esprit et le caractère africain, je me sentais suffisamment préparé pour discerner la vérité dans leurs assertions et pour en apprécier le degré de probabilité. Étant, en outre, familiarisé avec l'histoire et avec les habitudes de son intéressant compatriote (*Trogl. niger*. Geoffroy). j'étais en état de rapporter à qui de droit les détails qu'ils me donnaient sur deux espèces qui, habitant les mêmes localités et offrant de grandes similitudes de mœurs, sont souvent confondues dans l'esprit de la masse, d'autant plus que peu parmi les indigènes, à l'exception des trafiquants et des chasseurs, ont jamais aperçu l'animal en question.

« La tribu d'où nous avons tiré les renseignements que nous possédons sur le gorille et dont le territoire constitue son habitat est celle qui porte le nom de *mpongwe*, qui occupe les deux rives du fleuve Gabon, depuis son embouchure jusqu'à 50 ou 60 milles en remontant...

« Si le mot *pongo* est d'origine africaine, il est probablement une corruption du mot *mpongwe*, nom de

---

[1] Voyez *Notice of the external characters and habits of* Troglodytes gorilla (*Boston Journal of natural History*, 1847).

la tribu en question, qui a été appliqué ensuite au territoire même qu'elle occupe. Le nom local qui désigne le chimpanzé est, pour autant qu'on peut le rendre en son anglais, *enche-éko*, d'où sans doute provient le terme ordinaire *jocko*. La dénomination *mpongwe* pour son congénère nouveau est *engé-ena*, en prolongeant le son de la première voyelle et en prononçant légèrement la seconde.

« L'habitat de l'engé-ena est à l'intérieur de la basse Guinée, tandis que celui de l'engé-eko est près du littoral.

« Sa hauteur est d'environ 5 pieds (1^{m},52) ; il a les épaules larges, hors de proportion avec cette hauteur, et recouvertes de grossiers poils noirs, que l'on dit être arrangés de la même façon que ceux de l'engé-eko ; avec l'âge ils deviennent gris, ce qui a donné naissance à cette fable que les deux singes offrent deux couleurs différentes.

« *Tête.* — Les traits saillants de la tête sont la grande largeur et l'allongement de la face, la profondeur de la région des molaires, les branches montantes de la mâchoire inférieure étant situées très profondément et s'étendant très en arrière, et enfin la petitesse relative des proportions du crâne ; les yeux sont très larges et offrent, dit-on, comme ceux de l'engé-eko, une couleur noisette clair ; nez large et plat, légèrement saillant vers la racine, museau large, lèvres et menton proéminents, parsemé de poils gris ; la lèvre inférieure est extrêmement mobile, et quand l'animal est en colère, capable de s'allonger notablement ; elle pend alors sur le menton ; la peau du visage et des oreilles est nue et d'un brun foncé, voisin du noir.

« Le trait le plus remarquable de la tête est une saillie élevée, ou crête chevelue tout le long de la suture sagittale ; cette crête rejoint une saillie transversale analogue, mais moins proéminente, qui court du revers d'une oreille à l'autre. L'animal a la faculté de mouvoir librement en avant et en arrière la peau et les muscles qui recouvrent le crâne ; lorsqu'il est en colère ou lorsqu'il la contracte fortement, les muscles sourciliers, ramenant inférieurement la crête chevelue et en dirigeant la pointe en avant, de façon à offrir un aspect indescriptiblement féroce.

« Cou court, épais et velu, poitrine et épaules très larges, et que l'on dit avoir amplement le double du volume de l'engé-eko ; bras très longs, atteignant quelque distance en-dessous du genou, l'avant-bras beaucoup plus petit que le bras ; mains très larges, pouces plus volumineux que les doigts.

« Sa démarche est trainante (fig. 82); le mouvement du corps n'est jamais vertical comme celui de l'homme, mais incliné en avant ; il a quelque chose du roulis, ou, si l'on veut, d'un balancement latéral. Ses bras étant plus longs que ceux du chimpanzé, il ne s'arrête pas autant en marchant, car, de même que cet animal, il s'avance en lançant ses bras en avant, laissant les mains sur le sol et donnant ensuite au corps, entre elles, un mouvement qui est à moitié un saut et à moitié une oscillation ; dans cet acte, on dit que le gorille ne fléchit pas ses doigts, à l'instar du chimpanzé, qui se repose sur la face dorsale des phalanges, mais il les étend de manière à faire un point d'appui de la main (fig. 83). Quand il prend l'attitude de la marche à laquelle on dit qu'il est très enclin, il tient son énorme corps en équilibre, en fléchissant ses bras au-dessus de sa tête.

« Ils vivent en troupes, mais moins nombreuses que celles des chimpanzés : en général, les femelles sont plus nombreuses que les mâles. Mes interlocuteurs s'accordent tous pour avancer qu'on ne voit dans une seule bande qu'un seul adulte mâle ; que quand les jeunes mâles grandissent un conflit s'élève pour savoir qui dominera, et en tuant ou en chassant

FIG. 82. — Le Gorille, d'après WOLF.

les plus faibles, le plus fort s'établit comme chef de
la communauté. »

Le Dr Savage réfute les contes répandus sur les gorilles qui enlèvent les femmes et qui combattent
victorieusement les éléphants, et il ajoute ensuite:

« Leurs habitations, si l'on peut les appeler ainsi,
sont semblables à celles des chimpanzés et consistent
simplement en quelques bâtons et branches touflues
que supportent les fourches et les grosses branches
des arbres. Elles ne sont point couvertes et ne sont
occupées que la nuit.

Fig. 83. — Le Gorille en marche, d'après Wolf.

« Ils sont extrêmement féroces et prennent toujours l'offensive ; ils ne fuient pas, comme le chimpanzé, devant l'homme ; ils sont un objet de terreur
pour les naturels, qui jamais ne les combattent, si ce
n'est pour s'en défendre. Le petit nombre de ceux qui
ont été pris avaient été tués par les chasseurs d'éléphants et les trafiquants indigènes, au moment où ils
se précipitaient soudain sur les hommes dans leur traversée des forêts.

« On dit que quand le mâle est découvert le premier, il pousse un cri terrible qui retentit au loin à

travers la forêt, quelque chose comme *kh-ah ! kh-ah !*
prolongé et vibrant. Ses mâchoires énormes sont largement ouvertes à chaque expiration ; sa lèvre inférieure tombe sur le menton ; la crête chevelue et l'a-
ponévrose occipoto-frontale sont contractés sur les
sourcils, offrant un indicible aspect de férocité.

« Au premier cri, les femelles et les petits disparaissent rapidement. Le mâle s'approche de son ennemi avec fureur, en poussant rapidement une série
de cris horribles ; le chasseur l'attend, le fusil étendu,
et s'il n'est pas sûr de son but, il permet au gorille
de saisir le canon ; au moment où celui-ci, selon son
habitude, le porte à sa bouche, le chasseur fait feu. Si
le coup rate, le canon (au moins celui du fusil ordinaire, qui est mince), est broyé entre les dents, et le
combat est bientôt fatal au chasseur.

« A l'état sauvage, leurs habitudes sont en général
les mêmes que celles du *troglodytes niger* ; ils bâtissent
négligemment leurs nids sur les arbres, vivent des
mêmes fruits et changent leurs lieux de rendez-vous,
selon la force des circonstances. »

Les observations du Dr Savage ont été augmentées
et confirmées par celles de M. Ford, qui a commu-
niqué, en 1852, à l'Académie des sciences de Phila-
delphie, un travail intéressant sur le gorille. Citons
les remarques de cet auteur, quant à la distribution
géographique du plus grand de tous les singes anthropomorphes :

« Cet animal habite la série des montagnes qui tra-
versent l'intérieur de la Guinée, du Camerones, au
nord, à Angola, au sud, à environ 100 milles à l'intérieur, dans le pays que les géographes désignent du
nom de montagnes de Cristal. Je ne saurais détermi-

ner, ni au nord ni au sud, la limite de l'habitat de cet animal. Mais cette limite est sans doute à quelque distance au nord de cette rivière (le fleuve Gabon). J'ai été en mesure de m'assurer moi-même de ce fait, dans une excursion récente aux sources de la rivière de Money ou de *Danger*, qui se jette à la mer, à environ 60 milles de ce lieu. On m'a appris (et, à ce que je pense, de bonne source) qu'ils sont très nombreux, dans les montagnes au sein desquelles cette rivière prend sa source, ainsi que fort avant au nord de celle-ci.

« Au sud, cette espèce s'étend vers la rivière de Congo, ainsi que me l'ont rapporté les trafiquants indigènes qui ont parcouru la côte située entre le Gabon et cette rivière. J'ignore s'ils s'étendent au-delà de ce point. On ne trouve, en général, de gorilles qu'à quelque distance de la mer ; selon mes meilleures informations, il ne s'en approche nulle part aussi près qu'au sud de la rivière du Congo, où on en a découvert à 10 milles de la mer. Ceci, toutefois, est de date récente ; quelques-uns des plus vieux indigènes mpongwes m'ont dit qu'autrefois on ne le rencontrait qu'aux sources de la rivière, mais qu'à présent on peut le rencontrer à une demi-journée de son embouchure. Autrefois il occupait les sommets montueux que les Buchmen seuls habitent, mais maintenant il s'approche audacieusement des plantations des Mpongwes. Telle est, sans aucun doute, la raison de la rareté des informations anciennes ; car les trafiquants ayant, depuis un siècle, fréquenté ces parages, les occasions n'auraient pas manqué de se renseigner sur cet animal, et des spécimens tels que ceux qui ont été amenés ici depuis une année n'auraient pu être exposés sans attirer l'attention des hommes les plus nuls. »

L'un des individus examinés par M. Ford pesait

170 livres, non compris les viscères thoraciques et pelviens, et mesurait 4 pieds de circonférence à la poitrine. Cet écrivain décrit si minutieusement et avec tant de pittoresque l'attaque du gorille, quoiqu'il ne prétend pas un moment en avoir été témoin, que je suis tenté de reproduire en entier cette partie de son travail, afin que l'on puisse le comparer [1] avec d'autres récits :

« Quand il attaque, il se dresse toujours sur ses pieds, bien qu'il s'approche de son adversaire en se tenant courbé.

« Quoiqu'il ne fasse jamais le guet, dès qu'il entend, qu'il voit ou qu'il flaire un homme, il pousse immédiatement son cri caractéristique, se prépare au combat et prend toujours l'offensive ; son cri est plutôt un grognement qu'un hurlement, il ressemble à celui du chimpanzé en colère, mais il est beaucoup plus grave, on dit qu'on peut l'entendre à une grande distance. Il se prépare au combat en emmenant à une petite distance les femelles et les petits qui l'accompagnent d'ordinaire, puis il revient bientôt, avec sa crête che-

---

[1] Du Chaillu a fait plusieurs récits de combats avec les gorilles ; le plus saisissant est à la page 146 de ses *Voyages et aventures*. Plus loin il résume dans les termes suivants ses observations sur la chasse : « Quand je surprenais un couple de gorilles, le mâle était d'ordinaire assis sur un rocher ou contre un arbre dans le coin le plus obscur de la jungle ; la femelle mangeait à côté de lui, et ce qu'il y a de singulier, c'est que c'était presque toujours elle qui donnait l'alarme en s'enfuyant avec des cris perçants. Alors le mâle, restant assis un moment, et fronçant sa figure sauvage, se dressait ensuite avec lenteur sur ses pieds, puis jetant un regard plein d'un feu sinistre sur les envahisseurs de sa retraite, il commençait à se battre la poitrine, à redresser sa grosse tête ronde, et à pousser son rugissement formidable. Le hideux aspect de l'animal, à ce moment, est impossible à décrire » p. 395.

velue redressée et dirigée en avant et sa lèvre inférieure fortement abaissée. Il lance en même temps son
cri habituel, qui semble avoir pour but de terrifier son
adversaire. Soudain, à moins qu'il ne soit mis hors de
combat par une balle bien dirigée, il se jette sur son
antagoniste, et le frappant avec la paume de ses
mains, ou bien le saisissant d'une étreinte à laquelle
on ne peut échapper, il le précipite sur le sol et le
déchire de ses dents.

« On dit qu'il saisit un fusil et qu'il en broie immédiatement le canon entre ses dents. Le naturel sauvage
de cet animal s'est bien révélé par la fureur impla-
cable d'un petit qui a été amené ici. Il avait été pris
très jeune et élevé pendant quatre mois ; plusieurs
moyens avaient été employés pour l'apprivoiser, mais
il resta incorrigible au point qu'il me mordit une heure
avant de mourir.

M. Ford ne croit pas aux récits qui prétendent que
les gorilles se bâtissent des maisons et chassent l'éléphant ; il dit que pas un indigène bien informé n'y
ajoute foi. Ce sont là des contes d'enfants.

Je pourrais, en témoignage des mêmes faits, faire
une autre citation, qui, à ce qu'il me semble, serait
moins soigneusement pesée et contrôlée ; je l'emprun-
terais aux lettres de MM. Franquet et Gautier Laboul-
laye ajoutées au mémoire de I. Geoffroy Saint-Hilaire[1].
Si l'on a présent à l'esprit ce que l'on sait de l'orang
et du gibbon, les relations du Dr Savage et de
M. Ford ne me semblent pas pouvoir être équitable-
ment critiqués par des considérations *à priori*. Ainsi
que nous l'avons vu, les gibbons prennent rapide-

[1] Geoffroy Saint-Hilaire, *Archives du Muséum*. Paris, 1844-1861.

ment l'attitude verticale, mais, en vertu de sa conformation, le gorille est bien mieux disposé que le gibbon lui-même à prendre cette attitude. Si les sacs laryngiens des gibbons tirent leur importance, ainsi que cela est très probable, de ce qu'ils donnent de l'étendue à une voix qui peut être entendue à une demi-lieue de distance, le gorille, qui a des sacs semblables, plus largement développés et dont le volume est cinq fois celui du gibbon, peut bien être entendu à une distance double. Si l'orang combat avec ses mains, les gibbons et les chimpanzés avec leurs dents, il est assez probable que le gorille peut l'un ou l'autre et même l'un et l'autre; et l'on ne saurait rien dire contre ce fait que le chimpanzé et le gorille construisent un nid, lorsqu'il est prouvé que l'orang-outang exécute habituellement cet acte. En présence de tous ces témoignages·publics, vieux de dix ou quinze ans, n'est-il pas surprenant que les assertions d'un voyageur moderne qui, pour ce qui est du gorille, a fait très peu de chose de plus que de reproduire sur sa propre autorité les assertions de Savage et de Ford aient rencontré une si acerbe et si violente opposition ? Abstraction faite de ce que l'on connaissait antérieurement, le résumé et la substance de ce que M. Du Chaillu a affirmé au sujet du gorille, comme étant de son observation propre, est que, en s'avançant pour attaquer, ce grand animal frappe sa poitrine avec les poings. J'avoue que je ne vois rien dans cette assertion de très improbable ou de bien digne d'une discussion.

En qui ce touche les autres singes anthropomorphes

de l'Afrique, M. Du Chaillu ne nous apprend absolument rien qui soit de son propre fond au sujet du chimpanzé ordinaire. Mais il nous fait connaître une espèce ou une variété chauve, le *nschiego-mbouve*[1], qui se construit lui-même un abri, et un autre, genre rare, qui aurait une face relativement petite, un angle facial très ouvert et une note vocale particulière qui ressemble à « kooloo[2] ».

Comme l'orang s'abrite de lui-même sous une grossière couverture de feuilles et que le chimpanzé ordinaire, selon cet observateur éminemment digne de foi, le Dr Savage, produit un son semblable à *whoo-whoo*, les raisons ne sont point claires pour les-

---

[1] Voici ce que dit Du Chaillu du *nshiego-mbouve* : « Il habite indifféremment le même pays que le gorille ; il est plus petit, plus doux, moins fort ; son nid est beaucoup mieux construit ; il se compose de feuilles serrées et tassées de manière à laisser couler la pluie ; les branchages de l'abri sont attachés au tronc par des lianes. Le toit a 6 ou 8 pieds de diamètre (p. 405). Les liens sont si habilement noués, et les toits si habilement disposés, qu'à moins d'avoir vu un de ces singes en possession de son domicile, je pouvais à peine m'imaginer que ce ne fût pas l'ouvrage d'un homme .. Cette construction est arrondie et se termine en dôme (p. 259). » Du Chaillu énumère les caractères distinctifs du nshsiego-mbouve ; mais ils ne sont pas très concluants. Ce qu'il y a de plus précis, c'est que ce singe est chauve. Du Chaillu propose de l'appeler *trogl. calvus.*

[2] « Le *koolo-kamba* a pour caractère distinctif une tête très ronde ; des espèces de favoris encadrent la face et le menton ; la face est arrondie, les pommettes saillantes, les joues creuses ; les mâchoires ne sont pas très proéminentes ; elles le sont moins que dans toute autre espèce de singes. Le poil est noir et très long sur les bras, qui, cependant, n'en ont pas du tout dans de certaines parties (p. 304). La capacité du crâne, proportion gardée de la taille de l'animal, est un peu plus grande que chez le gorille ou chez le nshiego-mbouve. » Du Chaillu, *Aventures et voyages*, etc. (p. 305.)

quelles on a sommairement repoussé les assertions de M. Du Chaillu.

Si donc je me suis abstenu de citer l'ouvrage de M. Du Chaillu, ce n'est pas que j'aie reconnu aucune improbabilité inhérente à ses assertions, touchant les singes anthropomorphes, ni que j'aie aucun désir de jeter un doute sur sa véracité ; mais parce que, dans mon opinion, aussi longtemps que ces récits demeureront dans leur état présent de confusion inexpliquée et apparemment inexplicable, ils n'ont aucun droit à l'authenticité, quant à un sujet quelconque, quel qu'il soit.

Il peuvent être vrais, mais ils ne sont pas prouvés.

NOTE SUR LE CANNIBALISME AFRICAIN AU XVIe SIÈCLE

En parcourant la version de Pigafetta du récit de Lopez, que j'ai cité[1], je rencontrai une confirmation si curieuse et si inattendue, remontant à plus de deux siècles et demi, de l'un des passages les plus frappants de la narration de M. Du Chaillu, que je ne puis m'empêcher d'attirer l'attention sur cette note, quoique, je l'avoue, le sujet ne se rapporte pas strictement à celui que je traite en ce moment.

Dans le ve chapitre du 1er livre de la *Description*, « touchant les régions septentrionales du royaume du Congo et les contrées adjacentes », on mentionne un peuple dont le roi s'appelle *Maniloango* et qui habite sous l'équateur, jusqu'au cap Lopez, vers l'ouest. Il

---

[1] Page 164.

semble qu'il soit ici question du pays qu'habitent aujourd'hui, selon M. Du Chaillu, les Ogabais et les Bakalais. « Au delà habite un autre peuple appelé les *Anziques*, d'une férocité incroyable, car ils se mangent les uns les autres, n'épargnant ni leurs amis ni leurs parents. »

Ces individus sont armés de petits arcs entourés solidement de peau de serpent et tendus avec du jonc et du roseau. Leurs flèches, courtes et minces, mais faites en bois dur, sont tirées avec une grande rapidité. Ils possèdent des haches en fer dont les poignées sont enveloppées de peau de serpent, et des sabres avec des fourreaux de cette même peau ; comme arme défensive ils emploient la peau d'éléphant. Ils se taillent la peau quand ils sont jeunes, de façon à se faire des cicatrices.

« Leurs boucheries sont pleines de chair humaine, au lieu de chair de bœuf ou de mouton, car ils mangent les ennemis qu'ils prennent à la guerre. Ils engraissent, tuent et dévorent aussi leurs esclaves, à moins qu'ils ne supposent devoir en tirer un prix élevé ; de plus, tantôt par dégoût de la vie ou par soif de gloire (car ils pensent que le mépris de la mort est un sentiment élevé et le caractère d'une âme généreuse), tantôt par amour pour leurs maîtres, ils s'offrent quelquefois d'eux-mêmes pour être mangés. »

« Il y a par le monde beaucoup de cannibales dans les Indes orientales, au Brésil et ailleurs, mais il n'y en a point tels que ceux-là qui mangent non seulement leurs ennemis, mais encore leurs parents. »

Les artistes qui ont orné l'ouvrage de Pigafetta ont fait de leur mieux pour mettre le lecteur en mesure de se rendre compte de cette description des Anziques, et la boucherie sans exemple, qui est représentée dans la figure 84 est le fac-similé d'une partie de leur planche XII.

La description du compte rendu qu'a fait M. Du
Chaillu des Fans est singulièrement d'accord avec ce

FIG. 84. — Boucherie des Anziques d'après les frères de Bry (1598).

que Lopez rapporte ici des Anziques. Il parle de
leurs petites arbalètes, de leurs flèches courtes, de

leurs haches et de leurs couteaux « ingénieusement
engaînés dans de la peau de serpent. Ils se tatouent,
ajoute-t-il, plus qu'aucune des autres tribus que j'ai
rencontrées au nord de l'équateur ». Tout le monde
sait ce que M. Du Chaillu a rapporté de leur canniba-
lisme : « Bientôt, dit-il, nous rencontrâmes une femme
qui leva tous nos doutes. Elle tenait tranquillement
à la main une cuisse détachée d'un corps humain,
comme une de nos ménagères rapporterait du marché
un gigot ou une côtelette » [1].

L'artiste qui a illustré l'ouvrage de Du Chaillu ne
peut, en général, être accusé d'un défaut quelconque
d'audace quand il représente les assertions de son
auteur ; il est donc regrettable qu'avec de telles dispositions, il ne nous ait point donné un pendant convenable au dessin des frères de Bry.

---

[1] Du Chaillu, *Voyages et aventures*, etc., édition française, p. 149.
Un autre passage du même auteur est aussi catégorique : « Quand
j'eus visité la maison qui m'était destinée, on m'emmena à travers
le village, et là je vis des traces encore plus effrayantes de canni-
balisme : c'étaient des tas d'ossements humains amoncelés avec
d'autres abats des deux côtés de chaque maison. » (P. 151.)

IV

LES MÉTHODES ET LES RÉSULTATS
DE L'ETHNOLOGIE

L'Ethnologie est la science qui détermine les caractères distinctifs des modifications persistantes de l'humanité, qui constate la distribution de ces modifications dans les temps présent et à venir, et qui cherche à découvrir les causes ou conditions d'existence, à la fois, de ces modifications et de leur distribution. Je dis: modifications « persistantes », parce que, sauf d'une manière incidente, l'ethnologie n'a rien à faire avec les particularités accidentelles et transitoires de la structure humaine, et je parle de « modifications persistantes » ou « souches », plutôt que de « variétés », ou « races », ou « espèces », parce que chacun de ces derniers termes bien souvent implique, de la part de celui qui les emploie, une opinion préconçue touchant un de ces problèmes, dont la solution est l'objet ultime de la science, et à l'égard duquel, par conséquent, les ethnologistes sont spécialement tenus de garder l'esprit ouvert, et le jugement en suspens.

Ainsi définie, l'Ethnologie est une branche de l'anthropologie, cette grande science qui débrouille les complexités de la structure humaine; qui retrouve les traces des relations entre l'homme et les autres animaux, qui étudie tout ce qui est spécialement humain dans le monde où s'accomplissent les fonctions complexes de l'homme ; qui recherche les conditions qui ont déterminé sa présence dans le monde. Et l'Anthropologie est une section de la Zoologie, qui, à son tour, est la moitié animale de la Biologie — la science de la vie et des choses vivantes.

Tel est le caractère de l'Ethnologie, et tels sont les buts que se propose l'ethnologiste. Les routes ou méthodes par lesquelles il peut espérer atteindre son but sont diverses. Il peut étudier l'homme du point de vue exclusif du zoologiste et faire une étude des particularités anatomiques et physiologiques des Nègres, des Australiens ou des Mongols, tout comme il en pourrait faire sur celles des chiens d'arrêt, des chiens terriers, ou des chiens tourne-broche — « modifications persistantes » du compagnon presque universel de l'homme. Ou bien, il peut s'aider par des recherches sur la manifestation la plus propre à l'humanité — le langage ; et, supposant que ce qui est vrai de celui-ci est vrai de celui qui le parle — hypothèse aussi douteuse dans la science que dans la vie ordinaire — il peut appliquer à l'humanité elle-même les conclusions tirées d'une analyse approfondie de ses mots et de ses formes grammaticales.

Ou bien, l'Ethnologie peut diriger ses études vers la vie pratique de l'homme, et se fiant au conservatisme inhérent à la race humaine non civilisée, à son esprit peu inventif, il peut espérer découvrir dans les coutumes et les mœurs, ou dans les armes, les habitudes, et autres œuvres de sa main, un indice révélateur de l'origine des ressemblances et des différences des nations. Ou bien encore, il peut avoir recours à la sorte de témoignage que livre l'histoire proprement dite, et qui consiste en croyances de l'homme à l'égard des événements passés, croyances renfermées dans des témoignages traditionnels ou écrits. Ou bien, lorsque ce fil conducteur fait défaut, l'Archéologie, qui se charge d'interpréter les restes non enregistrés des œuvres humaines, appartenant à l'époque d'où le monde est parvenu à son état actuel, peut encore lui servir de guide. Et, quand cette lumière pâle de l'Archéologie s'efface elle-même, il reste encore la Paléontologie, qui, dans les dernières années, a ramené au jour les dépouilles des anciennes populations, dont le monde n'était pas notre monde, qui ont été enterrées sous le lit de fleuves desséchés de temps immémorial, ou emportées par l'effort des eaux dans des cavernes inaccessibles à l'inondation depuis l'aube de la tradition.

Par chacune de ces routes, ou par toutes, l'ethnologiste peut se diriger vers son but ; mais elles ne sont pas toutes également droites, sûres ou faciles. Le sentier de la Paléontologie ne nous est ouvert que depuis peu de temps. Les investigations archéologiques et historiques sont d'une grande valeur pour tous les peuples dont l'état ancien différait grandement de leur état actuel, et qui ont la bonne ou la mauvaise fortune de posséder une histoire. Mais en passant une revue générale du monde, on est étonné de voir combien peu de nations présentent l'une ou l'autre de ces conditions. L'Histoire et l'Archéologie sont absolument muettes en ce qui concerne les cinq sixièmes des modifications persistantes de l'humanité. Pour la moitié du dernier sixième, leur témoignage a si peu de valeur qu'elles pourraient tout aussi bien garder le silence. Enfin, quand il s'agit de savoir quel était l'état de l'humanité, il y a plus de deux ou trois mille ans, l'Histoire et l'Archéologie, ne sont, la plupart du temps, que des chiens muets. Quel jour jette l'une ou l'autre de ces branches de connaissance sur le passé de l'homme du nouveau monde, si nous en exceptons les Américains du centre et les Péruviens; sur celui des Africains, excepté pour la vallée du Nil et une frange de la Méditerranée; sur celui de tous les peuples de la Polynésie, de l'Australie et de l'Asie centrale, dont les premiers, probablement, et, les derniers, à coup sûr, étaient, à l'aube de l'histoire, en substance ce qu'ils sont maintenant ? Tout en acceptant avec reconnaissance ce que l'histoire peut lui donner, l'ethnologiste doit donc ne pas trop en attendre.

Faut-il attendre davantage des recherches sur les mœurs et les œuvres de la main des hommes ? Il est à craindre que non. Quand on conclut de l'identité d'habitudes à l'identité de souche, une difficulté se présente toujours, à savoir que l'esprit de l'homme étant partout le même, différant dans ses facultés comme qualité et quantité mais non en espèce, les mêmes circonstances doivent tendre à produire les mêmes expédients ; du moins, tant que la nécessité à satisfaire et à vaincre est d'une sorte très simple. On ne saurait regarder comme preuve que deux nations ont eu la même origine, ou même qu'il y a eu entre elles échange de communications le fait qu'elles emploient pour boire des calebasses ou des coquillages, ou qu'elles se servent de lances ou de massues, ou d'épées et de haches de pierre et de métal comme armes ou comme ustensiles ; car la commodité de se servir de calebasses ou de coquilles pour ce but, et l'avantage de percer un ennemi avec un bâton pointu, ou de l'assommer avec un bâton lourd, doivent s'être de bonne heure imposés naturellement à l'esprit du sauvage même le plus stupide. Et dès qu'il eût découvert l'utilité d'un bâton, il n'avait besoin d'aucune suggestion pour découvrir la valeur d'une pierre éclatée ou aiguisée, ou d'un morceau angulaire de métal indigène, pour le même but. D'autre part, il est douteux que des nations indépendantes aient pu arriver seules à fabriquer un boomerang ou un arc. Ce dernier, quand on y réfléchit, est un appareil assez compliqué, et on obtiendrait des données ethnologiques précieuses en étudiant la distribution d'inventions aussi complexes que celles-là, et de coutumes aussi étranges que celles de mâcher le bétel et de fumer le tabac.

Depuis le temps où vivait Leibnitz, et dirigée par des hommes tels que Humboldt, Abel Rémusat et Klaproth, la Philologie a beaucoup grandi. C'est ainsi que Prichard[1] a pu affirmer que « l'histoire des nations, nommée Ethnologie, doit principalement être fondée sur les rapports de leurs langues ».

Un éminent philologue moderne, Auguste Schlei-

---

[1] Prichard, *Histoire naturelle de l'Homme*, traduit par Roulin, Paris, 1843.

cher, a exposé les droits de sa science avec une insistance encore plus grande :

« Si toutefois, la langue est le κατ' ἐξοχήν humain, on se demande si elle ne devrait pas former la base de toute classification scientifique systématique de l'humanité ; si les fondements de la classification naturelle du genre *Homo* n'y ont pas été découverts.

« Combien peu constantes sont les particularités crâniennes et autres soi-disant caractères de races. La langue, au contraire, est toujours un diagnostic parfaitement constant. Un Allemand peut, à l'occasion, en fait de cheveux et de prognathisme, rivaliser avec un Nègre, mais une langue de Nègre ne sera jamais sa langue maternelle.

« Le fait que ceux qui parlent des langues appartenant à la même famille peuvent présenter les particularités de races diverses, montre bien que ce qu'on nomme les caractères de la race a peu d'importance pour l'humanité. Ainsi le Turc Osmanli montre des caractères caucasiens, tandis que d'autres soi-disant Turcs de Tartarie se rattachent au type Mongol. D'autre part, le Magyar et le Basque ne s'éloignent en aucune particularité physique essentielle des Indo-Germains, tandis que les langues des Magyars, des Basques et des Indo-Germains diffèrent grandement. En dehors de leurs circonstances, les soi-disant caractères de races peuvent à peine faciliter un système naturel scientifique. Les langues, au contraire, se prêtent naturellement à un arrangement semblable à celui dont d'autres produits de la vie sont susceptibles, surtout quand on les considère de leur côté morphologique... La structure, visible à l'extérieur, des squelettes du crâne et de la face et du corps en général, est moins importante que cette structure corporelle, non moins matérielle mais infiniment plus délicate, dont la fonction est le langage. Je pense donc que la classification naturelle des langues est aussi la classification naturelle de l'humanité. En outre, toutes les manifestations supérieures de l'activité vitale de l'homme sont étroitement liées avec le langage, de telle sorte que ces manifestations ne peuvent être reconnues que dans celle et par celle de la langue » [1].

Sans vouloir le moins du monde déprécier la valeur de la Philologie comme aide à l'Ethnologie, je me hasarde à mettre en doute, avec Rudolphi, Desmoulins, et Crawfurd, et d'autres, ses titres à la position principale que réclament pour elle les écrivains cités précédemment. Il me semble, au contraire, évident que bien qu'en l'absence de preuves du contraire, l'unité de langue puisse être une présomption en faveur de l'unité de souche des peuples parlant la même langue, on ne peut admettre qu'elle prouve cette unité de souche, à moins que les philologues ne nous démontrent qu'aucune nation ne peut perdre sa langue et acquérir celle d'une nation distincte, sans un changement de sang correspondant au changement de langage. Desmoulins a fort bien exposé ce raisonnement, il y a longtemps :

« Supposons le retour d'une de ces révolutions politiques lentes ou brusques, peut-être même, de ces révolutions sidérales, qui, chez différents peuples, et à différentes époques anéantirent les monuments historiques, et éteignirent jusqu'aux traditions populaires. Alors disparaissaient les preuves aujourd'hui si pal-

[1] August Schleicher, *Ueber die Bedeutung der Sprache für die Naturgeschichte des Menschen*, p. 16-18. Weimar, 1858.

pables que les Nègres d'Haïti furent les esclaves importés d'une colonie de français, que par l'effet même de la subordination de l'esclavage, ils changèrent leurs langues diverses entre elles pour celle de leurs maitres. Et des philosophes métaphysiciens, observant l'identité de la langue française d'Haïti avec celle qu'on parle aux rives de la Seine et de la Loire, prouveraient que les hommes d'Haïti, à la tête couverte de laine, à la peau noire et huileuse, aux mollets peu formés, au jarret un peu fléchi, etc., sont de la même race, d'un même premier sang paternel que ces Français aux cheveux bruns, chatains ou blonds, mais également soyeux, au teint si blanc, etc. Car, diraient-ils, leurs langues se ressemblent plus que celles de ces Français à celle des Allemands, des Espagnols, etc. » [1].

Il ne faut pas imaginer que le cas proposé par Desmoulins soit purement hypothétique. Un événement précisément semblable à ce transport d'une troupe d'Africains aux îles des Indes occidentales ne peut, à la vérité, s'être passé parmi les races non civilisées, mais des résultats pareils ont suivi l'importation de hordes conquérantes chez un peuple réduit en esclavage, à diverses reprises. Il existe à peine un pays en Europe dans lequel deux ou plus de deux nations parlant des langues grandement différentes ne se soient entremêlées ; et il y a à peine une langue en Europe dont nous soyons autorisés à penser que la structure offre un indice exact de la quantité de ce mélange.

Ainsi que l'a très bien dit le Dr Latham :

« Il est certain que la langue anglaise est d'origine anglo-saxonne, et que les restes du celtique primitif

---

[1] Desmoulins, *Histoire Naturelle des Races Humaines*, p. 345. 1826.

y sont peu importants. Il n'est nullement aussi certain que le sang des Anglais soit également germanique. Beaucoup de celticisme, qui ne se trouve pas dans notre langue, existe probablement dans nos généalogies. L'ethnologie de la France est encore plus compliquée. Beaucoup d'écrivains font du Parisien un Romain, par la langue, tandis que d'autres en font un Celte, à cause de certains traits moraux caractéristiques combinés avec le celticisme primitif des premiers Gaulois. L'espagnol et le portugais, comme langues, dérivent du latin ; l'Espagne et le Portugal, comme pays, sont, en différentes proportions, composés d'éléments ibériques, latins, gothiques et arabes. L'italien est du latin moderne ; pourtant il doit y avoir beaucoup de sang celtique en Lombardie, et beaucoup de mélanges étrusques en Toscane.

« Au IXe siècle, entre l'Elbe et le Niémen, chacun parlait quelque dialecte esclavon ; ils parlent presque tous allemand, maintenant. Le sang est assurément moins gothique que la langue »[1].

En d'autres termes, quel philologue, s'il n'avait pour le guider que le vocabulaire et la grammaire des langues française et anglaise, soupçonnerait les vraies causes de la dissemblance entre un Normand et un Provençal, un habitant des Orcades et un habitant du pays de Cornouailles ? Combien il se trouverait porté à supposer que les différentes conditions climatériques auxquelles ces gens parlant la même langue ont été si longtemps exposés, ont causé leurs différences physiques, et combien peu il soupçonnerait que ces différences sont dues (comme nous le savons maintenant) à de grandes différences de race.

[1] Latham, *Man and his Migrations*, p. 171.

On ne tient pas assez généralement compte de la preuve qui existe quant à la facilité avec laquelle des sauvages illettrés gagnent ou perdent une langue. Le capitaine Erskine, dans son intéressant *Journal d'une Croisière parmi les îles du Pacifique occidental*, remarque particulièrement « l'avidité avec laquelle les habitants des îles polyglottes de la Mélanésie, de la Nouvelle-Calédonie à l'archipel de Salomon, adoptaient les améliorations d'une langue plus parfaite que la leur, que des causes différentes et une communication accidentelle continuent encore à leur amener » ; et il ajoute que « dans les îles de Mélanésie, nous n'avons trouvé presque personne qui ne possédât, en quelques cas imparfaitement encore, le système décimal de numération ajouté au leur, lequel ne compte que jusqu'à cinq ».

Et pourtant combien de raisonnements philosophiques en faveur de l'affinité ou de la diversité de deux peuples distincts ont été basés sur la comparaison de leur système de numération !

Mais ce sont les Fidjiens, qui sont physiquement si intimement liés avec les Négritos de la Nouvelle-Calédonie, leurs voisins, qui offrent l'exemple le plus instructif de la fausseté dont peuvent être entachés des raisonnements purement philologiques ; car on ne peut douter de la souche à laquelle ils appartiennent, et cependant, dans la forme et la substance de leur langue, ils sont Polynésiens. Le cas est aussi remarquable que si l'on avait trouvé les Iles Canaries habitées par des Nègres parlant l'arabe ou quelque autre dialecte franchement sémitique, comme langue maternelle. Les particularités physiques des Fidjiens sont si frappantes, et les conditions de leur vie si semblables à celles des Polynésiens, que nul ne s'est hasardé à suggérer qu'ils sont seulement des Polynésiens modifiés — suggestion qui, autrement, eût certainement été faite. Mais si les langues peuvent ainsi être transférées d'une souche à une autre, sans aucun mélange correspondant de sang, quelle valeur ethnologique a donc la Philologie ? — Quelle preuve l'unité du langage nous donne-t-elle que ceux qui le parlent ne sont pas nés de deux, ou trois, ou douze sources distinctes ?

Nous arrivons donc, ainsi, à la fin, à la méthode purement zoologique, dont il n'est pas extraordinaire d'attendre plus que de toute autre, si nous considérons qu'après tout, les problèmes de l'Ethnologie sont simplement ceux qui sont présentés au zoologiste dans chaque animal à distribution générale qu'il étudie. Le père de la zoologie moderne ne semble avoir aucun doute sur ce point. Voici le tableau qu'il présente [1] :

I. Primates

Dentes primores incisores ; superiores IV, paralleli, mammæ pectorales II.

Homo.........   Nosce te ipsum.
Sapiens.......   1. H. diurnus : *varians cultura, loco.*
Ferus..........   Tetrapus, mutus, hirsutus.

. . . .

Americanus.α.   Rufus, cholericus, rectus. *Pilis* nigris, rectis, crassis. *Naribus* patulis. *Facie* ephelitica. *Mento* subimberbi. *Pertinax*, contentus, liber. *Pingit* se lineis dœdaleis rubris. *Regitur* consuetudine.

[1] *Systema Naturæ*, douzième édition, p. 28.

Europæus...β. {
Albus sanguineus torosus. *Pilis* fla-
vescentibus, prolixis. *Oculis* cœru-
leis.
Levis, argutus, inventor.*Tegitur* ves-
timentis arctis.
Regitur ritibus.
}

Asiaticus. . .γ. {
Luridus , melancholicus , rigidus.
Pilis nigricantibus. *Oculis* fuscis.
Severus, fastuosus, avarus. *Tegitur*
indumentis laxis.
Regitur opinionibus.
}

Afer, ...δ. {
Niger, phlegmaticus, laxus. *Pilis*
atris contortuplicatis. *Cute* holo-
sericea. *Naso* simo. *Labiis* tumidis.
Feminis sinus pudoris. *Mammæ*
lactantes prolixæ.
Vafer, segnis, negligens. *Ungit* se
pingui. *Regitur* arbitrio.
}

Monstrosus .ε. {
Solo (a) et arte (b c) variat :
a. *Alpini*, parvi, agiles, timidi.
Patagonici. Magni, segnes.
b. *Monorchides* ut minus fertiles :
Hottentotti.
Junceæ. Puellæ, abdomine atte-
nuato : Europœæ.
c. *Macrocephali* capite conico : Chi-
nenses.
Plagiocephali. Capite antice com-
presso : Canadenses.
}

En tournant quelques pages de plus, dans le même
volume, on voit apparaître avec une noble impartialité
dans la distribution des lettres capitales et des en-tête
subdivisionnaires :

III. Feræ.

Dentes primores superiores sex, acutiusculi. Canini solitarii.

12. *Canis.. . .* { *Dentes primores* superiores VI : laterales longiores distantes ; intermedii lobati. Inferiores VI : laterales lobati.
Laniarii solitarii, incurvati.

Molares VI. S. VII (plures ve quam in reliquis).
Familiaris I. . C. cauda (sinistrorsum) recurvata.
Domesticus. α. Auriculis erectis, cauda subtus lanata.
Sagax. β. . . . { Auriculus pendulis, digito spurio ad tibias posticas.
Grajus γ. . . . { Magnitudine lupi, trunco curvato, rostroattenuato, etc., etc.

On remarquera que la définition de ce que Linné considère comme de simples variétés de l'espèce Homme est aussi dénuée d'allusion quelconque à des particularités de langage que ces phrases courtes, mais pleines de sens, où il esquisse les caractères des variétés de l'espèce Chien.

« *Pilis nigris, naribus patulis* » peut être mis en regard de « *auriculis erectis, cauda subtus lanata* » ; tandis que les réflexions sur la moralité et les mœurs du sujet humain semblent n'être ajoutées que comme appoint.

Buffon, Blumenbach (le fondateur de l'Ethnologie comme science spéciale), Rudolphi, Bory de Saint-Vincent, Desmoulins, Cuvier, Retzius, et je puis ajouter tous les naturalistes proprement dits, ont traité l'homme

sous un point de vue non moins strictement zoologique;
tandis que, ainsi qu'on pouvait s'y attendre, ceux qui
ont été le moins naturalistes et le plus philologues,
ont négligé davantage la méthode zoologique, cette
négligence s'élevant au maximum chez ceux qui ne
connaissaient pas l'anatomie. On n'a jamais prouvé la
proposition de Prichard que la langue est plus persistante que les caractères physiques, et en réalité elle
ne peut se prouver, puisque les annales du langage
ne remontent pas aussi loin que celles des caractères
physiques. Mais jusqu'à ce qu'on ait prouvé que la
tenacité des particularités linguistiques l'emporte sur
celle des particularités physiques, et jusqu'à ce que
l'on ait prouvé que l'abondant témoignage qui existe
pour montrer que la langue d'un peuple peut changer
sans changement physique correspondant, est entièrement dépourvu de valeur, il est évident que la
cour d'appel zoologique est, pour l'ethnologiste, la
cour suprême, et qu'aucun témoignage ne peut être
opposé à celui qui est tiré des caractères physiques.

Que nous apprendra donc un nouvel examen de
l'humanité du point de vue de Linné ?

Le grand continent des Antipodes, que nous nom-
mons Australie, a, approximativement, la forme d'une
vaste figure quadrangulaire, de 2,000 milles de côté, et
s'étend depuis la zone tropicale la plus chaude jusqu'au milieu de la zone tempérée. Si l'on laisse de
côté les colons étrangers introduits depuis le siècle
dernier, l'Australie est habitée par un peuple qui n'est
pas moins remarquable par l'uniformité que par la
singularité de ses caractères physiques et de son état

social. Pour la plupart, de belle taille, droits et bien bâtis, sauf les jambes qui sont grêles, les Australiens ont la peau foncée, habituellement couleur chocolat ; leurs cheveux sont foncés et ondulés ; les yeux foncés aussi sont surmontés de sourcils épais, les mâchoires lourdes et proéminentes ; le nez large et dilaté, mais sans être particulièrement aplati, et des lèvres qui, bien que proéminentes, sont éminemment flexibles.

Les crânes de ce peuple sont toujours longs et étroits avec un développement des sinus frontaux moindre que l'on n'en trouve d'ordinaire en correspondance avec des arcades sourcilières aussi grandement développées. On n'a jamais vu de crâne australien de forme ronde, ou dont le diamètre transversal dépassât huit dixièmes de sa longueur. En un mot, ce peuple est éminemment « dolichocéphale », ou à tête longue ; mais, à cette exception près, leurs crânes présentent de considérables variations, les uns étant relativement haut-cintrés et tandis que d'autres sont déprimés d'une manière plus frappante que chez presque tout autre crâne humain.

Le bassin de la femme diffère relativement peu de celui de l'Européenne ; mais dans les bassins des Australiens que j'ai examinés, les diamètres antéro-postérieurs et transversaux sont plus près de s'égaliser que ce n'est le cas chez les Européens.

On n'a jamais connu de tribu australienne cultivant la terre, ou se servant de métaux, de poteries ou d'aucune étoffe textile. Ils construisent rarement des huttes. Leurs moyens de navigation sont limités à des radeaux ou canots, faits d'écorce d'arbres. Sauf quelques peaux de bêtes pour les protéger contre le froid, ils considèrent le vêtement comme une superfluité et s'en dispensent ; et bien qu'ils aient quelques armes singulières, qui leur sont presque propres, ils ignorent entièrement l'existence d'arcs et de flèches.

Il n'y a qu'un pas, pour ainsi dire, par le détroit de Bass, entre l'Australie et la Tasmanie. Ni le climat ni les formes caractéristiques de la vie végétale ou animale ne changent beaucoup du côté méridional du détroit, mais les premiers voyageurs trouvèrent l'homme singulièrement différent de celui du côté septentrional. La peau du Tasmanien était foncée, bien qu'il vécut sous la latitude correspondant dans notre hémisphère à celle de l'Europe centrale ; ses mâchoires s'avançaient, sa tête était longue et étroite, sa civilisation était à peu près égale à celle de l'Australien, sinon inférieure. Mais il était différent de l'Australien par ses cheveux laineux ressemblant à ceux du Nègre, d'où vient le nom de Négrito qui lui a été appliqué, à lui et à ses congénères.

On retrouve des Négritos semblables — différant plus ou moins du Tasmanien, mais ayant sa peau foncée et ses cheveux laineux — dans la Nouvelle-Calédonie, les Nouvelles-Hébrides, l'archipel de la Louisiade ; et ils s'étendent jusqu'aux îles Papou, et dans une limite incertaine au delà, au nord et à l'ouest, formant une sorte de ceinture ou zone de population de Négritos, qui s'interpose entre les Australiens à l'ouest et les habitants de la grande majorité des îles du Pacifique à l'est.

Les caractères du crâne des Négritos varient beaucoup plus que ceux de leur peau et de leurs cheveux, la circonstance la plus remarquable étant l'aspect très australien qui distingue beaucoup de crânes de Négritos, tandis que d'autres tendent plutôt vers les formes communes aux îles Polynésiennes.

En civilisation, la Nouvelle-Calédonie présente un progrès sur la Tasmanie, et, plus au nord il y a un plus grand perfectionnement encore. Mais les flèches et les arcs, les maisons sur pieux, les canots doubles, les habitudes de chiquer le bétel et de boire le kawa, qui abondent plus ou moins chez les Négritos septentrionaux, ne doivent probablement pas être considérés comme étant le produit d'une civilisation indigène, mais seulement comme des indices de la mesure dans laquelle les influences étrangères ont modifié l'état social primitif de ces peuples.

De la Tasmanie ou de la Nouvelle-Calédonie à la Nouvelle-Zélande ou à Tongatabou, la traversée n'est pas bien longue ; cependant elle amène un changement encore plus remarquable dans l'aspect de la population indigène que n'en avait effectué la traversée du détroit de Bass. Au lieu d'être couleur chocolat, les Maories et les Tongais sont brun clair ; leurs cheveux au lieu d'être laineux, sont droits ou légèrement ondulés et noirs. Et si, partant de la Nouvelle-Zélande, nous faisons 5,000 milles à l'est vers l'ile de Pâques, puis une distance égale, dans le nord-ouest, jusqu'aux iles Hawaï, et de là 7,000 milles vers le sud-ouest, jusqu'à Sumatra, et même à travers l'océan Indien, jusqu'à l'intérieur de Madagascar, nous trouverons partout des peuplades aux cheveux droits ou ondulés, et à la peau de diverses nuances de brun. Ce sont là les Polynésiens, les Micronésiens, les Indonésiens, que Latham a groupés ensemble sous le titre commun d'*Amphinésiens*.

Les caractères crâniens de ces peuples, comme ceux des Négritos, sont moins constants que ceux de leur peau et de leurs cheveux. Le Maori a un crâne, long l'habitant des îles Hawaï un crâne large. Quelques-uns, tels que ces derniers, ont des arcades sourcilières prononcées; d'autres, tels que les Dayaks et beaucoup de Polynésiens, ont à peine une échancrure nasale.

Ce n'est que dans les parties les plus occidentales de leur territoire que les nations amphinésiennes connaissent les arcs et les flèches comme armes, ou se servent de métaux ou de poteries. Partout ils cultivent la terre, bâtissent des maisons, et construisent et manœuvrent habilement les canots doubles, et presque partout ils emploient pour s'habiller quelque sorte d'étoffe.

Il y a, entre l'île de Pâques, ou les îles Hawaï, et une partie quelconque de la côte américaine, un intervalle bien plus grand que celui qui existe entre la Tasmanie et la Nouvelle-Zélande, mais l'intervalle ethnologique est moindre que celui qui existe entre aucune des souches nommées précédemment.

L'Américain typique a les cheveux noirs, droits, et les yeux noirs, sa peau présente diverses nuances de brun rougeâtre ou jaunâtre, inclinant parfois vers la couleur olivâtre. La face est large et peu barbue; le crâne large et haut. Ces peuples s'étendent de la Patagonie au Mexique, et, le long de la côte occidentale, beaucoup plus au nord. Étant surtout une race de chasseurs, ils avaient néanmoins, à l'époque de la découverte des Amériques, atteint un degré remarquable de civilisation en quelques localités. Ils avaient des ruminants domestiqués, et non seulement pratiquaient l'agriculture, mais avaient appris la valeur de l'arrosage. Ils fabriquaient des étoffes textiles, étaient maîtres en l'art du potier, et savaient élever des édifices massifs en pierre. Ils s'entendaient à travailler les métaux précieux, quoique non ceux qui sont utiles, et ils étaient même parvenus à une sorte de peinture ou écriture hiéroglyphique grossière.

Non seulement les Américains emploient l'arc et les flèches, mais de même que quelques Amphinésiens, aussi le chalumeau comme armes offensives; mais je n'ai pas connaissance toutefois que le canot double ait jamais été remarqué chez eux.

J'ai lieu de croire que quelques-unes des tribus de la Terre de Feu diffèrent, par le crâne, des Américains typiques, et les tribus américaines du nord et de l'est ont des crânes plus long que leurs compatriotes du sud [1]. Mais les Esquimaux, qui errent sur les côtes désolées et emprisonnées dans les glaces de l'Amérique arctique, nous présentent certainement une nouvelle souche. Les Esquimaux (parmi lesquels sont compris les Groënlandais), en réalité, bien qu'ils aient les cheveux noirs et lisses des Américains proprement dits, sont un peuple à teint plus terne, sont plus pe-

---

[1] Voir quelques différences d'appréciations dans un mémoire « sur la forme du crâne chez les Patagons et les Fuégiens ». *Journal of anatomy and physiology*, 1868.

tits et trapus, et ont les pommettes encore plus saillantes. Mais la circonstance qui les sépare le plus complètement des Américains typiques, c'est la forme de leurs crânes qui, au lieu d'être larges, hauts et tronqués par derrière, sont éminemment longs, d'ordinaire bas, et se prolongeant en arrière.

Ces peuples hyperboréens s'habillent de peaux, ne connaissent aucune poterie, et presque rien des métaux. Dépendant pour vivre du produit de leur chasse, le phoque et la baleine sont pour eux ce que le cocotier et le bananier sont pour les sauvages de climats plus cléments. Non seulement ces animaux leur procurent la viande et le vêtement, mais ils en font des canots, des traîneaux, des armes, des outils, des fenêtres et du feu ; ils en nourrissent aussi le chien qui est l'allié indispensable et la bête de somme des Esquimaux.

Il est reconnu que les Tchuktchi, sur la côte orientale du détroit de Behring, sont, à tous égards essentiels, des Esquimaux, et je ne sache pas qu'aucune preuve satisfaisante démontre que les Tongouses et les Samoyèdes ne partagent pas essentiellement les caractères physiques du même peuple. Au sud, on trouve des indices de caractères esquimaux chez les Japonais, et il ne serait pas impossible d'en suivre les traces encore plus loin.

Quoi qu'il en soit, l'Asie orientale, de la Mantchourie à Siam, au Thibet, à l'Hindoustan septentrional, est habitée, continûment, par des hommes d'ordinaire d'une taille peu élevée, dont la peau varie en couleur du jaune à l'olive, à joues et face larges, qui, grâce à l'insignifiance du nez, sont très plates ; aux yeux noirs, petits et à direction oblique, à cheveux noirs plats, qui parfois atteignent une grande longueur sur le crâne, tandis que le poil est rare sur la face et le corps. Le crâne n'est jamais très allongé, et il est, en général, remarquablement large et arrondi, avec une dépression nasale à peine marquée, et une projection légère sinon nulle des mâchoires.

Nombre de ces peuples, pour lesquels on peut conserver le vieux nom de Mongols, sont nomades ; d'autres tels que les Chinois, sont parvenus à une civilisation remarquable, et apparemment indigène, qui n'est surpassée que par celle de l'Europe.

A l'extrémité nord-ouest de l'Europe, les Lapons répètent les caractères des Asiatiques orientaux. Entre ces points extrêmes, la souche mongole n'est pas continue, mais elle est représentée par une chaîne de tribus plus ou moins isolées qui portent le nom de Kalmoucks et de Tartares, et forment des sortes d'îles mongoliennes, pour ainsi dire, au milieu d'un océan d'autres peuples.

Les vagues de cet océan sont les nations pour lesquelles, afin d'éviter la confusion sans fin que produit notre classification moitié physique, moitié philologique, je me servirai du mot nouveau *Xanthochroïques* indiquant qu'ils ont les cheveux « blonds-jaunes », et le teint « pâle ». Les historiens chinois de la dynastie de Han, écrivant dans le IIIe siècle avant notre ère, décrivent, avec beaucoup de détails, certains barbares nombreux et puissants aux « cheveux jaunes, aux yeux verts, aux nez proéminents », qui, ainsi que le font remarquer en passant les annalistes aux cheveux noirs, aux yeux obliques, et aux nez plats, ressemblent « tout à fait aux singes dont ils sont descendus ». Ces peuples occupaient, de force, les eaux supérieures du Yénisei, et de là, sous des noms divers, s'étendaient au sud jusqu'au Thibet et au Kashgar. Des ennemis septentrionaux à cheveux blonds et à yeux bleus n'étaient pas moins connus aux anciens Hindous, aux Perses et aux Égyptiens, au sud du grand territoire asiatique central ; d'autre part, le témoignage de toute l'antiquité européenne constate que, avant et depuis la période en question, il y avait au-delà du Danube, du Rhin et de la Seine, une immense et dangereuse population, aux cheveux jaunes ou rouges: à la peau blanche, aux yeux bleus. Que les envahisseurs des marches de l'empire romain fussent appelés Gaulois ou Germains, Goths, Alains ou Scythes, une chose est certaine, c'est que jusqu'à l'invasion des Huns, ils étaient grands, blonds, et avaient les yeux bleus.

Si donc quelqu'un trouvait bon de supposer que cent ans avant Jésus-Christ il y avait une population continue Xanthochroïque, du Rhin au Yénisei, et des monts Ourals à l'Hindous-Kouch, je ne vois pas quelle preuve on pourrait opposer à cette proposition, tandis que l'état actuel des choses semblerait plutôt la favoriser, car tous les Scandinaves, et en une grande mesure les Allemands, les tribus esclavonnes et finlandaises, quelques-uns des habitants de la Grèce, beaucoup de Turcs, quelques Kirghis et quelques Mantchoux, les Ossètes du Caucase, les Siahposh, les Rohillas, sont, de

nos jours, blancs, à cheveux jaunes ou rouges, à yeux
bleus ; et l'intercalation de tribus à cheveux et teint
mongoliens, aussi loin dans l'ouest que les steppes
de la Caspienne et la Crimée, peut être justement
expliquée par ces irruptions fréquentes, dans la direction de l'ouest, de la souche mongolique, dont l'histoire fournit un abondant témoignage.

La limite extrême des Xanthochroïques, au nord-
ouest, est l'Islande et les Iles Britanniques ; au sud-
ouest, on peut en suivre les traces, par intervalles, à
travers le pays des Berbers, et ils finissent aux îles
Canaries.

Les caractères crâniens des Xanthochroïques ne
sont pas, actuellement. strictement définissables. Les
Scandinaves ont certainement la tête longue ; mais
beaucoup d'Allemands, les Suisses en tant qu'ils sont
germanisés, les Esclavons, les Finnois et les Turcs,
ont la tête courte. On ne sait point quels étaient les
caractères crâniens des anciens « U-suns » et « Ting-
Lings » de la vallée de l'Yénisei.

A l'ouest du territoire occupé par la masse principale des Xanthochroïques, et au nord du Sahara, se
trouve une large ceinture de terre, en forme d'Y ren-
versé. Entre les fourches de l'Y repose la Méditerranée ; la tige est formée par l'Arabie. Cette tige est
baignée par l'océan Indien, les bouts occidentaux
de la fourche par l'Atlantique. Le peuple habitant le
territoire ainsi grossièrement esquissé, a, comme les
Xanthochroïques, le nez proéminent, la peau pâle, et
les cheveux ondulés, avec la barbe touffue ; mais,
à l'inverse, les cheveux sont noirs ou foncés, et les

yeux le sont aussi d'ordinaire. On peut, par suite, les appeler *Mélanochroïques*. Ces peuples se trouvent dans les Iles Britanniques, dans la Gaule occidentale et méridionale, en Espagne, en Italie au sud du Pô, dans des parties de la Grèce, en Syrie et, en Arabie, s'étendant aussi loin vers le nord et l'est que le Caucase et la Perse. Ce sont les principaux habitants de l'Afrique au nord du Sahara, et, de même que les Xanthochroïques, ils finissent aux Iles Canaries. Ils sont connus comme Celtes, Ibériens. Etrusques, Romains, Pélasges, Berbers, Sémites. La plupart d'entre eux ont la tête longue, et sont de plus petite taille que les Xanthochroïques.

Il est superflu de parler de la civilisation de ces deux grandes souches. C'est en eux que tout ce qu'il y a de plus élevé dans la science, l'art, le droit, la politique et les inventions manuelles, a pris nais-sance. C'est entre leurs mains, au temps où nous sommes, que repose l'ordre du monde social, et son progrès leur a été confié.

Au sud de l'Atlas et du désert, l'Afrique centrale pré-sente un nouveau type d'humanité, le Nègre, avec sa peau noire, ses cheveux crépus, ses mâchoires saillantes et ses lèvres épaisses. En règle générale, le crâne du Nègre est remarquablement long, il approche rare-ment du type large, et ne présente jamais la rondeur de celui du Mongol. Cultivant la terre et habitant des villages, faisant de la poterie, et travaillant les mé-taux tant utiles que d'ornement, se servant de l'arc et des flèches aussi bien que de la lance, le Nègre typique se place bien au-dessus de l'Australien comme civilisation [1].

Ressemblant aux Nègres par leurs caractères crâniens, les Bosjemans de l'Afrique méridionale en diffèrent par leur peau d'un brun jaunâtre, leurs cheveux en touffes, leur taille remarquablement petite, et leur tendance aux excroissances graisseuses et tégumentaires ; et les curieux *clicks* dont leur langage est entrecoupé ne doit pas être négligé dans l'énumération des caractères physiques de cet étrange peuple.

Les soi-disant populations « dravidiennes » de l'Hindoustan méridional nous ramènent, physiquement aussi bien que géographiquement, vers les Australiens, tandis que les minuscules *Mincopies* des îles Andaman sont à mi-chemin entre la race du Nègre et celle du Négrito, et ainsi que l'a fait remarquer M. Busk, présentent parfois la rare combinaison de la brachycéphalie ou tête courte, avec des cheveux laineux.

Dans notre marche le long des limites du monde habitable, nous venons de reconnaître, faciles à distinguer, onze souches ou modifications persistantes de l'humanité. J'ai omis exprès des peuples tels que les Abyssins et les Hindous, dont on a tout lieu de croire qu'ils sont le résultat du mélange de souches distinctes. J'aurais peut-être dû, pour des raisons analogues, négliger aussi les Mincopies. Mais je ne prétends pas que mon énumération soit complète, ou, en aucun sens, parfaite. Il suffit, pour le but que

---

[1] Cet essai fut écrit en 1865. Pour les corrections nécessitées par les progrès de la science, voir plus loin, l'*Essai sur la question aryenne.*

je me propose, que l'on admette (et je pense qu'on ne saurait le nier) que ceux que je viens de nommer existent, sont bien caractérisés, et qu'ils occupent la plus grande partie du globe habitable.

En essayant de classer les modifications persistantes selon la méthode des naturalistes, la première circonstance qui attire l'attention est le contraste considérable entre les peuples à cheveux plats et ondulés, et ceux qui ont des cheveux crépus, laineux, ou en touffes. Bory de Saint-Vincent, en notant cette distinction fondamentale, divisa, par suite, l'humanité en deux groupes primaires de *Léiotriches* et *Ulotriches*, termes qu'il est permis de critiquer, mais que j'adopte pour la table qui suit parce qu'ils ont déjà été employés. Il vaut mieux pour la science accepter un nom défectueux qui a le mérite d'exister, que de la grever d'un nom sans défaut nouvellement inventé.

LEIOTRICHI		ULOTRICHI	
Dolichocéphales.	Brachycéphales.	Dolichocéphales.	Brachycéphales.
Leuciques			
Xanthochroïques			
Leucomélaniques			
Mélanochroïques			
Xanthomélaniques			
Esquimaux. Mongols		Bosjemans	
Amphinésiens			
Américains			
Mélaniques		Nègres	*Mincopies* (?)
Australiens		Négritos	

Les noms des souches connues depuis le xve *siècle seulement sont en italique : si les « Skrälings » des*

explorateurs norses de l'Amérique étaient des Esqui-
maux, les Européens firent connaissance avec eux six
ou sept siècles plus tôt.

Sous chacune de ces divisions sont deux colonnes,
l'une pour les brachycéphales, ou têtes courtes, et
l'autre pour les dolichocéphales [1], ou têtes longues.
Puis, chaque colonne est divisée transversalement en
quatre compartiments, pour les « Leuciques », au teint
blanc et aux cheveux blonds ou roux pour les « Leu-
comélaniques », aux cheveux noirs et à la peau pâle
l'un pour les « Xanthomélaniques », avec cheveux
noirs et peau jaune, brune ou olivâtre, et pour les
« Mélaniques », à cheveux noirs et peau brun foncé ou
noirâtre.

Il est curieux d'observer que presque tous les
peuples à têtes crépues sont aussi dolichocéphales ;
tandis que parmi les nations à cheveux plats les têtes
larges dominent, et que deux souches seulement, les
Esquimaux et les Australiens, sont exclusivement dolichocéphales.

Un ethnologiste des plus avisés et des plus originaux, Desmoulins, a émis l'idée, qu'Agasiz a complètement développée depuis, que la distribution des
modifications persistantes de l'homme est gouvernée
par les mêmes lois que celle des animaux, et que toutes
deux se présentent dans les mêmes grandes provinces

[1] On appelle *courts* les crânes dont le diamètre tranversal est de
plus des huit dixièmes du diamètre en longueur; et *longs* ceux
dont le diamètre transversal est de moins des huit dixièmes du
diamètre longitudinal.

de distribution. Ainsi, l'Australie, l'Amérique, au sud
du Mexique ; les régions arctiques; le sud de l'Europe, la Syrie, l'Arabie et l'Afrique du Nord prises
ensemble, sont, chacune, des régions éminemment caractéristiques par la nature de leurs populations animale et végétale, et chacune, ainsi que nous venons
de le voir, a son type humain particulier et caractéristique. On peut douter. cependant, que le parallèle
se soutienne d'une façon absolue, et dans tous les cas.
La flore et la faune tasmaniennes sont essentiellement
australiennes. et il en est de même, à un moindre
degré, pour des îles de la Papouasie, si ce n'est pour
toutes. Mais les Négritos qui habitent ces îles diffèrent
d'une manière frappante des Australiens. Puis les différences entre les Mongolset les Xanthochroïques
sont beaucoup plus grandes — en dehors de toute
proportion — que celles qui existent entre les faunes
et les flores de l'Asie centrale et de l'Asie orientale.
Mais quelles que soient les difficultés de l'application,
en détail, de cette comparaison de la distribution de
l'homme avec celle des animaux. elle mérite d'être
tenue présente à l'esprit, et portée aussi loin qu'elle
peut aller.

A part de toute spéculation, un fait très curieux
concernant la distribution des modifications persistantes de l'humanité frappe les yeux quand on inspecte une carte ethnologique dressée de façon à ce que
l'océan Pacifique en occupe le centre. Cette carte
présente un territoire australien occupé par un peuple
noir à cheveux plats. séparé par une zone intérieure
incomplète de Négritos et Nègres noirs à tête lai-

neuse, d'une zone extérieure d'hommes relativement blancs et à cheveux lisses, qui occupent les Amériques, et presque toute l'Asie et tout le nord de l'Afrique.

Telle est l'esquisse succincte des caractères et de la distribution des modifications persistantes ou *souches* de l'humanité, au temps où nous sommes. Si nous cherchons des témoignages directs de la durée de cet état de choses, nous en trouvons peu, et ce peu est loin d'être satisfaisant. Des onze souches différentes que nous avons énumérées, sept ne nous sont connues que depuis moins de quatre cents ans ; et de ces sept, il ne s'en trouvait aucune en possession d'un fragment d'histoire écrite au moment où elle entra en contact avec la civilisation européenne. Les quatre autres — les Nègres, les Mongols, les Xanthochroïques et les Mélaniques — ont toujours existé dans quelqu'une des localités où on les trouve maintenant, et les Nègres ne semblent pas avoir jamais, volontairement, voyagé au-delà des limites de leur territoire actuel. Mais l'histoire ancienne est, dans une grande mesure, celle des empiètements réciproques des trois autres souches.

Tout compte fait, cependant, on s'étonne du peu de changement qu'ont effectué ces invasions et ces mélanges. Les Mélaniques, à l'aube de l'histoire, comme de nos jours, bordaient l'Atlantique et la Méditerranée ; les Xanthochroïques occupaient la plus grande partie de l'Europe centrale et orientale, et une grande partie de l'Asie occidentale et centrale ; tandis que les Mongols tenaient l'Extrême-Orient de l'ancien monde. Dans la mesure où l'on peut en croire l'histoire, les populations de l'Europe, de l'Asie et de l'Afrique étaient, il y a vingt siècles, précisément ce qu'elles sont maintenant dans leurs traits principaux et leur distribution générale.

Le témoignage fourni par l'Archéologie n'est pas très défini, mais, tel qu'il est, il s'accorde avec celui de l'histoire. Les constructeurs de *mounds* de l'Amérique centrale semblent avoir eu la tête caractéristique courte et large des habitants modernes de ce continent. Les tumulus et les tombeaux de l'ancienne Scandinavie, de l'Angleterre avant les Romains, de la Gaule. de la Suisse, révèlent deux types de crânes — un large et un long — dont, en Scandinavie, le large parait avoir appartenu à la souche la plus ancienne, tandis que c'était probablement le contraire dans les Iles Britanniques, et certainement en Suisse [1]. On a avancé que les peuples à crânes larges de l'ancienne Scandinavie étaient des Lapons ; mais il n'y a aucune preuve de ce fait, et ils peuvent avoir été des Xanthochroïques, comme les Suisses et les Allemands, à crânes larges. Une des plus grandes difficultés ethnologiques est la question de savoir d'où les Suédois, les hommes du nord, et les Saxons ont tiré leurs longues têtes, leurs voisins, les Finlandais, les Lapons, les Esclavons, et Allemands du sud ayant tous le crâne large. Et puis, qu'étaient donc les peuples à petites mains, à longues têtes, « de l'âge du bronze » et qu'est devenue l'infusion de leur sang parmi les Xanthochroïques ?

La Paléontologie n'offre, maintenant, aucune donnée

---

[1] Voir toutefois l'*Essai sur la question aryenne*.

certaine à l'Ethnologiste. Nous ne connaissons absolument rien des caractères ethnologiques des hommes d'Abbeville et d'Hoxne, mais nous devons nous contenter de la démonstration, d'une immense valeur en soi, que l'homme existait dans l'Europe occidentale quand son état physique différait grandement de ce qu'il est actuellement, et quand il existait des animaux qui, tout en appartenant, à proprement parler, à l'ordre de choses existant, sont éteints depuis longtemps. Au-delà des limites d'une fraction de l'Europe, la paléontologie ne nous apprend rien sur l'homme ni sur ses œuvres.

Pour résumer nos connaissances sur le passé ethnologique de l'homme, on peut dire que partout où la lumière est vive, elle le montre, en substance, tel qu'il est maintenant ; et que, lorsqu'elle s'obscurcit, nous ne pouvons apercevoir aucun signe montrant qu'il fût autre que maintenant.

Il existe une croyance générale que les hommes de souches différentes diffèrent autant physiologiquement qu'ils le font au point de vue anatomique ; mais il est très difficile de prouver, dans un cas particulier quelconque, quelle part, dans un trait caractéristique national supposé, doit être attribuée à des particularités physiologiques inhérentes, et quelle autre à l'influence des circonstances. Toutefois, il y a des preuves que certaines souches jouissent d'une immunité partielle ou complète à l'égard de maladies qui détruisent ou déciment les autres. Ainsi il semble qu'il y ait de bonnes raisons de croire les Nègres remarquablement exempts de la fièvre jaune, et que, parmi les Européens, les Mélaniques sont moins assujettis à ses ravages que les Xanthochroïques? Mais beaucoup d'écrivains, non contents de différences physiologiques de ce genre, entreprennent de prouver l'existence d'autres différences bien plus importantes. et en réalité, de montrer que certaines races de l'humanité présentent, plus ou moins distinctement, les caractères physiologiques de véritables espèces. Les unions entre les races, et encore plus les demi-races naissant de leur croisement, sont. assure-t-on. soit stériles, soit moins fécondes que celles qui ont lieu entre mâles et femelles de même souche dans les mêmes circonstances. Quelques-uns vont jusqu'à affirmer qu'aucune race humaine mélangée ne peut se maintenir sans l'aide de l'une ou de l'autre des souches mères, et que, par conséquent, elles doivent inévitablement être oblitérées à la longue.

Ici, encore, il est extrêmement difficile d'obtenir un témoignage digne de foi, et de séparer les effets de l'expérience physiologique elle-même d'influences adventives. Le seul essai qui, par un étrange hasard, reste à l'abri de toute influence de ce genre — le seul exemple où deux souches distinctes d'humanité se croisèrent et où leur progéniture continua le croisement sans aucun mélange du dehors — c'est le fameux cas des habitants de l'île Pitcairn. qui étaient la progéniture des matelots anglais de Bligh et de femmes Tahitiennes. Les résultats de cette expérience, ainsi que chacun le sait. sont absolument hostiles à la doctrine de l'hybridité humaine soutenue par quelques écrivains, puisque les insulaires de Pitcairn, bien qu'ils aient, forcément, contracté des mariages consanguins, prospérèrent et multiplièrent à l'excès.

Mais ceux qui sont disposés à croire en cette doctrine feront bien d'étudier le témoignage allégué en sa faveur par Broca, son avocat le plus récent et le plus capable, et de comparer ce témoignage avec celui que les botanistes, tel qu'un Gaertner ou un Darwin, pensent indispensable d'obtenir avant d'admettre la stérilité des croisements entre deux espèces alliées de plantes. Ils s'assureront alors. je pense, que la doctrine repose sur des fondements peu stables ; que les faits allégués pour la soutenir peuvent être interprétés de beaucoup d'autres manières ; et, en réalité, que par la nature même du cas. une preuve démonstrative en faveur d'un côté ou de l'autre est presque impossible à obtenir. *A priori*. je serais disposé à attendre un certain degré de stérilité entre quelques-unes des extrêmes modifications de l'humanité ; et encore plus entre les rejetons résultant de leur croisement. *A posteriori*, je ne puis découvrir aucune preuve satisfaisante que cette stérilité existe.

Je quitte maintenant les faits ethnologiques, pour aborder les théories et les spéculations des ethnologistes, qui ont été préparées pour expliquer ces faits, et pour répondre d'une façon satisfaisante à la question : quelles conditions ont déterminé l'existence des modifications persistantes de l'humanité. et ont causé leur distribution, telle qu'elle est ?

On peut grouper sous trois chefs ces spéculations : 1° l'hypothèse des Monogénistes ; 2° celle des Polygénistes ; et 3° celle qui résulterait d'une simple application des principes darwiniens à l'humanité.

Suivant les monogénistes, toute l'humanité est née d'un seul couple, dont la nombreuse progéniture s'est répandue dans tout le monde, tel qu'il est maintenant. et s'est modifiée sous les formes que nous rencontrons dans les diverses régions de la terre par l'effet des conditions de climat, ou autres, auxquelles elle a été soumise.

On peut diviser en plusieurs écoles les défenseurs de cette hypothèse. Il y a ceux qui représentent le public le plus nombreux, le plus respectable et le plus désireux d'être orthodoxe, et qu'on appelle. purement et simplement, les « Adamites ». Ils croient qu'Adam fut pétri de la terre, quelque part en Asie, il y a environ six mille ans; qu'Ève fut formée d'une de ses côtes, et que la progéniture des deux ayant été réduite aux huit personnes qui abordèrent au sommet du mont Ararat, après un déluge universel, toutes les nations de la terre procèdent de ces dernières, ont émigré dans leurs localités actuelles, et ont été, pendant cet espace de temps, converties en Nègres, Australiens, Mongols, etc. Cinq sixièmes du public apprennent, comme une vérité établie, ce monogénisme adamite et y croient. Je n'y crois pas, et je ne connais aucun homme de science, ou convenablement instruit, qui y croie.

Une seconde école de Monogénistes, qui ne mérite pas beaucoup d'attention. essaie d'occuper une place à mi-chemin des Adamites et d'une troisième division qui occupe une position purement scientifique et mérite les honneurs de la discussion. Cette troisième division, en réalité, compte dans ses rangs : Linné, Buffon, Blumenbach, Cuvier, Prichard, et beaucoup d'ethnologistes distingués encore vivants.

Les « Monogénistes rationnels », ou, en tous cas, les plus modernes d'entre eux, professent : 1° que l'état actuel de la terre a existé pendant d'innombrables siècles ; 2° qu'à une période reculée, hors de la portée de la vue de l'archevêque Uscher, l'homme a été créé quelque part, entre le Caucase et l'Hindou Kouch ; 3° qu'il peut avoir émigré, de là, vers toutes les parties du monde habité, puisqu'aucune d'elles n'est hors de portée de quelque autre partie habitée par des hommes pourvus des moyens de transport qu'on sait possédés et inventés par les sauvages ; 4° que l'action des différences existantes des climats et d'autres conditions sur des peuples émigrant ainsi suffit pour expliquer toutes les diversités de l'humanité.

Aucun juge compétent ne conserve, aujourd'hui, le moindre doute sur la vérité de la première de ces propositions. La seconde est plus discutable, car, dernièrement, on a beaucoup mis en question la création spéciale de l'homme ; et même si l'on accorde cette création spéciale, il n'y a pas l'ombre d'une raison pour qu'il fut créé en Asie plutôt que partout ailleurs. De tous les étranges mythes nés dans le monde scientifique, le plus étrange est peut-être le « mystère caucasien » inventé, très innocemment, par Blumenbach. Un crâne de femme géorgienne était le plus beau de sa collection. Il s'ensuivit qu'il devint son exemplaire modèle de crânes humains, dont les autres étaient considérés comme des déviations ; et de là, par quelque singulier tour de passe-passe intellectuel surgit l'idée que l'homme du Caucase est le prototype de l'homme « adamique », et son pays le centre primitif de notre race. Ce qu'il y a de plus curieux, c'est que le susdit crâne géorgien n'est, après tout, qu'un crâne de forme moyenne, et appartient distinctement au groupe brachycéphalique.

Je suis tout à fait disposé à accorder la troisième proposition, bien que nous ne devions pas oublier que admettre qu'une migration donnée est possible, et admettre qu'il y a lieu de croire qu'elle s'est effectuée, sont deux choses différentes.

Mais je ne trouve aucune raison suffisante pour accepter la quatrième proposition ; et je doute qu'elle eût jamais obtenu la faveur dont elle jouit, sans la circonstance que les Européens blonds sont facilement hâlés et brunis par le soleil. Mais je ne sache pas qu'il y ait un atome de preuve que le changement cutané ainsi produit devienne héréditaire, pas plus que les foies engorgés, qui incommodent nos compatriotes aux Indes, ne peuvent se transmettre — tandis qu'il y a des preuves très fortes du contraire. Il y a non seulement des cas tels que ceux des familles anglaises aux Barbades, qui, durant six générations, sont restées sans changement de teint, laissant la porte ouverte à l'objection d'infusions de sang européen reçu à nouveau, mais il y a le fait général qu'il n'existe pas un seul Nègre indigène soit dans les grandes plaines d'alluvions de l'Amérique tropicale du Sud, soit dans les îles exposées de l'Archipel polynésien, ou parmi les populations de Bornéo ou Sumatra sous l'Équateur. Les avocats de l'influence directe des conditions n'offrent aucune explication de ces difficultés évidentes. Et quant aux modifications plus importantes observées dans la structure du cerveau et dans la forme du crâne, personne n'a jamais prétendu montrer de quelle manière le climat pourrait bien en être la cause directe.

C'est ici, en effet, ce qui fait la force des Polygénistes, ou de ceux qui soutiennent que les hommes sont nés, primitivement, non d'une seule, mais de plusieurs souches. Montrez-nous, disent-ils aux Monogénistes, un seul cas où les caractères d'une race humaine ont été essentiellement modifiés sans qu'il soit possible de prouver, ou du moins de rendre très probable, qu'il y a eu mélange de sang avec quelque race étrangère. Apportez un exemple quelconque dans lequel une partie du monde, habitée autrefois par une souche, est maintenant la demeure d'une autre, et nous vous prouverons que le changement est dû à la migration ou au croisement, et non à la modification des caractères par les influences climatériques. Enfin prouvez-nous que le témoignage en faveur de la différence spécifique de beaucoup d'animaux, admis comme espèces distinctes par les zoologistes, est en quoi que ce soit meilleur que celui d'après lequel nous soutenons la différence spécifique des hommes.

Si présenter des objections irréfutables à ses adversaires était synonyme de prouver sa propre cause, les Polygénistes seraient bien près d'être vainqueurs ; mais, par malheur, ainsi que je l'ai déjà fait observer, ils n'ont pu jusqu'ici apporter une preuve positive et satisfaisante de la diversité spécifique de l'humanité. De même que les Monogénistes, les Polygénistes ont plusieurs sectes ; quelques-uns imaginent que leurs espèces humaines supposées ont été créées où nous les trouvons — les Africains en Afrique, les Australiens en Australie, à côté des autres animaux de leur province de distribution ; d'autres conçoivent chaque espèce d'hommes résultant de la modification de quelque espèce antécédente de singe, les Américains des simiens au large nez du nouveau monde, les Africains de la race troglodyte, les Mongols des orangs.

La première hypothèse n'a guère de chances de gagner grande faveur. Toute la tendance de la science moderne est de repousser de plus en plus loin, au dernier plan, l'origine des choses, et l'objection philosophique principale contre Adam provient non de son entité solitaire mais de l'hypothèse de sa création spéciale, la multiplication décuplée de cette objection est, quoi qu'on fasse, une augmentation et non une diminution des difficultés du cas. Et quant à la seconde alternative, on peut affirmer en toute sécurité que même si les différences entre les hommes sont spécifiques, elles sont si petites que la supposition de plus d'une souche primitive est entièrement superflue. Il n'est sûrement personne maintenant qui affirme que deux souches quelconques d'humanité diffèrent autant qu'un chimpanzé et un orang ; et encore moins que ces souches soient aussi dissemblables que ces derniers d'un simien quelconque du nouveau monde.

Enfin, le fait d'accepter les premisses des Polygénistes n'implique pas, le moins du monde, l'acceptation de leur conclusion. Admettez, si vous voulez, que les Nègres et les Australiens, les Négritos et les Mongols sont des espèces distinctes ou des genres distincts, et vous pouvez encore, avec une parfaite logique, être le plus strict des Monogénistes, et même croire à Adam et Ève comme aux premiers parents de toute l'humanité.

C'est à Darwin que nous devons cette découverte ; c'est lui qui, s'avançant au milieu la tranquillité de la philosophie éclectique, nous présente sa doctrine comme étant la clé de l'Ethnologie, et comme réconciliant ensemble et combinant tout ce qu'il y a de bon dans les écoles monogéniste et polygéniste.

Il est vrai que Darwin n'a pas, en toutes lettres, appliqué ses vues à l'Ethnologie ; mais il est impossible de lire l'*Origine des Espèces* sans faire soi-même cette application, et, en outre, M. Wallace et M. Pouchet ont récemment traité les questions ethnologiques à ce point de vue. Permettez-moi en terminant d'ajouter mon tribut à la question.

Je suppose l'homme naissant de la manière que j'ai discutée ailleurs, et probablement, mais non nécessairement, dans une seule localité ; qu'il soit né seul, ou que nombre d'exemplaires contemporains aient surgi à la fois, c'est là une question pendante pour celui qui croit à la production de l'espèce par la modi-fication graduelle d'espèces préexistantes. A quelle époque du monde s'est passée cette histoire, c'est ce dont nous n'avons aucune preuve. Cela peut avoir eu lieu dans l'ancien tertiaire, ou dans le plus récent, mais ce qu'il est important de ne pas oublier, c'est que les événements des dernières années ont montré que l'homme, en tous cas, habitait l'Europe occiden-

tale, avant que ne se produisissent ces grands changements physiques qui ont donné à l'Europe son aspect
actuel. Et comme le même témoignage montre que
l'homme est le contemporain d'animaux maintenant
éteints, il n'est pas illégitime d'affirmer que son
existence date au moins d'aussi loin dans les siècles
passés que notre faune et notre flore actuelles, c'est-à-
dire avant l'époque du *drift*.

Mais, s'il en est ainsi, on est étonné quand on songe
aux prodigieux changements qui ont eu lieu dans la
géographie physique de cette planète depuis que
l'homme l'a occupée.

Pendant cette période, la plus grande partie des
Iles Britanniques, de l'Europe centrale, de l'Asie septentrionale, ont été submergées sous la mer et en ont
émergé de nouveau. Il en a été de même pour le
grand désert du Sahara qui occupe la plus grande
partie du nord de l'Afrique. Les mers Caspienne et
d'Aral n'en ont formé qu'une, et leurs eaux réunies
communiquaient probablement à la fois avec l'océan
Arctique et la Méditerranée. La plus grande partie de
l'Amérique a été sous l'eau, et en a emergé. Il est très
probable qu'une grande partie de l'archipel de la
Malaisie s'est affaissée, et que sa continuité primitive
avec l'Asie a été détruite. Dans la grande région poly-
nésienne l'affaissement a eu lieu dans la proportion
de beaucoup de milliers de pieds — affaissement d'un
caractère si vaste en fait, que si un continent semblable à l'Asie eût occupé autrefois l'aire du Pacifique,
les pics de ces montagnes ne se montreraient pas plus

nombreux que les îles de l'Archipel polynésien [1].

Il nous est, naturellement, impossible de dire quelles terres ont pu être peuplées d'une façon dense pendant des siècles, et ont disparu, subséquemment, ne laissant aucun signe au-dessus des eaux qui les avaient englouties ; mais à moins que nous ne prétendions déraisonnablement qu'aucune terre ferme ne s'élevait ailleurs quand notre terre ferme actuelle était affaissée, il doit y avoir une demi-douzaine d'Atlantides sous les flots des divers océans du monde. Mais si les régions qui ont subi ces changements lents et graduels, immenses, étaient, soit entièrement, soit en partie, habitées avant que les changements que j'ai indiqués n'eussent commencé — et il est plus probable qu'elles étaient habitées que n'est le contraire — quelle merveilleuse activité a dû avoir le « Conseil d'émigration » agissant dans le monde, longtemps avant que les canots, ou même les radeaux, ne fussent inventés, et avant que les hommes ne fussent poussés à voyager par un désir plus noble ou plus puissant que celui de la faim. Et quand ces familles grossières et primitives étaient poussées, au cours de longues séries de générations, de terre en terre, sous la pression des empiètements de la mer ou des marécages, ou par l'excès de la chaleur de l'été ou du froid de l'hiver, à changer de position, quelles occasions ont dû se présenter pour que la sélection naturelle entrât

---

[1] Le paragraphe qui précède expose l'état de la science à l'époque où il fut écrit. Il conviendrait d'y faire maintenant des modifications qui n'affectent toutefois en rien le principe de l'argumentation.

en scène, conservant une variation de famille et en détruisant une autre!

Supposez, par exemple, que quelques familles d'une horde ayant atteint un pays contenant les germes de la fievre jaune, aient varié dans la direction de cheveux laineux et de peau noire. Alors, s'il est vrai que ces caractères physiques soient accompagnés d'une exemption relative ou absolue de ce fléau, la tendance inévitable serait la conservation et la multiplication des familles à peau plus noire et à cheveux plus crépus, et l'élimination des plus blancs, à cheveux lisses. En réalité, une souche nègre peuplerait, en dernier lieu, cette région, par l'action de causes absolument semblables à celles qui, dans le fameux exemple cité par Darwin, a donné naissance à une race de porcs noirs dans les forêts de la Louisiane.

Et puis, combien de fois, par de tels changements physiques, une souche ne s'est-elle pas trouvée isolée de toute autre pendant d'innombrables générations, et a pu, ainsi, avec le temps, fortifier par l'hérédité ses particularités spéciales, et en faire les caractères durables d'une modification persistante.

Il ne serait pas étonnant, non plus, s'il est vrai, ainsi que le suppose Darwin, que la différence physiologique des espèces puisse être produite par la variation et la sélection naturelle, si, chez quelques-unes de ces souches séparées, le processus de différenciation eût été assez loin pour produire les phénomènes de l'hybridité. En présence de l'écrasant témoignage en faveur de l'unité de l'origine humaine que présentent les considérations anatomiques, Darwin pou-

vait bien en appeler à la preuve satisfaisante de l'existence d'un degré de stérilité dans l'union de membres
de deux des « modifications persistantes » de l'humanité, comme étant la preuve décisive de la vérité de
sa doctrine sur l'origine des espèces en général.

V

QUELQUES FAITS ACQUIS DE L'ETHNOLOGIE ANGLAISE

En présence des nombreuses discussions auxquelles ont donné lieu les problèmes compliqués qu'offre l'ethnologie des Iles Britanniques, il peut être utile d'essayer de choisir parmi la masse confuse des assertions et des inductions, les propositions qui paraissent reposer sur un fondement assuré, et d'énoncer les preuves sur lesquelles elles reposent. Tel est le but de cet essai.

Quelques-unes de ces propositions bien établies ont rapport aux caractères physiques du peuple de la Grande-Bretagne et de ses voisins ; tandis que d'autres concernent les langues que parlent ceux-ci. Je traiterai, en premier lieu, des questions physiques.

I. — *Il y a dix-huit cents ans, la population de la Grande-Bretagne comprenait des individus de deux types — les uns à teint blanc, les autres à teint foncé. Les bruns ressemblaient aux Aquitains et aux Ibériens ; les blancs ressemblaient aux Gaulois de Belgique.*

La principale preuve directe de la vérité de cette proposition est le passage bien connu de Tacite :

« Ceterum Britanniam qui mortales initio coluerint, indigenæ aut advecti, ut inter Barbaros, parum compertum. Habitus corporum varii : atque ex eo argumenta ; nam rutilæ Caledoniam habitantium comæ, magni artus Germanicam originem asseverant. Silurum colorati vultus et torti plerumque crines, et posita contra Hispaniam, Iberos veteres trajecisse, easque sedes occupasse, fidem faciunt. Proximi Gallis et similes sunt ; seu durante originis vi, seu procurrentibus in diversa terris, positio cœli corporibus habitum dedit. In universum tamen æstimanti, Gallos vicinum solum occupasse, credibile est ; eorum sacra deprehendas, superstitionum persuasione ; sermo haud multum diversus » [1].

Ainsi qu'on le voit, ce passage contient des assertions quant aux faits, et certaines conclusions déduites de ces faits. Les faits affirmés sont : 1° que les habitants de la Grande-Bretagne présentent beaucoup de diversité dans leurs caractères physiques ; 2° que les Calédoniens ont les cheveux rouges et les membres grands, comme les Germains ; 3° que les Silures ont les cheveux bouclés et le teint brun comme le peuple de l'Espagne ; 4° que les Bretons [1], les plus rapprochés de la Gaule, ressemblent aux « Gaulois ».

Tacite, donc, affirme positivement à quoi ressemblaient les Calédoniens et les Silures ; mais l'interprétation de ce qu'il dit à propos des autres Bretons doit dépendre de ce que nous apprenons par d'autres sources quant aux caractères de ces « Gaulois ». Ici le témoignage du « divus Julius » ressort avec beaucoup de force et d'à propos. César écrit :

« Britanniæ pars interior ab iis incolitur, quos natos

---

[1] Tacite : *Agricola*, c. II.
[2] Habitant des îles Britanniques.

in insula ipsi memoria proditum dicunt : marituma pars ab iis, qui prædæ ac belli inferendi causâ ex Belgio transierant ; qui omnes fere iis nominibus civitatum appellantur quibus orti ex civitatibus eo pervernerunt, et bello inlato ibi permanserunt atque agros colere cœperunt » [1].

Il paraît, clairement, d'après ces passages, que, dans l'opinion de César et de Tacite, les Bretons du sud ressemblaient aux Gaulois du nord, et surtout aux Belges ; et le témoignage de Strabon est décisif pour les caractères par lesquels les deux peuples se ressemblaient : « Les hommes (Bretons) étaient plus grands que les Celtes, avec des cheveux moins jaunes ; ils étaient plus minces de taille [2]. »

Le témoignage allégué semble ne permettre aucune raison de douter qu'au temps de la conquête romaine, la Grande-Bretagne contenait des peuples de deux types, l'un au teint sombre et l'autre au teint blanc, et qu'il y avait une certaine différence entre le dernier, au nord et au sud de la Grande-Bretagne ; les peuples du nord étant, au jugement de Tacite, ou plus exactement, suivant les renseignements reçus par Agricola et par d'autres, plus semblables aux Germains que les derniers. Quant à la distribution de ces souches, ce qu'il y a de plus clair, c'est que le peuple brun prédominait dans certaines parties ouest de la partie méridionale de la Grande-Bretagne, tandis que la race blonde semble avoir fourni ailleurs les éléments principaux de la population.

[1] César, *De Bello Gallico*, v. 12.
[2] Strabon, *Géographie*.

Aucun écrivain ancien ne se donnait la peine de mesurer des crânes, et, par conséquent, il n'y a pas de preuve directe, quant aux caractères crâniens des souches blonde et brune. Les preuves indirectes ne sont pas très satisfaisantes. Les tumulus de la Grande-Bretagne avant la conquête romaine ont révélé deux formes très différentes de crânes, l'un large, et l'autre long; et la même variété a été observée dans les crânes des anciens Gaulois [1]. On est, visiblement, tenté de croire qu'une forme de crâne a pu être associée au teint blond et l'autre au teint brun. Mais toute conclusion de ce genre est immédiatement arrêtée par la réflexion que les extrêmes des dimensions de la tête se rencontrent parmi les habitants blonds de l'Allemagne et de la Scandinavie de nos jours — les Allemands du sud-ouest et les Suisses ayant la tête remarquablement large, tandis que les Scandinaves l'ont tout aussi généralement longue.

Nous n'avons aucune connaissance certaine sur ce qu'étaient les indigènes d'Irlande, au temps de la conquête romaine de la Grande Bretagne, et pendant des siècles après; mais les premiers documents dignes de foi prouvent l'existence, côte à côte l'une de l'autre, d'une souche blonde et d'une souche brune, en Irlande comme en Bretagne. La forme de tête longue est prédominante chez les anciens Irlandais, comme chez les modernes.

II. — *Les peuples appelés Gaulois, et ceux qui étaient appelés Germains par les Romains, ne différaient par aucun caractère important.*

[1] Voir le Dr Thurnam : *On the two principal Forms of ancient British and Gaulish Skulls.*

Les termes par lesquels les anciens écrivains décrivent Gaulois et Germains sont identiques. Ce sont toujours des peuples grands, aux membres massifs, à la peau blanche, aux yeux bleus farouches, aux cheveux de teintes variant du rouge au jaune. Zeuss, la grande autorité en ces matières, affirme absolument qu'aucune distinction dans les traits corporels ne se peut trouver entre les Gaulois, les Germains et les Wendes, en tant que leurs caractères sont signalés par les anciens écrivains; et il prouve son dire en citant une masse de témoins.

On a essayé de montrer que la couleur des cheveux des Gaulois doit avoir beaucoup différé de celle qui dominait chez ceux des Germains, d'après l'histoire racontée par Suétone (Caligula, 4) où Caligula entreprit de faire passer des Gaulois pour des Germains en choisissant les plus grands d'entre eux et leur faisant *rutilare et summitere comam.*

Le baron de Belloguet fait observer, à propos de ce passage :

« C'est au nord extrême de la Gaule, et près de la mer, que Caligula monta cette comédie militaire. Et le fait prouve que les Belges étaient déjà sensiblement différents de leurs ancêtres, que Strabon avait trouvés presque identiques à leurs *frères* de l'autre côté du Rhin. »

Mais le fait relaté par Suétone, si fait il y a, ne prouve rien ; car les Germains eux-mêmes avaient l'habitude de teindre leurs cheveux en rouge. Ammien Marcellin [1] nous dit comment, en 367 après Jésus-

---

[1] Ammien Marcellin, *Res Gestæ*, XXVII.

Christ, le chef romain, Jovinus, surprit un corps d'*Ale-mani* près de la ville qu'on nomme à présent Char-peigne, dans la vallée de la Moselle ; et comment, les soldats romains, lorsque, cachés par l'épaisseur d'un bois, ils surprirent leurs ennemis sans méfiance, en trouvèrent quelques-uns se baignant, et d'autres « comas rutilantes ex more. »

Plus de deux siècles auparavant, Pline donne une preuve indirecte du même genre en disant du savon :

« Galliarum hoc inventum rutilandis capillis… apud Germanos majore in usu viris quam fœminis » [1].

Nous avons ici un écrivain qui vivait très peu de temps après la date de l'histoire de Caligula, nous disant que les Gaulois avaient inventé un savon dans le but de faire ce que, selon Suétone, Caligula les for-çait à faire. En outre le témoignage indépendant et combiné de Pline et d'Ammien nous assure que les Germains avaient, tout autant que les Gaulois, l'habi-tude de teindre en rouge leurs cheveux. Quant à la supposition de de Belloguet que, même au temps de Caligula, les Gaulois étaient devenus plus bruns que ne l'étaient leurs ancêtres, elle est directement con-tredite par Ammien Marcellin qui connaissait bien les Gaulois. « Celsioris staturæ et candidi pœne Galli sunt omnes, et rutili luminumque torvitate terribiles, » telle est la description qu'il en fait ; et elle s'appli-querait aux Gaulois qui saccagèrent Rome.

III. — *Dans aucune des invasions de la Grande-Bre-*

1 Pline, *Historia Naturalis*, XXVIII, 51.

tagne qui ont eu lieu depuis la domination romaine, un autre type d'homme n'y a été introduit que l'un ou l'autre des types qui existaient pendant cette domination.

Les Germains du nord qui effectuèrent ce qu'on est convenu d'appeler la conquête saxonne de la Grande-Bretagne, étaient, assurément, un peuple aux cheveux blonds, jaunes ou rouges, à l'œil bleu, au crâne long. Les Danois et les Normands qui les ont suivis leur étaient semblables : il est très possible, cependant, que le commerce d'esclaves, très actif alors, et le commerce avec l'Irlande, puissent avoir introduit un certain mélange de souche brune, à la fois dans le Danemark et la Norwège. La conquête normande apporte des éléments ethnologiques nouveaux, dont la valeur exacte ne saurait être précisée ; mais leur qualité ne fait aucun doute, d'autant que même la région étendue d'où Guillaume amena ses compagnons, ne pouvait lui donner autre chose que les types blond et brun d'hommes, déjà existants dans la Grande-Bretagne. Mais c'est un problème encore insoluble que la question de savoir si, tout compte fait, les colons normands fortifièrent l'élément blond ou l'élément brun.

Je ne puis découvrir aucune raison de croire qu'un élément lapon soit jamais entré dans la population de ces îles. Tout ce que nous possédons de preuves à cet égard s'accorde avec l'hypothèse que les seules souches constituant cette population, maintenant ou à toute autre période sur laquelle nous ayons un témoignage, sont les blancs bruns, que j'ai proposé d'appeler « Mélanochroïques », et les blancs blonds, ou « Xanthochroïques ».

IV. — *Les Xanthochroïques et les Mélanochroïques
de la Grande-Bretagne sont, à parler généralement,
distribués maintenant, comme ils l'étaient du temps de
Tacite ; et leurs représentants sur le continent européen ont la même distribution qu'à la période la plus
ancienne dont nous ayons aucun document.*

Au temps où nous vivons, et malgré le mélange
considérable amené par les mouvements qui accompagnent la civilisation et les changements politiques,
il y a une prédominance d'hommes bruns à l'ouest, et
d'hommes blonds à l'est et au nord de la Grande-
Bretagne. Maintenant, comme aux temps les plus reculés, les éléments dominant dans la population rive-
raine de la Mer du Nord et de la moitié orientale de
la Manche, sont des hommes blonds. La souche
blonde continue, en force, à travers l'Europe centrale,
jusqu'à ce qu'elle se perde dans l'Asie centrale. Des
rameaux de cette souche s'étendent en Espagne, en
Italie, dans l'Inde du nord, et par la Syrie et le Nord
de l'Afrique jusqu'aux iles Canaries. Ils étaient connus, de très bonne heure, des Chinois, et, à des époques
encore plus reculées, des Égyptiens, comme tribus des
frontières. Les Thraces étaient renommés pour leurs
cheveux blonds et leurs yeux bleus, plusieurs siècles
avant notre ère.

D'autre part, la souche brune[1] domine dans la France
méridionale et occidentale, en Espagne, le long de la
rive ligurienne, et dans l'Italie occidentale et méri-

---

[1] Le moyen d'établir une distinction nette entre les types *brachycéphale* et *dolichocéphale* de la souche brune (voir l'*Essai sur la
question aryenne*, p. 303), n'existait pas en 1871.

dionale ; en Grèce, en Asie, en Syrie et au nord de l'Afrique ; en Arabie, en Perse, dans l'Afghanistan et l'Hindoustan, se nuançant par degrés, à travers toutes les phases d'obscurcissement, jusqu'au type de l'Egyptien moderne, ou de l'homme sauvage des collines du Dekkan. Il n'est, d'ailleurs, pas trace d'existence d'une population primitive différente dans les annales de tous ces pays.

Le nord extrême de l'Europe, et la partie nord de l'Asie occidentale, sont actuellement occupés par une souche Mongole, et toute preuve du contraire manquant, peuvent être supposés avoir été peuplés de même depuis une époque fort éloignée. Mais, ainsi que je l'ai déjà dit, je ne puis trouver aucune preuve que cette souche ait jamais pris part au peuplement de la Grande-Bretagne. Des trois grandes souches de l'humanité qui s'étendent de la côte occidentale du grand continent Euro-asiatique jusqu'à ses rivages méridionaux et orientaux, les Mongols occupent un vaste triangle, dont l'Asie orientale forme la base, tandis que le sommet aboutit en Laponie. Les Mélanochroïques, d'autre part, peuvent être représentés comme une large ceinture s'étendant de l'Irlande à l'Hindoustan ; tandis que le territoire des Xanthochroïques se trouve entre les deux, s'amincissant, pour ainsi dire, à chaque extrémité, et se fond, sur ses bords extrêmes, avec ses deux voisins.

Tel est l'exposé court et sommaire de ce que je crois être les faits principaux concernant l'ethnologie physique du peuple de la Grande-Bretagne. Les conclusions que je tire de ces faits, et d'autres encore, sont :

1° que les Mélanochroïques et les Xanthochroïques sont deux races séparées dans le sens biologique du mot race ; 2° qu'elles ont la même distribution générale, maintenant, qu'aux temps les plus reculés dont il n'existe aucun document sur le continent européen ; 3° que la population des Iles Britanniques dérive d'elles et d'elles seules.

Les peuples d'Europe, toutefois, doivent leurs noms nationaux, non à leurs caractères physiques, mais à leurs langues ou à leurs relations politiques, lesquelles, évidemment, n'ont pas nécessairement le moindre rapport avec ces caractères.

Ainsi, il est tout à fait certain que, du temps de César, la Gaule était divisée politiquement en trois nationalités, les Belges, les Celtes et les Aquitains ; et ces derniers différaient grandement, dans leur langue et dans leurs traits physiques caractéristiques, des deux premiers peuples. Les Belges et les Celtes, d'autre part, différaient peu, soit comme physique, soit comme langue. Sur le premier de ces points, il y a le témoignage distinct de Strabon ; quant au dernier, saint Jérôme constate que « les Galates ont presque la même langue que les Trévires ». Or, les Galates étaient des Volsques Tectosages émigrants, et par conséquent des Celtes ; tandis que les Trévires étaient des Belges.

De notre temps, les caractères physiques de la Gaule Belge restent distincts de ceux du peuple d'Aquitaine, malgré les changements immenses qui ont eu lieu depuis le temps de César ; mais les Belges, les Celtes et les Aquitains (sauf une fraction des deux derniers, représentés par les Basques et les Bretons) se sont fondus en une nationalité, « le peuple français ». Mais ils ont adopté la langue d'une série d'envahisseurs et le nom d'une autre série, leurs noms et leurs langues primitives ayant presque disparu. A supposer que la langue française restât la seule preuve de l'existence de la population des Gaules, le philologue le plus perspicace arriverait-il à une autre conclusion que celle-ci : cette population est essentiellement et fondamentalement une « race latine », qui a eu quelques communications avec les Celtes et les Teutons ? Soupçonnerait-il seulement l'existence antérieure des Aquitains?

La communauté de langue témoigne d'un contact étroit entre les peuples qui parlent la même langue, mais de rien de plus ; la philologie n'a absolument rien à faire avec l'éthnologie, excepté en ce qu'elle suggère l'existence ou l'absence d'un contact semblable. L'affirmation contraire que la langue est le critérium de la race, a introduit la plus déplorable confusion dans la spéculation ethnologique, et n'a causé nulle part de plus grand dommage scientifique et pratique que dans l'ethnologie des Iles Britanniques.

Ce que nous savons, de source certaine, au sujet des langues parlées dans ces iles et de leurs affinités, peut, je crois, se résumer comme suit :

V. — *Au temps de la conquête romaine, une seule langue, la langue celtique, avec deux dialectes principaux, le kimrique et le gaélique, étaient parlés dans toutes les Iles Britanniques. Le kymrique se parlait en Bretagne, le gaélique en Irlande.*

Si une langue alliée à la langue basque s'était autrefois parlée dans les Iles Britanniques, il ne reste pas de preuve qu'un peuple à langue Euskarienne y fût encore à l'époque de la conquête romaine. La population brune, comme la blonde, parlait la langue celtique, et par suite le nom de « Celte » est applicable aux deux.

On ne peut, au sujet de la langue parlée en Irlande, que faire des suppositions basées sur la connaissance de ces derniers temps, mais il ne semble pas douteux qu'elle fût gaëlique, et que le dialecte gaëlique fût introduit dans les Highlands occidentaux par une invasion irlandaise.

VI. — *Les Belges et les Celtes, avec les rameaux de ces derniers, dans l'Asie Mineure, parlaient les dialectes de la division kymriqué de la langue celtique.*

La preuve de cette proposition se trouve dans l'affirmation déjà citée de saint Jérôme; dans la similitude des noms de lieux dans la Gaule Belge et en Bretagne, et dans la comparaison directe de plusieurs anciens mots gaulois et belges qui ont été conservés, avec les dialectes kymriques existants, pour lesquels je renvoie au savant ouvrage de Brandes.

Autrefois, comme au jour actuel, les dialectes kymriques du celtique étaient parlés également par les souches blonde et brune.

VII. — *Il n'y a aucune preuve que le gaëlique ait été parlé ailleurs qu'en Irlande, en Écosse, et dans l'île de Man.*

Ceci paraît être le résultat ultime des longues discussions qui ont eu lieu sur cette question si controversée. De même que pour les dialectes kymriques, le gaélique est parlé, maintenant, à la fois par la race brune et par la blonde.

VIII. — *Quand les langues teutonnes furent d'abord connues, elles n'étaient parlées que par les Xantho-chroïques, c'est-à-dire par les Germains, les Scandinaves et les Goths. Et elles furent importées par les Xanthochroïques en Gaule et en Grande-Bretagne.*

Dans la Gaule, le dialecte teuton importé a été complètement submergé par le latin plus ou moins modifié qui était déjà en vigueur ; et ce qu'il peut y avoir de sang teuton dans les Français modernes n'est pas représenté d'une manière adéquate dans leur langage. En Grande-Bretagne, au contraire, les dialectes teutons ont absorbé les formes de langage préexistantes, et le peuple est bien moins « teuton » que sa langue. Qu'elle qu'ait pu être la mesure dans laquelle la population parlant celte de la moitié orientale de la Grande-Bretagne a été foulée aux pieds et supplantée par les Saxons et Danois de langue teutonne, il est très certain qu'il n'y eut pas de grand déplacement du peuple parlant le celtique en Cornouailles, dans le pays de Galles ou les *Highlands* de l'Écosse, et que rien d'approchant à une extinction de ce peuple n'a eu lieu dans le Devonshire, le Somerset, ou la moitié occidentale de la Grande-Bretagne en général. Néanmoins, la langue anglaise, fondamentalement teutonne, est maintenant parlée dans toute la Grande-Bretagne, sauf par une fraction insignifiante de la population dans le pays de Galles, et les *Highlands* de l'ouest. Mais il est évident que ce fait ne justifie aucunement l'habitude courante de parler des habitants actuels de la Grande-Bretagne comme d'un peuple « anglo-saxon ». C'est, dans le fait, tout aussi absurde que la coutume de parler du peuple français comme d'une race « latine », parce qu'il parle une langue dérivée, principalement, du latin. Et l'absurdité devient plus flagrante encore quand ceux qui n'hésitent pas à appeler un homme du Devonshire ou de Cornouailles, un « Anglo-Saxon », trouveraient ridicule d'appeler du même titre un homme de Tipperary, bien que lui et ses ancêtres aient pu parler anglais aussi longtemps que l'homme de Cornouailles.

L'Irlande, à la période la plus reculée dont nous ayons connaissance, contenait, comme la Grande-Bretagne, une souche brune et une souche blonde, qui, nous avons tout lieu de le croire, étaient identiques aux souches brune et blonde de la Grande-Bretagne. Lorsqu'on commença à connaître les Irlandais, ils parlaient un dialecte gaëlique, et bien que, durant plusieurs siècles, les Scandinaves aient fait plusieurs incursions et même des établissements en Irlande, les langues teutonnes ne s'y implantèrent pas davantage que parmi les Français. Il n'y a pas de preuve quant à la quantité de sang scandinave qui a été introduite. Mais quand Henry II eut achevé la conquête, les Anglais, consistant en partie de descendants de langue kymrique et en partie de descendants de langue teutonne, s'établirent sur la moitié orientale de l'île, comme les Saxons et les Danois le firent en Angleterre, et ils firent de leur mieux pour continuer le parallèle en essayant d'extirper les Irlandais parlant le gaëlique. Et ils réussirent dans une grande mesure : une grande partie de l'Irlande orientale est maintenant peuplée d'hommes qui sont, en substance, de descendance anglaise, et la langue anglaise s'est répandue dans le pays bien au-delà des limites du sang anglais.

Ethnologiquement, les Irlandais étaient primitivement, comme les peuples de la Grande-Bretagne, un mélange de Mélanochroïques et de Xanthochroïques. Ils ressemblaient aux Bretons en ce qu'ils parlaient une langue celte, mais c'était la forme gaëlique et non kymrique du langage celtique.

L'Irlande ne fut pas touchée par la conquête romaine, et les Saxons ne semblent pas non plus avoir influencé ses destinées ; mais les Danois et les Normands déversèrent sur eux un contingent de Teutonisme, qui a été largement augmenté par les efforts anglais et écossais.

Quelle est donc la valeur de la différence ethnologique entre l'Anglais de la moitié occidentale de l'Angleterre, et l'Irlandais de la moitié orientale de l'Irlande ? Pour quelle raison l'un mérite-t-il le nom de Celte, et non pas l'autre ? Et, en outre, si nous considérons les habitants de la moitié occidentale de l'Irlande, pourquoi les appellerions-nous « Celtes » plutôt que les habitants de Cornouailles ? Et si le nom est applicable aux uns comme aux autres, pourquo l'intelligence, la persévérance, l'économie, l'activité, la sobriété, le respect de la loi, ne seraient-elles pas admises comme vertus celtiques ? Et pourquoi ne chercherions-nous pas la cause de leur absence en quelque autre chose que le vain prétexte de « sang celtique » ?

Je n'ai pu trouver aucune réponse à ces questions.

IX.— *Les dialectes celtique et teutonique sont membres de la même grande famille aryenne des langues, mais il y a des preuves qu'une langue qui n'était pas aryenne a été parlée, autrefois, dans une grande mesure, sur une vaste étendue du territoire occupé par les Mélanochroïques en Europe.*

La langue non aryenne, dont il est question, est l'Euskaryen que parlent seuls, à cette heure, les Basques, mais qui semble, dans des temps plus reculés, avoir été la langue des Aquitains et des Espagnols, et peut même s'être étendue beaucoup plus loin dans l'est. Je ne prétends pas donner mon opinion sur le rapport qui a pu exister entre les dialectes des Ligures et des Osques. Mais il importe de noter que c'est une langue dont l'aire a diminué graduellement sans qu'aucune extirpation du peuple qui la parlait ait accompagné cette diminution ; de sorte que les peuples d'Espagne et d'Aquitaine, de nos jours, doivent être grandement Euskaryens dans leur descendance, dans le même sens que les hommes de Cornouailles sont « Celtiques » dans la leur.

Tels me semblent être les faits principaux concernant l'ethnologie des Iles Britanniques et de l'Europe occidentale, faits qu'on peut dire bien et dûment établis. L'hypothèse par laquelle je pense (avec de Belloguet et Thurnam) que l'on peut le mieux expliquer les faits est celle-ci : Dans des temps. très reculés, l'Europe occidentale et les Iles Britanniques étaient habitées par la race brune ou Mélanochroïque seule, et ces Mélanochroïques parlaient des dialectes voisins de l'Euskaryen. Les Xanthochroïques se répandant sur les grandes plaines Euro-asiatiques vers l'ouest, et parlant des dialectes aryens, envahirent graduellement les territoires des Mélanochroïques. Les Xanthochroïques amenés en contact avec les Mélanochroïques occidentaux, parlaient une langue celtique, et cette langue, soit kymrique, soit gaëlique, se répandit chez les Mélanochroïques bien au-delà des limites du mélange du sang, supplantant l'Euskaryen tout comme l'anglais et le français avaient supplanté le Celtique. Même à l'époque de César, je suppose que l'Euskaryen était partout, excepté en Espagne et en Aquitaine, remplacé par le Celtique, et ainsi ceux qui parlaient le Celtique appartenaient non plus seulement à une souche ethnologique unique, mais à deux souches. Une troisième *vague* linguistique, à la fois dans l'Europe occidentale et en Angleterre, — dans un cas, le latin, et dans l'autre, le teuton — s'est répandue sur le même territoire. Dans l'Europe occidentale, elle a laissé un fragment de l'Euskaryen primitif dans un coin du pays, et un fragment du Celtique secondaire, dans un autre. Dans les Iles Britanniques, il ne reste que des traces isolées de cette vague linguistique secondaire dans le pays de Galles, les Highlands, l'Irlande et l'ile de Man. Si cette hypothèse est juste, il s'ensuit que le nom de Celtique n'est pas proprement applicable aux hommes de la souche brune ou mélanochroïque d'Europe. Ils ne sont, à proprement parler, que des Celtes secondaires. Les premiers peuples, aborigènes, parlant celtique sont des Xanthochroïques, les Gaulois typiques des écrivains anciens, et les alliés rapprochés, par le sang, les coutumes, et le langage, des Germains.

VI

LA QUESTION ARYENNE ET L'HOMME PRÉHISTORIQUE

L'augmentation rapide des connaissances naturelles, qui est le trait caractéristique de notre siècle, s'opère de diverses manières. Le gros de l'armée scientifique marche à la conquête de nouveaux mondes, lentement mais sûrement, sans jamais céder un pouce du territoire conquis. Mais sa course est couverte et facilitée par l'activité incessante de nuées de troupes légères pourvues d'une arme toujours efficace, sans être toujours une arme de précision, l'imagination scientifique. C'est l'affaire de ces *enfants perdus* de la science de faire des razzias dans le royaume de l'ignorance toutes les fois qu'ils aperçoivent, ou croient apercevoir, une chance de le faire, et d'accepter de bonne grâce d'être défaits, ou même anéantis, en récompense de leur erreur. Par malheur le public, qui surveille les progrès de la campagne, prend trop souvent une brillante incursion des éclaireurs pour un mouvement en avant du corps principal, imaginant bénévolement que le mouvement stratégique rétrograde qui se produit à l'occasion, indique une bataille perdue par la science. Et il faut avouer que cette erreur

est souvent justifiée par les effets de la tendance irréprimable que les hommes de science partagent avec
toutes les autres sortes d'hommes qui me sont connues, et qui consiste à ne pas endurer patiemment cet
état d'esprit si salutaire, la suspension du jugement, et
à supposer la vérité objective de spéculations qui, par
la nature des preuves en leur faveur, ne peuvent prétendre à être autre chose que des hypothèses commodes.

L'histoire de la « question Aryenne » offre un
exemple frappant de la vérité de ces remarques générales.

Il y a un siècle environ, Sir William Jones appela
l'attention sur l'alliance étroite des principales langues
européennes avec le Sanscrit et les dialectes, qui en
sont dérivés, parlés maintenant aux Indes. Une longue
suite de brillants et zélés philologues ont agrandi et
consolidé cette position, jusqu'à ce que le principe
que le Sanscrit, le Zende, l'Arménien, le Grec, le
Latin, le Lithuanien, l'Esclavon, l'Allemand et le
Celte, et ainsi de suite, sont entre eux dans le rapport
de descendants d'une race commune, soit devenu établi solidement, et ait formé partie des acquisitions permanentes de la science. En outre, le terme d'« Aryen »
est, très généralement, si ce n'est universellement,
accepté comme nom du groupe de langues ainsi alliées,
D'où il suit que lorsqu'on parle de « langues
Aryennes », aucune affirmation hypothétique n'est
impliquée. Il est de fait que ces langues existent,
qu'elles offrent entre elles certains rapports de substance et de forme, et qu'on est convenu de sanctionner

le nom qui leur a été donné. Mais le rapport étroit entre ces langues si grandement différenciées reste entièrement inexplicable, à moins qu'on n'admette qu'elles sont des modifications d'une langue primitive, originelle, relativement peu différenciée, tout comme les affinités intimes des langues romanes, le français, l'italien, l'espagnol, etc., seraient incompréhensibles si le latin n'existait pas. La langue originelle ou « l'Aryen primitif », hypothétique, n'existe malheureusement plus. C'est une entité hypothétique qui correspond à la « souche primitive » des groupes génériques et supérieurs chez les plantes et les animaux, et nous sommes forcés de reconnaître son existence antérieure et le processus d'évolution qui a amené l'état philologique actuel des choses, par un raisonnement déductif d'une puissance similaire à celui qu'on emploie pour la biologie.

Donc, l'existence antérieure d'un corps de dialectes relativement uniformes, qu'on peut appeler l'Aryen primitif, peut être ajouté au trésor des vérités acquise d'une façon définitive. Mais il est évident que, en l'absence d'écriture ou de phonographe, l'existence d'une langue implique celle de ceux qui la parlent. S'il y a eu des dialectes Aryens primitifs, il doit y avoir eu des peuples aryens primitifs qui s'en servaient ; et ces peuples ont dû habiter un point quelconque de la surface terrestre. D'où il suit que la philologie, sans dépasser ses bornes légitimes et en maintenant la spéculation dans les limites strictement nécessaires, arrive non seulement aux conceptions de langues Aryennes, et d'une langue Aryenne primitive, mais à celle d'un peuple Aryen primitif et d'une patrie Aryenne primitive, d'un pays habité par ce peuple.

Mais où était cette patrie d'habitation des Aryens? Lorsque les philologues modernes commencèrent leurs travaux, le Sanscrit était la langue la plus archaïque de toutes les langues aryennes qu'ils connussent. Il semblait présenter les qualités exigées pour l'Aryen primitif, ou des ancêtres. De brillants éclaireurs firent une charge à fond à cette ouverture. L'imagination scientifique établit les Aryens primitifs dans la vallée du Gange, et montre, comme dans une vision, les colonnes se succédant, guidées par des Brahmes entreprenants, qui partaient de là pour peupler les régions du monde occidental de Grecs, de Celtes et d'Allemands. Mais les progrès de la philologie elle-même suffirent à prouver que cette charge de Balaclava, si magnifique qu'elle fût, n'était pas la guerre. Le témoignage intrinsèque des Védas prouva que ceux qui les avaient composés ne connaissaient pas le Gange. D'autre part, la comparaison du Zende et du Sanscrit ne permit plus de douter que ces langues ne fussent des modifications d'une langue Indo-iranienne primitive, parlée par un peuple dont les Aryens de l'Inde et ceux de la Perse étaient des dérivés, et qui, par conséquent, ne pouvaient guère se placer ailleurs que sur les frontières à la fois de la Perse et de l'Inde, c'est-à-dire quelque part dans la région qui est connue maintenant sous les noms de Turkestan, d'Afghanistan et de Kafiristan. Jusque-là, on peut à peine douter que nous soyons sur un terrain dont la science a pris possession d'une manière permanente. Mais les éclaireurs ne se contentèrent pas de rester dans les lignes de cette position définitivement conquise. Pour quelque raison, que je ne comprends pas tout à fait, ils trouvèrent bon de restreindre l'habitat des Aryens primitifs à un endroit particulier de la région en question, de les loger parmi les hauteurs arides de la longue chaine de l'Hindou-Kouch et sur le plateau inhospitalier du Pamir. De leurs ruches dans ces vallées isolées et sur ces plateaux balayés par les vents, des essaims successifs de Celtes et de Gréco-Latins, de Teutons et de Slaves, furent envoyés pour s'établir, après de longues pérégrinations, dans l'Europe éloignée. La théorie de l'Hindou-Kouch-Pamir, une fois énoncée, se trouva bientôt cristallisée en une sorte de dogme ; et il n'a pas manqué de théoriciens pour marquer les étapes des bandes successives d'émigrants avec autant d'assurance que s'ils eussent eu accès aux registres du bureau d'un quartier-maître général des Aryens primitifs. Il est réellement singulier de remarquer la vénération qu'on a montrée, et qu'on montre encore quelquefois, pour une spéculation qui, au mieux, n'a droit à prétendre à rien de mieux qu'à servir d'hypothèse un peu risquée.

Il y a quarante ans, le crédit de la théorie Hindou-Kouch-Pamir s'élevait presque à la hauteur d'un axiome. La première personne qui fit naître en mon esprit quelque doute sur sa valeur fut feu Robert Gordon Latham, homme de grand savoir et d'une originalité singulière, dont les attaques contre la théorie Hindou-Kouch-Pamir n'auraient pas échoué aussi complètement qu'elles l'ont fait si ses grandes facultés s'étaient appliquées à rendre ses livres non seulement dignes d'être lus, mais lisibles. L'impression que laissèrent en mon esprit, à cette époque, diverses conversations sur l' « hypothèse Sarmate » que mon ami désirait substituer à la théorie Hindou-Kouch-Pamir, fut que l'une et l'autre reposaient à peu près sur un fondement analogue de conjectures. Il semblait assez clair qu'il n'y avait point de raison suffisante pour planter les Aryens primitifs dans l'Hindou-Kouch ou le Pamir ; mais il n'y en avait pas davantage, à mon sens, d'après le témoignage allégué, pour les établir dans la région occupée maintenant par la Russie occidentale, ou Podolie. Ce que je trouvais que Latham prouvait le mieux c'est que les peuples de langue Indo-iranienne pouvaient tout aussi bien être venus d'Europe que les peuples Aryens de langue grecque, teutonique ou celte être venus d'Asie. Dans ces dernières années, les vues de Latham si longtemps négligées, ou citées uniquement comme exemples d'excentricité insulaire, ont été relevées et prêchées avec beaucoup d'habileté en Allemagne aussi bien qu'en ce pays, principalement par les philologues. Il semble vraiment que la gloire de l'Hindou-Kouch-Pamir se soit évanouie. Le professeur Max Müller, auquel la philologie aryenne doit tant, ne veut rien dire, maintenant, si ce n'est que, pour sa part, il est convaincu que le siège primitif de l'Aryen est « quelque part en Asie ». Le Dr Schrader conclut en faveur de la Russie européenne ; tandis que M. Penka voudrait transporter la patrie des

Aryens du Pamir, dans l'Extrême-Orient, à la péninsule Scandinave, dans l'Extrême-Occident.

Je dois renvoyer ceux qui voudraient se renseigner sur les arguments philologiques qui servent de base à ces conclusions, aux ouvrages récemment publiés du Dr Schraeder et du chanoine Taylor [1], et à *Die Herrkunft de Arier* de Penka, qui, en dépit du goût prononcé d'éclaireur dont il est envahi, m'a paru extrêmement digne d'être étudié. Je n'ai pas la prétention de me juger capable de considérer la question Aryenne sous un point de vue autre que le côté biologique ; et c'est ce côté là que je vais traiter.

Tout biologiste qui étudie l'histoire de la question Aryenne, et qui, acceptant de confiance les faits philologiques, les considère exclusivement au point de vue de l'anthropologie, remarquera que, de très bonne heure, la conception purement biologique de la « race », s'est mêlée d'une façon illégitime aux idées dérivées de la philologie pure. Il est très juste de parler de « peuple Aryen », parce que, ainsi que nous l'avons vu, l'existence d'une langue implique celle d'un peuple qui le parle ; il serait également légitime d'appeler peuples Latins tous ceux qui parlent les dialectes romans. Mais, tout comme l'application du terme de « race » latine aux divers peuples qui parlent les langue romanes, au moment où nous sommes, pour être répandue, n'est pas moins absurde. ainsi, il se peut bien qu'on ait eu également tort d'appeler du nom

---

[1] Schräder. *Prehistoric Antiquities of the Aryan Peoples*, traduit par F.-B. Jevons. M. A 1890. — Taylor, *Origine des Aryens. Bibl Evolutioniste*, trad. H. de Varigny. 1891.

de race Aryenne les peuples qui parlaient les dialectes Aryens et habitaient la patrie primitive.

A proprement parler, le mot « Aryen » est un terme de classification employé par les philologues. La « race » est le nom d'une subdivision d'un de ces groupes d'êtres vivants qui sont appelés « espèces » dans le langage technique de la zoologie et de la botanique : et le terme dénote la possession de caractères distincts de ceux des autres membres de l'espèce, qui ont une forte tendance à reparaître chez la progéniture de tous les membres des races. De tels caractères de races peuvent être corporels ou mentaux, bien qu'en pratique, ces derniers, étant moins faciles à observer et à définir, ne puissent que rarement entrer en ligne de compte. Le langage a ses racines, à demi dans la nature corporelle de l'homme, et à demi dans sa nature intellectuelle. Les sons vocaux qui forment la matière première du langage ne pourraient être produits sans une conformation particulière des organes de la parole ; il serait impossible d'énoncer les syllabes dûment accentuées sans la coordination la plus délicate de l'action des muscles qui font mouvoir ces organes, et une semblable coordination dépend du mécanisme de certaines parties du système nerveux. Il est, par conséquent, concevable que la structure de cet appareil vocal très compliqué détermine la faculté linguistique de l'homme, c'est-à-dire le mette à même d'employer le langage d'une classe et non celui d'une autre. On peut concevoir, en outre, qu'une virtualité linguistique particulière soit héréditaire, et devienne une marque de race aussi bonne que toute autre. Il est de fait qu'il n'a pas été prouvé que les virtualités linguistiques de tous les hommes soient les mêmes. On a affirmé, par exemple, qu'aux États-Unis, l'énonciation et le timbre de voix d'un nègre né en Amérique, quelque soin qu'on ait eu de lui bien enseigner l'anglais, se distinguent toujours aisément de ceux d'un blanc. Mais, en admettant même que des différences puissent prévaloir, jusqu'à ce point, parmi les races diverses d'hommes, je ne pense pas qu'il y ait lieu de supposer qu'un enfant d'une race quelconque serait incapable d'apprendre et d'employer avec aisance la langue de toute autre race d'hommes parmi lesquels il serait élevé. L'histoire prouve surabondamment la transmission des langues de certaines races à d'autres, et il n'y a aucune manière, que je sache, de prouver qu'une race quelconque est incapable de substituer un idiome étranger à sa langue maternelle.

Il suit de ces considérations que la communauté de langue ne prouve nullement l'unité de la race, ni même une preuve présomptive de l'identité de race [1].

---

[1] Le chanoine Taylor (*Origine des Aryens*), affirme que « Cuno fut le premier à insister sur ce que l'on regarde maintenant comme un axiome ethnologique, que la race ne s'étend pas avec le langage » dans un ouvrage publié en 1871. Il peut m'être permis de citer un passage d'une conférence faite le 9 janvier 1870, qui m'a valu de grands embarras. « Les particularités physiques, mentales et morales accompagnent le sang et non la langue. Aux États-Unis, les nègres ont parlé anglais depuis des générations, mais nul ne les appellerait anglais, ou ne s'attendrait à les voir différer physiquement, mentalement ou moralement des autres nègres. » — *Pall Mall Gazette*, 10 Jan. 1870. — Mais l' « axiome ethnologique » a été impliqué, si ce n'est énoncé, avant moi; par exemple, par Ecker en 1865.

Tout ce que cela prouve est que, à un temps ou à un autre, un commerce libre a existé entre ceux qui parlaient le même langage. La philologie, par conséquent, quoiqu'elle puisse avoir le droit de supposer l'existence d'un « peuple » Aryen primitif, ne doit pas substituer « race » à « peuple ». Ceux qui parlaient l'Aryen primitif peuvent avoir été un mélange de deux races ou plus, tout comme ceux qui parlent l'anglais et le français de nos jours.

Les anciens philologues ethnologues ont senti la difficulté qui provenait de leur confusion de la linguistique avec l'affinité de race, mais ils ne s'en sont point effrayés. Forts du prestige que leur donnait la grande découverte de l'unité des langues Aryennes, ils étaient tout près de faire concorder les catégories philologique et biologique, en exerçant une petite pression sur le point où ils se sentaient le plus ignorants. Et leur jugement était souvent, inconsciemment, faussé par de fortes tendances monogénistiques, qui, au fond, quelque respectable et philanthropique que pût être leur origine, n'avaient rien à faire avec la science. Ainsi le fait constant que les hommes de langue Aryenne présentaient des caractères de races grandement divers était pallié par l'assurance que la différenciation physique datait d'après l'époque des Aryens; c'est-à-dire que les Aryens de Hindou-Kouch-Pamir étaient réellement d'une seule race, mais que, tandis qu'une colonie, soumise à la chaleur étouffante des plaines du Gange, s'affinait et se brunissait chez le Bengalais, une autre s'était blanchie et élancée sous le ciel frais et embaumé du Nord, dans la prestance des grenadiers Poméraniens, ou des Highlanders écossais de six pieds, aux yeux bleus et au teint rose et blanc. Je ne sais s'il reste encore quelqu'un des éclaireurs qui avaient combattu sous ce drapeau avec tant de vigueur. Je doute qu'il y ait quelqu'un de prêt à dire qu'il croit que l'influence des conditions externes, seule, puisse expliquer les grandes différences physiques entre les Anglais et les Bengalais. En ce qui regarde l'Inde, le témoignage de la littérature ancienne prouve que les envahisseurs Aryens étaient des « hommes blancs ». On ne peut guère douter qu'ils ne se soient mêlés avec les aborigènes bruns Dravidiens, et que les Hindous des hautes castes sont ce qu'ils sont en vertu du sang Aryen qu'ils ont reçu en héritage [1], on ne peut douter de l'influence sélective de leur entourage sur le mélange.

On suppose assez généralement, dans nos discussions modernes du problème Aryen, que puisqu'il y a eu dans le sens philologique, un peuple Aryen primitif, ce peuple doit avoir formé, au sens biologique, une race. Mais ce sont des questions débattues avec cha-

[1] Je ne puis découvrir de bonnes raisons pour la sévérité de la critique, au nom des « anthropologistes », qu'on a adressée à l'assertion du professeur Max Müller que le même sang court dans les veines des soldats anglais que « dans les veines des Bengalais bruns » et qu'il y a une « parenté légitime entre les Hindous, les Grecs et les Teutons. » En tant que je m'entends en anthropologie, je dirais que ces affirmations peuvent être littéralement correctes, et le sont probablement en substance. Je ne vois pas de bonne raison pour les différences physiques entre un Hindou de haute caste et un Dravidien, sauf le sang aryen dans les veines du premier; et la force de l'infusion est probablement tout aussi grande chez quelques Hindous que chez quelques soldats anglais.

leur, que de savoir si les hommes de cette race aryenne primitive étaient blonds ou bruns, s ils avaient la tête longue ou ronde, s'ils étaient grands ou petits, et on a souvent introduit dans leur discussion des considérations tout à fait étrangères à la science. La combinaison d'un teint brun avec une taille au-dessus de la moyenne et un long crâne me donne l'impartialité sereine d'un métis ; et après avoir constaté ce gage de désintéressement, je vais énoncer l'hypothèse que je suis disposé à adopter. Je sens bien qu'en faisant cela j'accepte délibérément le *shilling* du sergent recruteur de la *Light Brigade*, et j'en avertis chacun et tous.

En considérant, à un point de vue purement anthropologique, les discussions qui ont eu lieu. le premier point qui m'a frappé est que le problème est bien plus compliqué et plus difficile que beaucoup de ceux qui disputent ne se l'imaginent, et le second, c'est que les données sur lesquelles nous avons à nous décider sont terriblement insuffisantes, soit en étendue, soit en précision.

Nos annales historiques concernent une étendue si infinitésimale du passé de l'humanité, que nous en obtenons un faible secours. Même jusqu'en 1500 avant Jésus-Christ, l'Eurasie septentrionale est dans les ténèbres historiques, sauf les rayons de lumière jetés çà et là par les littératures de l'Égypte et de la Babylonie. Pourtant, il est probable qu'à cette époque le Sanscrit, le Zende et le Grec, pour ne pas parler des autres langues Aryennes. s'étaient depuis longtemps différenciés de l'Aryen primitif. Même

1,000 ans plus tard, on a peu de renseignements précis
sur les caractères ethnologiques des tribus européennes et asiatiques connues des Grecs. Nous n'a-
vons que les ressources que l'archéologie et la paléontologie humaine peuvent nous offrir, et malgré le progrès
remarquable accompli au cours des dernières années,
ces ressources sont peu de chose. Néanmoins, au
point de vue purement anthropologique, je suis
frappé de tout ce qu'on peut dire en faveur des deux
propositions soutenues par la nouvelle école des philologues : 1º que les peuples qui parlaient l'Aryen primitif étaient une race distincte et bien marquée de
l'humanité ; et, 2º, que l'aire de distribution de cette
race, dans les temps reculés, était en Europe, plutôt
qu'en Asie.

Pendant les derniers 2,000 ans, au moins, la
moitié méridionale de la Scandinavie, et les côtes
opposées ou méridionales de la Baltique, ont été
occupées par une race d'hommes possédant des caractères bien définis. Les échantillons types ont des char-
pentes grandes et massives, le teint clair, les yeux
bleus, les cheveux blonds ou roux, c'est-à-dire qu'ils
sont des blonds prononcés. Leurs crânes sont longs,
dans le sens que la largeur en est moindre, souvent de
beaucoup, que les quatre cinquièmes de la longueur,
et ils sont d'ordinaire assez grands. Mais ils varient
sur ce dernier point. Les hommes de cette race blonde,
à tête longue, abondent de la Prusse orientale jusqu'à la Belgique septentrionale ; on en voit dans la
France du Nord, et ils ne sont pas rares dans quelques
parties de nos propres îles. Les peuples de langue

teutonne, Goths, Saxons, Allemands et Francs, qui se
répandirent en sortant des régions qui bordent la mer
du Nord et la Baltique, pour détruire l'Empire Romain,
étaient des hommes de cette race, et les récits des
anciens historiens des incursions des Gaulois en Italie
et en Grèce, entre le ve et le iie siècle avant Jésus-
Christ, ne laissent guère douter que leurs hordes ne
fussent composées, en grande partie, si ce n'est entièrement, d'hommes semblables. Le contenu de nombreuses sépultures dans la Scandinavie méridionale
prouve que, jusqu'au point où l'archéologie nous ramène à ce que l'on appelle l'âge néolithique, la grande
majorité des habitants avaient la même taille et les
mêmes particularités crâniennes que maintenant, bien
que leur charpente osseuse témoigne d'une rudesse et
d'une sauvagerie plus grandes. Rien ne prouve que le
pays fut occupé par l'homme avant l'arrivée de ces
grands blonds à longue tête. Mais il y a des preuves,
de la présence, à côté de ces derniers, d'une petite
proportion de gens à crâne large, c'est-à-dire à
crâne dont la largeur a plus, souvent beaucoup plus,
des quatre cinquièmes de leur longueur.

De nos jours, en quelque direction que nous
allions, à l'intérieur du territoire continental qu'occupent les longues têtes blondes, que ce soit au sud-
ouest, dans la France centrale; au midi, des provinces
wallonnes Belges jusqu'à la France orientale, en
Suisse, dans l'Allemagne du Sud et le Tyrol; ou au
sud-est, en Pologne et en Russie, ou, au nord, en
Finlande et en Laponie, les têtes larges apparaissent,
en force, parmi les longues têtes. Et il arrive parfois

que nous nous trouvons chez un peuple à tête aussi
régulièrement large que les Suédois et Allemands
du Nord ont la tête longue. En règle générale, en
France, en Belgique, en Suisse, et dans l'Allemagne
du Sud, l'augmentation des crânes larges est accompagnée de l'apparition d'une proportion de plus en
plus grande d'hommes à teint brun et d'une taille
moins haute, jusqu'à ce que, au centre de la France,
et vers l'est, à travers les Cévennes et les Alpes du
Dauphiné, de la Savoie et du Piémont, jusqu'aux
plaines occidentales de l'Italie du Nord, les *grands
blonds à tête longue* [1] disparaissent, en pratique,
et sont remplacés par des *bruns à tête large*. On peut
décrire le Savoyard ordinaire en termes opposés à
ceux qui s'appliqueraient au Suédois ordinaire. Il est
petit, basané, a les yeux et les cheveux bruns, et son
crâne est très large. Entre les deux types extrêmes,
l'un posé sur les bords de la mer du Nord et de la
Baltique, et l'autre sur ceux de la Méditerranée, il
y a toutes sortes de formes intermédiaires, où la largeur du crâne peut se trouver associée à la haute ou

---

[1] J'aurais pu employer les termes techniques de *brachycéphale*
et *dolichocéphale*. Mais on ne peut dire qu'ils soient élégants, et
en outre, ils sont souvent employés dans des sens différents de
celui que j'ai donné à la définition de « têtes larges » et « tête
longue ». L'*indice céphalique* est un nombre exprimant le rapport
de la largeur à la longueur d'un crâne, prenant 100 comme terme
de cette dernière. Donc, les « têtes larges » ont l'indice céphalique
au-dessus de 80, et les « têtes longues » l'ont au-dessous de 80. La
valeur physiologique de la différence est inconnue ; sa valeur anatomique dépend du fait observé de la constance de l'occurence,
soit des têtes larges, soit des têtes longues, parmi les grandes divisions de l'humanité.

petite taille d'hommes blonds, et chez des hommes bruns de haute taille.

Il y a de fortes raisons de croire que les bruns à tête large, qu'on rencontre maintenant dans le centre de la France et dans les plateaux occidentaux de l'Europe centrale, ont habité la même région, non seulement dans la période historique, mais longtemps avant qu'elle ne commençât; et il est probable que leur habitat était autrefois plus étendu. Car si nous laissons de côté les incursions relativement récentes des races asiatiques, le centre d'irruption des envahisseurs de la moitié méridionale de l'Europe a été situé au nord et à l'ouest. Dans le cas des assauts teutoniques sur l'Empire Romain, il se trouvait indubitablement dans l'espace occupé maintenant par les longues têtes blondes, et dans le cas des invasions gauloises précédentes, les caractères physiques attribués aux tribus principales indiquent la même conclusion. Quelles que fussent les causes qui firent déborder sur le monde, en masses, les longues têtes blondes, à des époques particulières, l'augmentation naturelle du nombre d'une race vigoureuse et féconde doit toujours les avoir poussés vers leurs voisins, et fourni ainsi d'abondantes occasions de mélange avec eux. Si nous supposons qu'à une époque préhistorique donnée, les terres basses bordant la Baltique et la mer du Nord ont été habitées par de purs blonds à longue tête tandis que les hauteurs du centre étaient occupées par de purs bruns à tête courte, ces deux races ont certainement dû se rencontrer et s'entremêler, au cours du temps, malgré la vaste ceinture d'épaisses forêts qui s'étendait, presque sans interruption, des Carpathes aux Ardennes ; et il en devait résulter la gradation irrégulière d'un type à l'autre que nous rencontrons en effet.

Au sud-est, à l'est et au nord-est, dans tout ce qui formait autrefois le royaume de Pologne, et en Finlande, la prépondérance des têtes larges accompagne une grande prédominance de teint blond et de haute taille. Dans l'extrême nord, d'autre part, la tête large très accentuée se combine avec une taille peu élevée, un teint basané, et des traits plus ou moins mongols, chez les Lapons. Et il est à remarquer que ce type prévaut, d'une manière croissante, en allant vers l'est, chez les populations de l'Asie centrale.

La population des Iles Britanniques, de nos jours, offre les deux extrêmes des types du grand blond et du petit brun. Les longues têtes blondes à haute taille ressemblent au type du continent ; mais notre petite race brune a la tête longue. Les bruns, à tête carrée, tels qu'on en voit dans les hauteurs de l'Europe centrale, n'existent pas chez nous. Cette absence d'un nombre considérable de gens à tête réellement carrée (c'est-à-dire où l'indice céphalique est au-dessus de 81 ou 82) dans la population moderne du Royaume-Uni, est d'autant plus remarquable que les investigations de feu le Dr Thurnam, et d'autres encore, ont prouvé l'existence d'une grande proportion de têtes carrées avec haute taille chez les cadavres des tumulus anglais de l'âge de pierre. Il semblerait que ces immigrants à crâne carré ont été absorbés par une population à long crâne plus ancienne ; tout comme, dans l'Allemagne du Sud, les Allemands à longue tête ont été absorbés par les crânes carrés plus anciens. Les longues têtes des bruns petits ne sont pas le propre de nos îles. Au contraire, elles abondent dans la France occidentale et l'Espagne, et dominent en Sardaigne, en Corse, et dans l'Italie méridionale, et peuvent avoir occupé, dans les anciens temps, un territoire bien plus grand.

Ainsi, dans l'aire que nous avons examinée, il y a des preuves de l'existence de quatre races d'hommes : 1° les grands blonds à tête longue ; 2° les petits bruns à tête carrée 3° les petits bruns mongoloïdes à tête carrée 4° de petits bruns à longue tête. Les régions où ces races apparaissent avec le moins de mélange sont : (1) la Scandinavie, l'Allemagne du Nord, et quelques parties des Iles Britanniques ; (2) la France du centre, les plateaux élevés de l'Europe centrale, et le Piémont ; (3) l'Europe arctique et orientale, l'Asie centrale ; (4) les parties occidentales des îles Britanniques et de la France, l'Espagne, l'Italie méridionale. Et les habitants des régions qui se trouvent entre ces points présentent les gradations intermédiaires, telles que de petits blonds à longue tête, et de grands bruns à tête courte, ou à tête longue, qu'il était naturel d'attendre comme résultat de leur croisement. Les témoignages actuels favorisent la supposition que les blonds à longue tête, les bruns à tête carrée, et les bruns à longue tête, ont existé pendant tous les temps historiques, et fort loin en arrière en remontant vers les époques

préhistoriques. Il n'y a de preuves d'aucune migration d'Asiatiques en Europe, à l'ouest du bassin
du Dniéper, jusqu'au temps d'Attila. Au contraire, le
premier grand mouvement de la population Européenne dont nous ayions une preuve concluante est
cette série d'invasions gauloises de l'Est et du Sud,
qui a fini par s'étendre de l'Italie du Nord jusqu'à la
Galatie, en Asie Mineure.

Il nous faut maintenant considérer les rapports
entre la distribution des races et la distribution
des langues. Les blonds d'Europe à longue tête
parlent, ou ont parlé, les dialectes Lithuanien, Teutonique ou Celtique, et n'ont jamais, que l'on
sache, eu d'autres langues Aryennes. Une forte proportion des bruns à tête carrée, a parlé, autrefois, les
dialectes Ligurien et Rhétique qu'on croit n'être pas
Aryens. Mais, lorsque les Romains firent la connaissance de la Gaule transalpine, les habitants du pays
entre la Garonne et la Seine (la *Celtica* de César)
semblent, en tous cas, en grande partie, avoir parlé
les dialectes Celtiques. Les bruns à longue tête
d'Espagne et de France semblent avoir parlé une
langue qui n'était pas Aryenne, cet Euskarien qui
subsiste encore sur les plages de la baie de Biscaye.
On ne sait pas au juste s'ils ont, en Grande-Bretagne,
employé d'autres langues que les Celtiques. On ne
sait pas clairement, non plus, ce qui se parlait dans
les îles de la Méditerranée et dans l'Italie méridionale.

Les têtes carrées blondes de la Pologne et de la
Russie occidentale font partie d'un peuple qui, à sa

première apparition dans l'histoire, occupait les plaines marécageuses imparfaitement drainées par la Vistule à l'ouest, la Duna, au nord. et le Dniéper et le Bug, au sud. Leurs voisins les connaissaient sous le nom de Wendes, et eux-mêmes s'intitulaient Serbes et Slaves. Les langues Esclavonnes parlées par ces peuples sont, dit-on, alliées de très près à celles des Lithuaniens, qui occupaient la frontière nord. Les Slaves ressemblent aux Allemands du Sud par la prédominance de la tête carrée, tandis que la taille et le teint varient, depuis les blonds souvent grands qui abondent en Pologne et en Grande-Russie, jusqu'aux bruns souvent petits, qui sont communs ailleurs. Il n'y a certainement rien, dans l'histoire du peuple Slave. qui empêche de supposer que, dès les temps anciens, ils ont été une race mélangée. Car leur pays se trouve compris entre celui des grands blonds à tête longue au nord, celui des petits bruns à tête carrée du type européen à l'ouest, et celui des petits bruns à tête large du type asiatique à l'est ; et au cours de toute leur histoire, ils ont toujours ou empiété sur leurs voisins, ou été envahis et écrasés par eux. Les Gaulois et les Goths ont traversé leur pays, en route pour l'Est et le Sud ; les Finno-Tartares, dans leur marche vers l'Ouest, n'ont pas seulement fait de même, mais les ont tenus sous leur joug pendant des siècles. D'autre part. il y a eu des époques où leur frontière occidentale s'avançait au-delà de l'Elbe ; on a même affirmé qu'ils ont envoyé des colonies en Hollande et jusqu'à l'Angleterre méridionale. Une grande partie de l'Allemagne orientale, la Bohème, la Moravie, la Hongrie, la vallée inférieure du Danube.

et la péninsule des Balkans, sont devenues grandement ou complètement Slaves, et l'autorité et la langue Slaves qui, autrefois, avaient peine à se maintenir dans la Russie occidentale et la Petite-Russie, ont maintenant étendu leur empire sur toutes les populations Finno-tartares de la Grande-Russie, tandis qu'elles s'avancent, parmi les peuples de l'Asie centrale, jusqu'aux frontières de l'Inde, au sud, et jusqu'au Pacifique à l'Extrême-orient. Donc, il est à peine possible que le peuple slave ait été formé par la réunion de moins de trois races, à savoir : les blonds à tête longue, les bruns d'Europe à tête large, et les bruns d'Asie à tête large. Et, faute de preuves du contraire, il est certainement permis de supposer que c'est la première race qui a fourni le teint de blond et la haute taille qui se remarquent chez un si grand nombre des Slaves septentrionaux surtout, et que le teint brun et le crâne large doivent être attribués aux deux autres. Mais si l'on admet cette supposition, on peut à juste titre supposer que la forme et la substance Aryennes des langues Slaves procédent aussi des têtes longues. Elles ne pouvaient provenir des bruns Asiatiques à tête large, qui tous parlent des langues non Aryennes ; et il y a des présomptions contre l'idée qu'ils ont pris leur origine parmi les bruns à tête large des plateaux de l'Europe centrale, parmi lesquels se parlait une langue non Aryenne, même dans les temps historiques.

On peut expliquer, de la même manière, comme étant le produit d'un mélange, les tribus de grands blonds parmi les Finlandais. La grande majorité des peuples Finno-Tartares se compose de bruns à large tête du type asiatique. Mais il est prouvé par beaucoup de mots empruntés à l'Aryen qui contient leur langue, que les Finnois proprement dits ont été longtemps en contact avec les Aryens. D'où il suit qu'il y a eu ample occasion de mélange entre les races, et de transfert aux Finnois de plus ou moins des caractères physiques des Aryens, et *vice versa*. En toute hypothèse, la frontière entre les Aryens et les Finno-Tartares doit s'être étendue à travers l'Asie centrale de l'Ouest pendant une très longue période ; et, à quelque point que ce fût de cette frontière, il a été possible que des races mélangées de Finnois blonds ou d'Aryens bruns fussent formées.

Voilà pour les peuples européens qui parlent, de nos jours, les langues Celtes ou Teutoniques, ou Slaves, ou Lithuaniennes, ou dont on sait qu'il les ont parlées, avant qu'un si grand nombre des dialectes indigènes anciens fussent remplacés par les modifications Romanes de la langue de Rome.

En ce qui concerne les premiers peuples qui parlèrent le Grec et le Latin, je n'ai pas la prétention d'entreprendre de débrouiller l'ethnologie compliquée de la péninsule des Balkans et de mettre en ordre le chaos de celle de l'Italie. Pour la première, il y a cependant quelques données satisfaisantes. Les anciens Thraces étaient, proverbialement, des blonds à yeux bleus. Les grands blonds étaient communs parmi les anciens Grecs, qui avaient la tête longue ; et les Sphakiotes de Crète, les représentants les plus purs des vieux Hellènes qui existent, sont grands et blonds. Mais, si l'on considère que la colonisation Grecque s'opérait sur une grande échelle dans le vIII^e siècle avant Jésus-Christ, et que bien des siècles avant et après les Hellènes, remuants, avaient combattu, trafiqué, pillé, et fait la traite des deux côtés de la mer Égée, et peut-être jusqu'aux bords de la Syrie et de l'Egypte, il est probable que, même à l'aube de l'histoire, les Grecs maritimes étaient une race très mêlée. D'autre part, les Doriens peuvent bien avoir conservé le type originel, et leur fameuse migration peut être le premier exemple connu de ces mouvements de la race Aryenne qui devaient plus tard changer la face de l'Europe. On peut même, par analogie, pressentir que ces ombres ethnologiques: les Pélasges, ont pu être une population mêlée plus tôt, comme celle de la Gaule occidentale et de la Grande-Bretagne avant l'invasion teutonne. En tout cas, les grands blonds à tête longue sont si bien représentés dans l'histoire la plus reculée de la péninsule des Balkans qu'on peut leur attribuer les langues Aryennes qui s'y parlent. Et il se peut que la tradition qui a peuplé la Phrygie de Thraces représente un véritable mouvement de la race Aryenne dans l'Asie Mineure, ressemblant à celui qui, plus tard, y porta les Gaulois.

Il y a de très grandes difficultés à identifier les peuples chez lesquels les divers dialectes du groupe latin se sont développés, avec aucune race dont on retrouve les traces en Italie dans les temps historiques. L'Italie du Nord fut peuplée, en outre des « aborigènes » Italiens, par des Liguriens bruns à tête carrée ; par des Gaulois, qui, probablement dans une grande mesure, étaient blonds à longue tête ; par des Illyriens dont

on ne sait rien. Il y avait, outre ceux-ci, ce peuple
énigmatique des Etrusques, qui semblent avoir été,
primitivement, des bruns à longue tête. L'Italie méridionale et la Sicile offrent un contingent de « Sikels »
Phéniciens et Grecs ; et par-dessus tout cela, dans
des temps relativement modernes, il y a une ad-
jonction de sang teuton. Les dialectes latins na-
quirent, nul ne sait comment, parmi les tribus de
l'Italie centrale, entourées de tous côtés par des
peuples des caractères physiques les plus variés, qui
étaient graduellement absorbés dans la panse romaine
toujours plus gonflée, et là, à force d'employer la
même langue, devenant le premier exemple de cet
étonnant salmigondis ethnologique qu'on a, à tort,
appelée race latine. Le seul guide qui mérite confiance
est l'investigation archéologique. Un grand progrès
sera fait quand on connaitra pleinement les caractères
de race des Terramares [1] qu'Helbig a identifié avec
les Ombriens primitifs.

Je ne sache pas que les anciennes littératures de
l'Inde et de la Perse donnent aucun renseignement
précis concernant le teint des Indo-Iraniens, au-delà
de la vague impression qu'ils étaient ce que nous appelons des blancs. Mais il importe de noter que ces
grands blonds firent leur apparition, sporadiquement,
parmi les Tadjicks de la Perse et du Turkestan; que
les Siah-Posh et les Galtchas de la barrière monta-

---

[1] *Die Italiker in der Poebene*, 1879. Voir pour beaucoup de pré-
cieux renseignements concernant les races des Balkans et de la
Péninsule Italique, l'Essai de Zampa : *Vergleichende Anthropologische
Ethnographie von Apulien. Zeitschrift für Ethnologie*, XVIII, 1886.
Les Terramares étaient un peuple préhistorique de l'Italie du Nord.

gneuse entre le Turkestan et l'Inde leur sont semblables, et que les mêmes caractères dominent chez les Kurdes sur la frontière occidentale de la Perse de nos jours. Les Kurdes et les Galtchas ont généralement la tête carrée, les autres, la tête longue. Ces peuples et les anciens Alains forment ainsi une série de degrés entre les Aryens blonds de l'Europe et ceux de l'Asie, se dressant au milieu de l'inondation de peuples Finno-Tartares qui a envahi le reste de l'intervalle entre les sources du Dniéper et celles de l'Oxus. Si l'on en savait davantage sur les Sarmates et les Scythes des anciens historiens, il ne serait pas impossible, je pense, de découvrir que, même dans les temps historiques, le territoire occupé par les blonds à longue tête et parlant Aryen a été, du moins temporairement, continu des bords de la mer du Nord à l'Asie centrale.

Supposons qu'il soit admis, pour faciliter l'hypothèse, que les blonds à longue tête s'étendaient autrefois, sans une lacune, sur ce vaste espace, et que toutes les langues Aryennes se soient développées hors de leur langage primitif, la question de savoir la patrie de la race lorsque les diverses familles de langue Aryenne étaient à l'état de dialectes débutants, est encore ouverte. Quoi qu'il en soit de ce qu'on sait pour ou contre, cette patrie peut avoir été à l'ouest, à l'est, ou n'importe où entre les deux. En cherchant la solution de cet obscur problème, c'est un préliminaire important de retenir la vérité que la race Aryenne doit être beaucoup plus ancienne que la langue Aryenne primitive. On ne saurait imaginer, sérieusement, que cette dernière naquit d'une manière soudaine, par l'acte d'une divinité jalouse, apparemment ignorante de la force des tendances naturelles de l'homme vers le galimatias. Mais si toutes les langues humaines diverses ne furent pas appelées subitement à l'existence pour contrarier les plans des audacieux briquetiers de la plaine de Sennaar ; si cette assertion n'est qu'un autre « type » et si l'Aryen primitif, comme tous les autres langages, fut construit par un processus séculaire de développement, les longues têtes blondes parmi lesquelles l'Aryen s'est formé, doivent pendant des siècles, à parler philologiquement, avoir été non-Aryens, ou peut-être, pour mieux dire, des « Pré-Aryens. Je suppose qu'on peut en toute sécurité assurer que le Sanscrit, le Zende, et le Grec furent entièrement différenciés vers 1 500 avant Jésus-Christ. S'il en est ainsi, combien faut-il remonter plus haut pour dater l'existence de l'Aryen primitif, d'où ceux-ci procédaient ? Et combien plus loin encore, pour retrouver ce vrai *juventus mundi* (en tant qu'il s'agit de l'homme) où l'Aryen primitif était en voie de formation ? Et combien plus loin encore pour la différenciation de la race Aryenne blonde naissante, à longue tête, de la race primitive de l'humanité ?

Si quelqu'un soutient que le peuple blond à longue tête, parmi lequel, suivant notre hypothèse, la langue Aryenne primitive aurait commencé, peut avoir formé une race séparée aussi loin dans le passé que l'époque pléistocène où les premières annales incontestées de l'homme ont fait leur apparition, je ne vois pas qu'il dépasse les bornes du possible — bien que, naturellement, cela soit chose très différente du fait de donner la preuve de la chose. Mais si les longues têtes blondes sont aussi anciennes, le problème de leur premier habitat se pose tout un aspect entièrement différent. La spéculation doit tenir compte des conditions climatériques et géographiques grandement différentes de celles qui dominèrent au nord de l'Eurasie de nos jours. Pendant l'immense durée de la période pleistocène, il semble que les hommes n'auraient pas plus pu vivre, soit en Angleterre, au nord de la Tamise, ou en Scandinavie, ou dans l'Allemagne du Nord, ou dans la Russie du Nord, qu'ils ne peuvent vivre dans l'intérieur du Groënland, vu que la terre était couverte d'une grande nappe de glace semblable à celle sous laquelle ce dernier pays est maintenant enseveli. A cette époque on ne saurait raisonnablement supposer que les blonds à tête longue aient occupé les régions où nous les rencontrons dans les temps les plus reculés dont l'histoire ait gardé un récit.

Mais même si nous nous contentons de revendiquer une antiquité bien moins grande pour la race Aryenne, si nous supposons uniquement, bien que rien ne garantisse positivement cette assertion, qu'elle a existé en Europe dès la fin de la période pléistocène, — quand la faune et la flore prirent, à peu près, leur état actuel, et que l'état de choses que les géologues appellent Récent fit ses débuts — nous avons à compter avec une distribution des terres et des eaux, non seulement très différente de celle qui domine maintenant dans la Russie septentrionale, mais d'une nature telle qu'elle ne peut manquer d'avoir exercé une grande influence sur le développement et la distribution des races de l'humanité.

Au temps actuel, quatre grandes masses d'eau, la mer Noire, la Caspienne, la mer d'Aral, et le lac Balkash occupent l'extrémité sud des vastes plaines s'étendant de la mer Arctique aux montagnes de la péninsule des Balkans, de l'Asie Mineure, de la Perse, de l'Afghanistan, et des hauts plateaux de l'Asie centrale, jusqu'à l'Altaï. Ces mers, pour la plupart, s'étendent entre les parallèles ouest 40° et 50°, et sont séparées par de larges étendues de déserts stériles et chargés de sel. La surface du Balkash est de 514 pieds, celle de l'Aral de 158 pieds, au-dessus de la Méditerranée, celle de la Caspienne est de 85 pieds au dessous. La mer Noire communique librement avec la Méditerranée par le Bosphore et les Dardanelles ; mais les autres, durant les temps historiques, ont été tout au plus temporairement reliées à la première, et entre elles, par des canaux relativement insignifiants. Cependant, cet état de choses est comparativement moderne. A une période qui n'est pas très éloignée, la terre de l'Asie Mineure continuait celle de l'Europe à travers le site actuel du Bosphore, formant une barrière de plusieurs centaines de pieds de haut, qui endiguait les eaux de la mer Noire. Une grande étendue de l'Europe orientale et de l'ouest de l'Asie centrale devint ainsi une sorte de vaste réservoir, dont la partie la plus basse était probablement située de 200 pieds plus haut que le niveau de la mer, le long de la ligne méridionale de partage des eaux actuelle de l'Obi qui se déverse dans l'océan Arctique. Dans ce bassin, les plus grands fleuves de l'Europe, tels que le Danube et le Volga, et l'Oxus et le Jaxartes, qui étaient à cette époque les grands fleuves de l'Asie, se déversaient avec tous leurs affluents intermédiaires. En outre, il recevait le superflu du lac Balkash, beaucoup plus grand alors. et probablement celui de la mer intérieure de Mongolie. A cette époque, le niveau de la mer d'Aral était plus élevé de 60 pieds [1] qu'il ne l'est maintenant. Au lieu des trois mers séparées : la mer Morte, la Caspienne et la mer d'Aral, il y avait une vaste Méditerranée Ponto-Aralienne qui devait se prolonger en bras et en fiords le long des vallées inférieures du Danube, du Volga, (au cours duquel on trouve encore des coquilles caspiennes jusqu'au Kuma de l'Oural, et des autres affluents, tandis qu'elle semble avoir envoyé son trop-plein dans la direction du nord à travers le bassin actuel de l'Obi. En même temps, il y a lieu de croire que la côte septentrionale de l'Asie, qui montre partout des signes de soulèvement récent, était située loin, au sud, de la position qu'elle occupe maintenant. Les conséquences de cet état de choses ont une portée extrêmement importante pour la question que nous discutons. En premier lieu, un climat insulaire doit être substitué au climat très continental, actuel, de l'ouest de l'Eurasie centrale. Ce fait est important à plusieurs égards. Par exemple, les limites climatériques orientales actuelles du hêtre n'auraient pu exister, et si l'Aryen primitif remonte aussi haut, les arguments basés sur l'occurence de son nom

---

[1] Cela est prouvé par les anciens rivages sur la colline de Kashkanatao au milieu du delta de l'Oxus. Quelques autorités fixent l'ancien niveau beaucoup plus haut à 200 pieds, ou plus (Keane, *Asia*, page 408).

dans quelques langues Aryennes et non dans d'autres, perdent leur valeur. En second lieu, les moitiés Européenne et Asiatique des grandes plaines Eurasiatiques étaient séparées l'une de l'autre par la Méditerranée Ponto-Aralienne et ses prolongements. En troisième lieu, l'accès direct à l'Asie-Mineure, au Caucase, aux montagnes de la Perse, et à l'Afghanistan, de la moitie européenne, se trouvait entièrement barré ; et les tribus de l'est de l'Asie centrale étaient également séparées de la Perse et de l'Inde par d'immenses chaines de montagnes et de hauts plateaux. Donc, si la race blonde à longue tête existait à l'époque reculée où la Méditerranée Ponto-Aralienne avait son extension complète, l'Europe du Nord et celle de l'Est lui présentaient de l'espace pour se développer, sous les conditions les plus favorables, et en dehors de toute intrusion sérieuse d'éléments étrangers venant d'Asie.

Quand la lente érosion du passage des Dardanelles draina les eaux Ponto-Araliennes dans la Méditerranée, celles-ci doivent être tombées partout aussi près du niveau de cette dernière que le permettait la configuration du pays, restant, d'abord, reliées par des détroits dont les traces persistent encore entre les mers Noire et Caspienne, et les mers Caspienne et d'Aral, respectivement. Alors, l'élévation graduelle de la terre de la Sibérie septentrionale, apportant à sa suite un climat continental, avec son air sec et ses chaleurs estivales intenses, la perte par suite de l'évaporation dépassa bientôt la provision d'eau grandement réduite, et le Balkash, l'Aral, et la Caspienne se trouvèrent restreints à leurs dimensions actuelles. Au cours de

ce processus, les larges plaines entre les mers intérieures séparées, dès qu'elles furent mises à découvert,
ouvrirent des routes faciles vers le Caucase et le Turkestan, qui purent bien être utilisées par les blonds à
longue tête se mouvant vers l'est, à travers les plaines,
desséchées au même temps, au sud et à l'est de la
chaîne de l'Oural. Le même processus de dessèche-
ment, toutefois, rendait la route de l'Asie centrale
orientale vers l'ouest aisément praticable; et à la fin,
la race Aryenne pouvait facilement se dédoubler, ainsi
que nous trouvons maintenant qu'elle l'est, par le
mouvement des bruns Mongoloïdes à tête carrée vers
l'ouest.

Nous arrivons ainsi à ce qui est, en pratique, l'hypothèse Sarmate de Latham — si le terme « Sarmate »
est un peu élastique, de façon à comprendre les parties élevées et beaucoup des pentes septentrionales de
l'Europe entre l'Oural et la mer du Nord; un immense espace de pays, au moins aussi grand que celui
qui se trouve compris entre la mer Noire, l'Atlantique, la Baltique, et la Méditerranée.

Si nous nous représentons la race blonde à longue
tête comme s'étant répandue sur ce territoire, pendant
que le langage Aryen primitif était en voie de formation, ses tribus du nord-ouest et du sud-est auront été
séparées par 1,500 milles ou plus. Ainsi, il y avait un
champ libre à une différenciation de langues, et
comme les tribus adjacentes étaient, probablement,
sous l'influence des mêmes causes, il est logique de
supposer que, dans une région quelconque donnée de
la périphérie, le processus de différenciation, amené

par des actions internes ou par des actions externes, a du être analogue. D'où il suit qu'on est autorisé à penser que, même avant que l'Aryen primitif eût atteint son développement complet, le cours de ce développement était devenu quelque peu différent en des localités différentes ; et, en ce sens, il peut être très vrai qu'aucune langue Aryenne primitive, uniforme, n'a jamais existé. Le mode naissant de s'exprimer a pu, de très bonne heure, recevoir une torsion, pour ainsi dire, vers le Lithuanien, l'Esclavon, le Teutonique ou le Celtique, au nord et à l'ouest ; vers le Thrace et le Grec au sud-ouest ; vers l'Arménien au sud ; vers l'Indo-iranien au sud-est. Avec les mouvements centrifuges des diverses fractions de la race, ces tendances des groupes de la périphérie devaient s'intensifier de plus en plus en proportion de leur isolement. Nul doute qu'au centre, et en d'autres parties de la périphérie de la région Aryenne, d'autres groupes de dialectes ne fissent leur apparition ; mais quelque fût le développement qu'ils atteignirent, ils ne réussirent pas à se soutenir dans le combat contre les tribus Finno-tartares, ni contre les plus forts de leur propre espèce [1].

Je pense donc que les réponses hypothétiques les plus plausibles qu'on puisse donner aux deux questions que nous avons posées au début sont les suivantes. Il y a eu, et il y a une race Aryenne — c'est-à-dire que les modes caractéristiques de langage appelés Aryens,

[1] Voir les idées de J. Schmidt (exposées et discutées par Schrader et Jevons, p. 63-67) qui sont en substance identiques à celles que nous venons de développer.

se développèrent chez les blonds à tête longue seuls,
quelle que soit la mesure dans laquelle quelques-uns
d'entre eux ont pu être modifiés par l'importation
d'éléments non Aryens. Quant à l' « habitat » de la
race Aryenne, il se trouvait en Europe, et surtout à
l'est des montagnes centrales et à l'ouest de l'Oural.
De cette région, elle se répandit vers l'ouest, le long
des côtes de la mer du Nord jusqu'à nos îles, où, probablement, elle rencontra les bruns à tête longue, jusqu'à la France où elle trouva ces derniers et les bruns
à tête courte ; jusqu'à la Suisse et l'Allemagne du Sud,
où elle empiéta sur les bruns à courte tête ; jusqu'à
l'Italie, où les bruns à tête courte semblent avoir
abondé au nord, et le type à tête longue au sud ; et
jusqu'à la péninsule des Balkans, dont nous ignorons
absolument quels étaient les premiers habitants. Il y
a deux routes vers l'Asie Mineure, l'une à travers le
Bosphore, et l'autre à travers les cols du Caucase, et
les Aryens peuvent s'être servis de l'une et de l'autre.
Enfin, les tribus du sud-Est se répandirent probablement dans le Turkestan occidental, et après l'évolution
du dialecte primitif Indo-iranien, finirent par coloniser
la Perse et l'Hindoustan, où leur langue se fixa dans sa
forme définitive. Selon cette hypothèse, l'idée que
les Celtes et Teutons émigrèrent des environs du
Pamir et de l'Hindou-Kouch est aussi éloignée de la
vérité que la supposition que les Indo-Iraniens ont
émigré de la Scandinavie. Elle suppose que les blonds
à tête longue, dans ce qu'on peut appeler leur phase
Aryenne naissante, c'est-à-dire avant que leurs dialectes n'eussent pris tous les traits caractéristiques

Aryens, étaient répandus sur une vaste région qu'on est convenu d'appeler Européenne, mais qui, du point de vue de la géographie physique, doit plutôt être regardée comme une continuation de l'Asie. En outre, il est très possible, et même probable, que les blonds à longue tête soient arrivés au Turkestan avant que leur langue n'eût atteint, ou en tous cas n'eut dépassé, la phase de l'Aryen primitif, et que tout le processus de différenciation en Indo-iranien ait eu lieu pendant les longs siècles où ils ont résidé dans le bassin de l'Oxus. Ainsi, la question de savoir si le point d'origine des Aryens primitifs était en Europe ou en Asie se réduit surtout à un débat de terminologie géographique.

Les arguments qui précèdent, en faveur de l' « hypothèse Sarmate » de Latham, ont été basés sur des données qui sont à portée de l'histoire, ou peuvent se déduire, par un raisonnement, en remontant de l'état de choses actuel vers le passé. Mais, grâce aux recherches des archéologues préhistoriques et des anthropologistes, au cours des cinquante dernières années, on a mis au jour une énorme masse de témoignages positifs concernant la distribution et la condition de l'humanité dans le long intervalle entre l'aube de l'histoire et le commencement de l'Époque Récente.

Il est prouvé qu'au cours de cette période, des hommes ont existé dans toutes les régions de l'Europe qui aient encore été convenablement examinées; et ce qui reste de leurs os, tel qu'on l'a découvert, ne montre pas moins de diversité de taille et de conformation crânienne qu'au temps actuel. Il y a des

hommes grands et des hommes petits , de longs crânes
et des crânes carrés, et il est probablement logique de
conclure que le contraste actuel entre les blonds et
les bruns existait parmi eux, de leur vivant. En outre,
il a paru, clairement, que, partout, les plus anciens
de ces peuples étaient à l'étape de civilisations dite
âge de pierre, c'est-à-dire que non seulement ils se
servaient d'instruments de pierre qui étaient taillés,
mais encore d'outils et d'armes à tranchants aiguisés.
Ils ne connaissaient d'abord que peu ou point l'usage
des métaux, ils possédaient des animaux domestiques
et cultivaient des plantes, habitant des maisons simplement construites.

Dans quelques parties, il semble qu'on ait fait peu
de progrès, même jusqu'aux temps historiques. Mais
en Grande-Bretagne, en France, en Scandinavie, en
Allemagne, dans la Russie occidentale, en Suisse, en
Autriche, dans la plaine du Pô, très probablement
aussi dans la péninsule des Balkans, la culture avança
par degrés, jusqu'à ce qu'on atteignit un degré relativement élevé de civilisation. L'impulsion première au
cours de ce progrès semble avoir été donnée par la
découverte que les métaux sont une meilleure matière
première que la pierre pour les outils et les armes.
Aux jours reculés de l'archéologie préhistorique,
Nilsson a montré que, dans les sépultures de l'époque
moyenne, le bronze prit grandement la place de la
pierre, et que ce n'est que dans les plus récentes que l'on
voit le fer substitué au bronze. Telle est l'origine de la
généralisation de l'occurrence d'une succession régulière de phases de culture, que l'on a quelque peu

malheureusement appelées « âges » de la pierre du
bronze et du fer. Pendant longtemps après l'établisse-
ment de cet ordre de succession dans la même localité,
qui, ainsi qu'on l'oublie trop souvent, n'a rien de commun avec la coïncidence chronologique en différentes
localités, le changement de la pierre au métal fut
attribué à des influences étrangères, et par conséquent
orientales. Il y avait là, tout prêts, les commerçants
Phéniciens ubiquistes et les Aryens immigrant de
l'Hindou-Kouch. Mais des recherches ultérieures ont
prouvé [1] pour diverses parties de l'Europe, et peut-être
pour d'autres, que l'ancien ordre de succession, pour
être correct, n'en est pas moins incomplet, et qu'il
faut intercaler une époque du cuivre entre les époques
de la pierre et du bronze. Le bronze est un produit
artificiel, dont la formation implique une connaissance du cuivre ; et il est certain que le cuivre
était, à une période très reculée, extrait des minerais
indigènes par les peuples de l'Europe centrale qui
en faisaient usage. Quand ils apprirent que la
dureté, et la solidité de leur métal étaient très per-
fectionnées par l'alliage d'une petite quantité d'é-
tain, ils abandonnèrent le cuivre pour le bronze, et
arrivèrent bientôt à une habileté remarquable dans le
travail du bronze. Enfin quelques-uns des peuples
Européens eurent connaissance du fer, et les qualités
supérieures de ce dernier remplacèrent le bronze,

---

[1] « Prouvé » est peut-être une expression trop forte. Mais le
témoignage exposé par le Dr Much (*Die Kupferzeit in Europa*, 1886)
en faveur d'un âge du cuivre parmi les habitants des maisons sur
pilotis, est d'un grand poids.

comme le bronze avait remplacé la pierre, pour
la fabrication d'outils et d'armes du meilleur genre.
Mais le processus de la substitution du cuivre et
du bronze à la pierre fut graduel, et, pour les usages
communs, la pierre fut employée longtemps encore
après l'introduction des métaux.

Les habitations lacustres de la Suisse ont fourni
des annales archéologiques non interrompues de
ces changements. Celles de la Suisse orientale ces-
sèrent d'exister peu après l'apparition des métaux,
mais dans celles des lacs de Neufchâtel et de Bienne
l'histoire se continua à travers l'âge du bronze jusqu'au
commencement de celui du fer. Et dans toute cette
longue série de restes qui mirent à nu les plus infimes
détails de la vie des habitants lacustres, depuis l'époque
néolithique jusqu'à celle du bronze perfectionné, il n'y
a aucune indication d'un trouble tel qu'en eût dû
causer une invasion étrangère, comme celle qui
se produisit en effet, peu de temps après qu'on eût
atteint l'âge du fer. Nul doute que les constructeurs des demeures lacustres eussent subi des
influences étrangères par le canal du commerce, et
puissent les avoir reçues par la lente immigration
d'autres races. Leur ambre, leur jade, et leur étain
montrent qu'ils ont eu des relations commerciales
avec des régions quelque peu éloignées. L'ambre, toutefois, ne nous mène pas plus loin que la Baltique;
et l'on sait, maintenant, qu'on peut trouver le jade
dans les limites de l'Europe, tandis que l'étain se trouvait dans l'Italie du Nord. On a étayé sur les caractères
de certaines plantes cultivées et d'animaux domes-

tiques un argument en faveur de l'influence orientale. Mais cet argument même ne nous emmène pas, nécessairement, au-delà des limites du sud-est de l'Europe, et demande, d'ailleurs, à être considéré de nouveau en regard des changements de la géographie physique et du climat sur lesquels j'ai appelé l'attention.

Il y a, en relation avec cette question, une autre série importante de faits à prendre en considération. Quand, au XVIIe siècle, les Russes avancèrent au-delà de l'Oural et commencèrent à occuper la Sibérie, ils trouvèrent la plupart des indigènes se servant d'outils de pierre et d'os. Quelques-uns seulement possédaient des outils ou des armes de fer qui leur étaient venus par la voie du commerce ; les Ostiaks et les Tartares de Tom, seuls, tiraient leur fer du minerai. Ce ne fut que lorsque les envahisseurs eurent atteint la Léna, à l'Extrême-Orient, qu'ils rencontrèrent d'habiles forgerons chez les Jakoutes [1], qui fabriquaient des couteaux, des haches, des lances, des massues, et des jaquettes de cuir cloutées de fer, et chez les Tungouses et les Lamuts, qui s'étaient instruits auprès des Jakoutes.

Mais il y a un chapitre encore plus ancien de l'histoire de la Sibérie qui fut achevé au XVIIe siècle, comme celui de l'histoire des cités lacustres de la Suisse finit quand les Romains entrèrent en Helvétie. Des multitudes de tumulus funéraires, appelés, comme ceux de

---

[1] Andrée : *Die Metalle bei den Naturvölkern*, p. 114 Il est intéressant de remarquer que les Jakoutes ont toujours été des nomades pasteurs, autrefois bergers, maintenant éleveurs de chevaux, et qu'ils continuent à travailler leur fer de la manière primitive ; il n'est pas rare d'entendre dire qu'une habileté métallurgique implique une vie agricole sédentaire.

la Russie européenne, des « Kourgans », sont répandus sur les plaines de l'Asie septentrionale, et surtout agglomérés autour des eaux supérieures de l'Iéniséï. Quelques-uns sont modernes, mais d'autres, extrêmement anciens, sont attribués à un peuple presque légendaire, les Tschoudes. Ces kourgans tschoudes abondent en articles d'or ou de cuivre, utiles ou de luxe, mais ne contiennent ni bronze ni fer. Les Tschoudes se procuraient leur cuivre et leur or dans les roches métallifères de l'Oural et de l'Altaï ; et leurs vieux puits de mines, galeries d'écoulement, et masses de débris amenèrent les Russes à découvrir de nouveau les sources oubliées de leur richesse. La race à laquelle appartenaient les Tschoudes, et l'âge des œuvres qui témoignent de leur existence antérieure sont également inconnus. Mais, considérant que le bruit de leur existence est parvenu jusqu'à Hérodote, tandis que, d'autre part, la civilisation lacustre de la Suisse a pu s'étendre aussi près de nous que le v⁰ siècle avant Jésus-Christ, il ne faut pas négliger la possibilité qu'une connaissance de la valeur technique du cuivre ait pu voyager de la Sibérie jusqu'à l'ouest. Si l'idée d'employer les métaux doit nécessairement être Asiatique, elle peut venir du nord de l'Asie tout aussi bien que du sud de l'Asie. En l'absence totale de données chronologiques et anthropologiques dignes de confiance, la spéculation peut se donner carrière.

Les plus anciennes civilisations dont nous ayons, même d'une manière approximative, une chronologie exacte, sont celles des vallées du Nil et de l'Euphrate. La culture semble avoir, dans ces vallées, atteint un degré de perfection au moins aussi élevé que celui de l'âge du bronze, il y a 6,000 ans. Mais avant que les commerçants Étrusques, Phéniciens et Grecs ne se fussent entremêlés, il n'y a aucune preuve qu'ils aient exercé une influence sérieuse sur l'Europe ou sur l'Asie du Nord. Quant à la vieille civilisation de la Mésopotamie, qu'en peut-on dire jusqu'à ce que l'on sache quelque chose des caractères de race de ses initiateurs, les Acadiens ? Au point où en sont les choses, il se peut aussi bien qu'ils aient formé un groupe de la même race que les Égyptiens ou les Dravidiens, que de toute autre. Et si l'on considère que leur culture s'est développée à l'extrême sud de la vallée de l'Euphrate, il est difficile d'imaginer que son influence eût pu s'étendre jusqu'à l'Eurasie septentrionale sans l'intermédiaire des Phéniciens (et des Hittites ?), qui, sans aucun doute, a agi dans des temps relativement récents.

Nous faut-il donc rapprocher la date de la découverte de l'usage du cuivre en Suisse, vers 1500 ans avant Jésus-Christ, au plus tôt, et l'attribuer à l'influence phénicienne ? Mais pourquoi le cuivre ? A cette époque, les Phéniciens connaissaient bien l'emploi du bronze. Et si, d'autre part, les Eurasiatiques du Nord étaient arrivés, par leur propre invention, à se servir du cuivre, pourquoi leur refuserions-nous la capacité de franchir l'étape et d'arriver jusqu'au bronze ? Reculez tant que vous voudrez la date de l'emprunt, nous devrons toujours fatalement arriver à quelque homme, ou quelques hommes, de qui la nouvelle idée est venue, et qui (après beaucoup d'essais) et de tâtonnements, ont fini par lui donner sa forme pratique. Et il n'y a réellement pas de motif, dans la nature des choses, pour supposer qu'il n'a pas surgi quelque homme d'un génie indépendant, dans plus d'une race.

La capacité de la population Européenne pour un progrès indépendant au cours des premières étapes du cuivre et du bronze — l'étape « paléométallique.», ainsi qu'on pourrait l'appeler — me semble démontrée victorieusement par les restes de son architecture. Depuis le « crannog » jusqu'à la construction compliquée sur pilotis, et de l'enclos le plus grossier jusqu'à la fortification complexe des *Terramares*, il y a un progrès qui est visiblement de production indigène. De même pour les sépultures ; le cercueil de pierre des Celtes, avec ou sans cairn (monticule de terre et de pierres) pour le protéger, se transforme en caveaux dans des tumulus, en édifices mégalithiques tels que les voûtes de Maes How et de New Grange, pour atteindre l'apogée dans la maçonnerie parfaite des tombeaux de Mycènes et de Sipylus construits essentiellement sur le même plan. Est-il possible de regarder la série variée de formes entre les primitives 5 ou 6 pierres ajustées ensemble pour faire une simple boîte, et un édifice tel que le Maes How et d'imaginer que le dernier est le résultat d'un enseignement étranger ?

Les hommes qui ont bâti Maes How, sans outils de métal, pouvaient certainement avoir construit ce qu'on appelle « la trésorerie » de Mycènes, avec des outils.

Si ces « vieux de la mer » et les sommités de l'Hin-

---

[1] Voir Perrot et Chipiez, *Histoire de l'Art*, t. V, p. 49.

dou - Kouch - Pamir, et la plaine de Sennaar, avaient moins solidement pesé sur les épaules des anthropologistes, je pense qu'ils auraient vu depuis longtemps qu'il est au moins possible que la première civilisation européenne ait été de provenance indigène ; et que, en tant que les preuves accumulées à cette heure nous autorisent à le croire, la culture néolithique peut avoir atteint tout son développement, le cuivre entrer en usage, et le bronze succéder au cuivre sans intervention étrangère.

A ma connaissance, toute matière première employée en Europe jusqu'à l'étape paléométallique se trouve dans les limites de l'Europe ; et rien ne prouve que les vieilles races d'animaux domestiques et de plantes cultivées n'ont pu être développées dans ces mêmes limites. Si quelqu'un voulait soutenir que l'usage du bronze, en Europe, avait pris naissance parmi les habitants de l'Etrurie, et avait rayonné de ce pays, le long des lignes de trafic déjà établies vers toutes les parties de l'Europe, je ne vois trop comment on pourrait détruire cette affirmation. Il serait difficile de prouver, soit que les premiers Etrusques n'auraient pu découvrir le secret de fabriquer le bronze, soit qu'ils ne l'ont pas découvert, et n'ont pu devenir par suite un grand peuple commerçant, avant que le commerce Phénicien n'eût atteint les plages éloignées de la mer Tyrrhénienne.

Peut-on légitimement conclure que la culture paléométallique dont nous venons de parler était l'apanage d'une des races Eurasiatiques plutôt que d'une autre ? Naquit-elle et se développa-t-elle chez les bruns ou

blonds à tête longue, ou chez les bruns à tête courte ?
Je ne pense pas qu'il y ait aucun moyen de répondre à
ces questions d'une manière positive, pour le moment.
Schrader a indiqué que l'état de la culture des Aryens
primitifs, déduit des données philologiques, correspond
de près à celui qu'on a constaté chez les populations
lacustres de l'époque néolithique. Mais la ressemblance
des premières étapes de la civilisation parmi les races
les plus diverses et les plus séparées de l'humanité
doit nous avertir qu'en ces questions de race l'archéologie n'est pas un guide plus sûr que la philologie.

En ce qui regarde les caractères ostéologiques des
peuples des cités lacustres suisses les renseignements
sont encore rares. D'après les faits acquis, ils semblent
avoir compris à la fois des têtes larges et des têtes
longues de taille moyenne [1].

En France, en Angleterre, et en Allemagne, des crânes
longs et des crânes larges sont également trouvés dans
des tumulus appartenant à l'étape néolithique. Dans
quelques parties de l'Angleterre les crânes longs, et
dans d'autres les crânes larges, accompagnent la
taille la plus élevée. Dans la péninsule scandinave,
les neuf dixièmes des peuples néolithiques ont
des têtes décidément longues ; dans le Danemark,

---

[1] Le professeur Virchow a exprimé avec prudence l'opinion que
les plus anciens habitants lacustres suisses étaient à tête large, et
que plus tard (commençant avant l'âge du bronze) il y eut une infusion graduelle de longues têtes parmi eux. (*Zeitschrift für Ethnologie*, XVII, 1885). Il y a une preuve indépendante de l'existence
de têtes larges dans les Cévennes pendant la période néolithique,
et je serais disposé à croire que cette opinion peut bien être cor-
recte ; mais l'examen de la preuve sur laquelle elle repose pré-
sentement, ne me permet pas d'y ajouter beaucoup de foi.

il y a une plus grande proportion de têtes larges.

En passant en revue tous les faits venus à ma connaissance (que je ne puis exposer en plus grand détail ici), j'incline à croire que les longues têtes blondes, les longues têtes brunes, et les larges têtes brunes ont existé sur le continent d'Europe durant toute la période récente; que les deux premières seules ont d'abord habité nos îles; mais qu'une race mêlée de grands hommes à tête large, comme quelques-uns des habitants de la Forêt Noire, de nos jours, qu'Ecker a si bien décrits, émigra du continent, et forma ce contingent de population de haute taille qui a été identifié (à raison ou à tort) avec les Belges par Thurnam, et semble s'être subséquemment perdu parmi les bruns et blonds à tête longue qui ont prédominé.

Je ne pense pas que rien nous autorise à conclure que la culture paléométallique de l'Europe ait pris naissance chez des blonds à tête longue (ou Aryens supposés); ni que le peuple des cités lacustres de la Suisse ait appartenu à cette race. Les têtes longues parmi eux pouvaient tout aussi bien être des bruns. Dans l'Italie du nord-est il y a une preuve claire de la superposition d'au moins quatre phases de culture, dans lesquelles celle des Terramares se servant du cuivre et du bronze se place au second rang; la troisième phase est la phase de domination Étrusque, et celle-ci est suivie de la phase Gauloise, avec les longues épées et les autres ouvrages en fer caractéristiques des Gaulois. Dans la Suisse occidentale, d'autre part, à la Tène et ailleurs, des restes semblables montrent que les Gaulois suivirent de près la dernière population lacustre chez laquelle des traces d'influence (bien que non de domination) Étrusque se sont trouvées. Helbig suppose que les Terramares ont été des Pélasges parlant une langue Gréco-latine, et par conséquent Aryens. Mais nous ne pouvons supposer que les peuples des cités lacustres de Suisse ont parlé le Gréco-latin (en admettant qu'il y ait eu une telle langue) primitif. Et si les Gaulois furent le premier peuple parlant Celte qui entra en Suisse, quelle langue Aryenne les peuples des cités lacustres peuvent-ils avoir parlée[1] ?

Ainsi que je l'ai déjà dit, il n'y a pas le moindre doute que l'homme a existé dans l'Europe sud-ouest pendant l'époque Pléistocène ou Quaternaire. Il n'est pas seulement certain que les hommes ont été contemporains du mammouth, du rhinocéros velu, du renne, de l'ours des cavernes, et d'autres grands carnivores, en Angleterre et en France, mais on a constaté beaucoup de choses sur les modes de vie de nos prédécesseurs. C'étaient de sauvages chasseurs, qui profitaient des abris naturels de roches surplombantes, et de cavernes, et peut-être se construisaient d'informes *wigwams*, mais qui n'avaient aucun animal domestique, et n'ont laissé aucun signe de culture des plantes. En beaucoup de localités on a la preuve qu'un intervalle très considérable — le prétendu *hiatus*

---

[1] Voir l'excellent ouvrage du Dr Munro, *the Lake Dwellings of Europe*, pour la Tène. Ceux qui ont lu les récents articles du professeur Rhys (*Scottish Review*, 1890) peuvent suggérer que les peuples des cités lacustres parlaient la forme Gaedhélique du Celtique, et les Gaulois la forme Brythonique.

— s'est écoulé entre le temps où les hommes Quaternaires ou Paléolithiques occupaient des cavernes particulières et des bassins de rivière, et les accumulations de débris laissés par leurs successeurs Néolithiques. Et, en dépit de tous les avertissements contre le témoignage négatif que nous offre l'histoire de la géologie, on a très positivement affirmé que cela signifie une rupture complète entre les populations Quaternaire et Récente; la population Quaternaire aurait suivi la glace dans sa retraite vers le nord, et laissé derrière elle un désert qui resta, durant des siècles, dépeuplé. D'autres grandes autorités, au contraire, soutiennent que les races des hommes qui habitent maintenant l'Europe peuvent toutes être rattachées à la grande époque glaciaire. Quand un conflit d'opinions de ce genre s'établit entre des hommes raisonnables et instruits, il est généralement sage de conclure que la preuve en faveur de chacune des opinions ne vaut pas grand chose. C'est certainement là le résultat de mes propres réflexions en ce qui concerne la doctrine de l'hiatus (sous sa forme extrême) et celle qui lui est opposée, bien que je pense que cette dernière a plus de chances d'être reconnue pour vraie. Mais j'hésite à l'adopter d'après le témoignage qu'on a obtenu jusqu'ici.

Nul doute qu'on n'ait découvert des os humains et des crânes de types variés en proche connexion avec des ustensiles paléolithiques et des squelettes de quadrupèdes Quaternaires ; nul doute que si les os et les crânes en question n'étaient pas humains on n'eût jamais mis en question leur contemporanéité.

Mais, puisqu'ils sont humains, il ne faut pas attribuer à un simple préjugé conservateur la requête de preuves ultérieures. Car le bipède humain diffère de tous les autres bipèdes et quadrupèdes dans la tendance qu'il a à cacher ses morts, en diverses manières, le plus communément en les enterrant. C'est là une habitude digne de tout respect, en soi, mais qui engendre des pièges subtils et de lamentables trappes. pour l'imprudent chercheur de paléontologie humaine. Car il peut bien arriver que les os de « celui qui mourut le mercredi » se trouvent reposer à côté des os d'animaux éteints plusieurs milliers d'années avant ce mercredi; et pourtant l'enterrement a pu s'effectuer tant de milliers d'années auparavant qu'aucun signe extérieur ne trahit la différence de dates. Dans toutes les investigations de ce genre, l'étude la plus soigneuse et la plus critique des circonstances est nécessaire si l'on veut accepter les résultats en toute confiance.

Dans le cas des restes trouvés dans une caverne du Néanderthal, près de Düsseldorf, il y a cinquante ans — dont les caractères donnèrent lieu à une grande discussion à ce moment, et depuis — on ne sut que vaguement les circonstances de la découverte. Le squelette fut trouvé dans un dépôt, le loess, qu'on sait appartenir à l'époque Quaternaire; il n'y avait rien qui prouvât la manière dont il y était venu. Par conséquent, non seulement on déclara, très ligitimement, devoir douter de son âge exact, mais ceux qui, pour des raisons scientifiques ou autres, étaient disposés à atténuer son importance, purent avancer des

---

¹ Falstaff, dans le Roi Henri IV. 1ʳᵉ partie, scène I.

hypothèses plausibles sur sa nature, hypothèses qui ne sont pas heureusement éclairées par une science anthropologique plus avancée. On pouvait suggérer, et on suggéra, que le squelette du Néanderthal était celui d'un idiot qui s'était égaré ; que les caractères du crâne résultaient d'une suture précoce, ou d'une goutte récente, et, en fin de compte, tout bâton fût trouvé bon pour battre le chien.

Quelques uns de mes écrits sur ce sujet m'ayant amené à occuper une position éminente parmi les chiens fustigés à cette époque, j'ai pris un doux intérêt à observer la réhabilitation graduelle de mon vieil ami du Néanderthal parmi les hommes normaux, qui s'est produite au cours des dernières années. On en est venu à admettre généralement que son crâne remarquable n'est qu'un exemple fortement marqué d'un type qui se présente non seulement parmi d'autres hommes préhistoriques, mais se rencontre, sporadiquement, chez les modernes ; et, après tout, je n'avais pas si tort, que j'aurais du l'avoir, quand j'indiquais de tels points de ressemblance entre les crânes trouvés dans le lit de nos rivières et ceux des races indigènes d'Australie [1].

Toutefois, il y avait encore des doutes sur l'âge géologique des divers dépôts où des crânes du type néanderthalien furent trouvés subséquemment ; et ce ne fut que dans l'an 1886 que deux observateurs remarquablement compétents, MM. Fraipont et Lohest, l'un anatomiste, et l'autre géologue, nous

[1] Voir, plus haut, p. 114.

fournirent des preuves capables de subir une critique rigoureuse. A l'entrée d'une caverne de la commune de Spy, dans la province belge de Namur, MM. Fraipont et Lohest découvrirent deux squelettes du type néanderthalien, et le récit détaillé de leurs recherches, qu'ils ont publié, me semble ne pas laisser douter que les hommes de Spy fabriquaient des ustensiles paléolithiques, et étaient les contemporains des quadrupèdes quaternaires caractéristiques qu'on trouva auprès d'eux. Les caractères anatomiques des squelettes n'amènent pas de conclusion favorable à l'extérieur de leurs propriétaires. Ils étaient petits de taille, mais puissamment bâtis, avec les os de la cuisse forts et curieusement courbés, dont les extrémités inférieures étaient façonnées de telle sorte qu'ils devaient marcher avec une courbure des genoux. Leurs longs crânes déprimés avaient des arcades sourcilières très fortes ; leurs mâchoires inférieures, d'une profondeur et d'une solidité brutales, se dirigeaient obliquement depuis les dents en bas et en arrière, en conséquence de l'absence de ce trait qui caractérise particulièrement le type supérieur de l'homme, la proéminence du menton. Ainsi ces crânes ne sont pas seulement éminemment « néanderthaloïdes », mais ils fournissent la preuve que les parties manquant dans l'échantillon original s'harmonisaient, comme bassesse de type, avec le reste.

Après une discussion complète des caractères anatomiques de ces crânes, M. Fraipont dit :

« En résumé, nous nous considérons autorisés à

dire que si l'on regarde seulement à la structure anatomique de l'homme de Spy, il possédait un plus grand
nombre de caractères pithécoïdes qu'aucune autre
race de l'humanité » [1].

Et après avoir énuméré ces caractères, il dit :

« Les autres caractères, beaucoup plus nombreux,
du crâne, du tronc, et des membres, semblent tous
humains. Entre l'homme de Spy et un singe anthropoïde actuel il y a un abîme. »

J'aime lire ce passage, car, en 1863, je n'avais pas
craint d'affirmer que le crâne de Néanderthal était
« le plus pithécoïde des crânes humains » qu'on eût
encore découvert, et, cependant, qu'en aucun sens les
os du Néanderthal ne peuvent être regardés comme
étant intermédiaires entre les hommes et les singes [2],
et « que les restes fossiles humains découverts jusqu'ici
ne me semblent pas nous rapprocher d'une manière
appréciable de cette forme pithécoïde inférieure, dont il
est probable qu'une modification l'a fait ce qu'il est [3] ».
Telle qu'était la preuve il y a vingt-sept ans, il eût
été imprudent d'affirmer que le crâne du Néanderthal était autre chose qu'un cas de réversion spora-
dique. Mais, dans mon empressement à ne pas exagérer mon cas, je l'affaiblis. La race néanderthaloïde est
« rapprochée d'une manière appréciable », bien que

[1] Fraipont et Lohest, *La race humaine de Neanderthal ou de Canstatt, en Belgique. Archives de biologie*, 1886.

[2] *Man's Place in Nature*, p. 156-7. Cet Essai est reproduit dans
le présent volume, p. 103.

[3] *Ibid.*, p. 159. Voy. plus haut.

l'approximation ne soit que légère. Suivant les propres expressions de M. Fraipont :

« La distance qui sépare l'homme de Spy du singe anthropoïde moderne est sans doute énorme ; entre l'homme de Spy et le Dryopithèque elle est un peu moindre. Mais on nous permettra de faire remarquer que si l'homme de l'âge quaternaire récent est la race d'où sont nées les races actuelles, il a fait un très beau chemin.

« D'après les données que nous avons actuellement, il est permis d'espérer que nous pourrons poursuivre le type des hommes nos ancêtres, et des singes anthropoïdes, encore plus haut, peut-être jusque dans l'âge Éocène et même au delà [1].

Les conclusions subsistent, quelle que soit l'époque des hommes de Spy ; mais elle ont un intérêt tout particulier si nous admettons, ainsi que le témoignage me paraît devoir le faire admettre, que ces fossiles humains appartiennent à l'époque Pléistocène. Car, toutes restrictions faites, elles nous donnent quelque aperçu, si indécis qu'il soit, du taux de l'évolution de l'espèce humaine, et indiquent que cette évolution ne s'est pas produite d'un pas plus rapide ou plus lent que celle des autres mammifères. Et s'il en est ainsi, nous sommes autorisés à supposer que le genre *Homo*, sinon l'espèce que la politesse ou l'ironie des naturalistes a douée du

---

[1] « Où donc chercherons-nous l'homme primitif? Etait-ce là l'*Homo sapiens*, Pliocène ou Miocène, ou était-il plus ancien encore? Dans des couches encore plus anciennes, les os fossiles d'un singe plus anthropoïde ou d'un homme plus pithécoïde qu'aucun qui soit encore connu, attendent-ils les recherches de quelque paléontologiste encore à naître? » — *Man's Place in Nature*. Voir plus haut.

sobriquet de *Sapiens*, était représenté aux temps Pliocènes, ou même Miocènes. Mais je ne sais trop par
quelles particularités ostéologiques on pourrait déterminer si l'homme Pliocène, ou Miocène, était
suffisamment *Sapiens* pour parler, ou non [1], et s'il
répondait ou non, à la définition « d'animal rationnel »
dans un sens plus élevé que ne le font le chien ou
le singe.

Il n'y a aucune raison de supposer que le genre
Homo était limité à l'Europe à l'époque Pléistocène ;
il est beaucoup plus probable que, comme les autres
genres de mammifères de cette période, il s'étendait
sur une grande partie de la surface du globe. A ce moment, en réalité, le climat des régions près de l'équateur doit avoir été plus favorable à l'espèce humaine,
et il se peut que, sous ces conditions, elle ait atteint
un développement plus élevé que dans le nord. Quant
au lieu où le genre *Homo* a pris naissance, il est impossible de le deviner même approximativement. Au
cours de l'époque Miocène, une région des zones tempérées pouvait servir à cet objet aussi bien que toute
autre. L'aîné des Agassiz a, depuis longtemps, essayé
de prouver que les districts bien marqués de distribution géographique des mammifères ont leurs espèces
spéciales d'hommes ; et bien que cette théorie ne
puisse être acceptée dans la mesure où Agassiz le soutenait, on doit convenir que la limitation du type

---

[1] Je suis embarrassé par l'importance que l'on attache à la présence ou l'absence des soi-disant « apophyses-géni ». Quelqu'un
supposera-t-il que l'existence du muscle génio-hyoglosse, qui joue
un si grand rôle dans les mouvements de la langue, dépend de
celle de ces saillies?

australien à la Nouvelle Hollande, la presque restric-
tion du type nègre à l'Afrique d'outre-Sahara, et le
caractère particulier des peuples des Amériques centrale et méridionale sont des faits qui plaident fortement en faveur de la conclusion que les causes ayant
influencé la distribution des mammifères en général,
ont puissamment agi sur celle de l'homme.

Supposons que les restes humains des cavernes de
Néanderthal et de Spy représentent la race, ou une
des races, habitant l'Europe à l'époque Quaternaire :
peut-on reconnaitre les traces de quelque rapport
entre elle et les races existantes ? C'est-à-dire, nos
races actuelles présentent-elles des caractères les rap-
prochant des hommes de Spy ou d'autres types de
la race de Néanderthal ? Sous cette dernière forme,
je pense que la question pourrait recevoir légitimement une réponse affirmative. Il y a, soit dans les races
brunes, soit dans les races blondes à longue tête, des
crânes qui se rapprochent, à l'occasion, du type du
Néanderthal. Pour les premiers, j'en ai, il y a longtemps, indiqué la ressemblance chez quelques-uns
des crânes trouvés dans le lit des rivières irlandaises.
Pour les derniers, on peut alléguer les preuves de
divers genres, mais j'aime mieux citer l'autorité d'un
des anthropologistes vivants les plus accomplis et les
plus prudents. Le professeur Virchow fut amené, par
des considérations historiques, à penser que le type
teutonique, s'il était resté pur et sans mélange en un
endroit quelconque, devrait se trouver parmi les Frisons, dans leur ancienne patrie insulaire sur la côte
de l'Allemagne du Nord, éloignée du grand mouve-

ment des nations. Les Frisons répondent à son attente par leur haute taille et leur teint blond ; mais leurs crânes diffèrent à quelques égards de ceux des blonds à longue tête, leurs voisins. La dépression, ou l'aplatissement (accompagné d'une légère augmentation de largeur) qui se produit, à l'occasion, chez ces derniers, est régulière et caractéristique chez les Frisons ; et, à d'autres égards, le crâne frison se rapproche, d'une façon impossible à méconnaitre, des types de Néanderthal et de Spy[1]. Le fait de l'existence de cette ressemblance ne perd pas de son importance parce que l'interprétation convenable n'en est pas encore éclaicie. On peut le prendre comme un indice assez sûr de la continuité physiologique des blonds à longue tête avec les hommes pléistocènes du Néanderthal. Mais cette continuité peut avoir été amenée de deux manières : les blonds à tête longue peuvent présenter une des lignes d'évolution des hommes du type néanderthaloïde ; ou bien les Frisons peuvent résulter du mélange des blonds à longue tête avec des hommes néanderthaloïdes, dont les restes ont été trouvés à Canstatt et à Gibraltar, tout comme à Spy et dans la vallée de la Néandre. et qui, par conséquent, semblent avoir, à un certain temps, occupé une région considérable en Europe occidentale. Les mêmes alternatives s'offrent quand les caractères néanderthaloïdes apparaissent dans les crânes d'autres races. Si ces caractères

---

[1] Virchow, *Beiträge zur physischen Anthropologie der Deutschen.* (*Abl. der königlichen Akademie der Wissenschaften zu Berlin*, 1876). Voir en particulier la page 238 pour l'identification complète des caractères Neanderthaloïdes avec les crânes Frisons, et pour la signification ethnologique de la ressemblance.

appartiennent à une phase de développement de l'espèce humaine qui aurait précédé la différenciation des races existantes, nous devons nous attendre à les trouver chez les plus inférieures de ces dernières, partout le monde, et aux phases primitives de toutes les races. J'ai déjà fait allusion à la similitude remarquable des crânes de certaines tribus Australiennes avec le crâne du Néanderthal, et je puis ajouter que les grandes différences de hauteur du crâne entre les différentes tribus australiennes sont comparables aux différences de hauteur entre les crânes des hommes de Spy et ceux des rangées funéraires de l'Allemagne du Nord. Les traits néanderthaloïdes ne se rencontrent pas seulement dans les anciens crânes longs, mais on les a souvent notés chez les populations à tête large ensevelies à Borreby, en Danemark.

Si l'on compte par siècles, la distance de l'époque quaternaire ou pléistocène jusqu'à la nôtre est immense, et il est difficile de se former une idée adéquate de sa durée. Nul doute qu'il n'y ait un abîme de différence entre la race du Néanderthal et les beaux échantillons vivants de blonds à longue tête qui nous sont familiers. Mais la durée du temps écoulé entre la période où l'Europe septentrionale était recouverte de glace, où les sauvages poursuivaient le Mammouth, et sculptaient son portrait avec des pierres aiguës, au centre de la France, et le temps où nous vivons, s'élargit incessamment, à mesure que nous connaissons mieux les événements intermédiaires. Et s'il était possible de diviser en autant de parties que ce laps de temps contient de siècles,

les différences entre les hommes du Néanderthal et nous-mêmes, il est probable que le progrès, d'une fraction de temps à l'autre, semblerait presque imperceptible.

ERRATUM

Page 12, ligne 28, au lieu de *Développement des poules*, lisez *Développement du poulet*.

TABLE DES MATIÈRES

Tours, imp. Deslis Frères. rue Gambetta, 6.